Für die gewährte Unterstützung danken die Herausgeber Herrn Dr. D. DEBES, Universitätsbibliothek Leipzig, sowie den Herren Dr. K. HAENEL und Dr. H. ROHLFING, Niedersächsische Staats- und Universitätsbibliothek Göttingen.

ISBN-13: 978-3-211-95847-6   e-ISBN-13: 978-3-7091-9538-3
DOI: 10.1007/978-3-7091-9538-3

TEUBNER-ARCHIV zur Mathematik · Band 14
© BSB B. G. Teubner Verlagsgesellschaft, Leipzig, 1990
1. Auflage
Lektor: Jürgen Weiß

Satz und Druck: Interdruck GmbH Leipzig

Korrespondenz Felix Klein – Adolph Mayer

Auswahl aus den Jahren 1871–1907

Herausgegeben, eingeleitet und kommentiert
von
R. TOBIES und D. E. ROWE

Briefe zwischen Gelehrten sind eine aufschlußreiche Quelle, um Hintergründe, Zusammenhänge und Motive wissenschaftlicher Arbeit aufzudecken. Der vorliegende Band enthält eine Auswahl aus der Korrespondenz zwischen den Mathematikern FELIX KLEIN und ADOLPH MAYER aus dem Zeitraum von 1871 bis 1907. Wichtigster Gegenstand ihres gemeinsamen Interesses war die Herausgabe der „Mathematischen Annalen", die sich unter ihrer Leitung seit 1875 zu einer der bedeutendsten Fachzeitschriften entwickelten. Die Korrespondenz ermöglicht einen Einblick in wesentliche Bereiche der mathematischen Forschung jener Zeit.

Diese Briefe, die hier zum ersten Male gedruckt vorliegen, werden durch eine ausführliche Einleitung sowie durch Fotos und zahlreiche Anmerkungen ergänzt.

BSB B. G. Teubner Verlagsgesellschaft, Leipzig

Distributed by Springer-Verlag Wien New York

One of the richest sources for studying the background and motivation behind the work of scholars is their scientific correspondence. The present volume contains selected letters of the mathematicians FELIX KLEIN and ADOLPH MAYER dating from the period 1871 to 1907. This correspondence focuses on their activities as co-editors of "Mathematische Annalen", which after 1875 under their direction became one of the leading mathematics journals of the day. These letters provide an overview of many important research fields in late nineteenth-century mathematics.

They appear here for the first time in print together with a detailed introduction, numerous annotations and photographs.

La Correspondance entrê savants représente une source extrêmement riche si l'on veut connaître l'arrière – plan et les motivations du travail scientifique. Le présent volume contient un choix de lettres échangées entre les mathématiciens FELIX KLEIN et ADOLPHE MAYER pendant la période 1871–1907. Leur principal intérêt commun était la publication des « Mathematische Annalen», qui se développa sous leur direction à partir de 1875, pour devenir l'une des plus importantes revues scientifiques. Cette correspondance donne ainsi un aperçu sur des domaines essentiels de la recherche mathématique de cette époque.

Les lettres, publiées ici pour la première fois, sont complétées par une introduction détaillée, des photographies et de nombreuses annotations.

Переписка учёных представляет богатейший источник для изучения фона и понимания мотивов научных исследований. Настоящая книга содержит подборку писем, которыми обменялись в 1871–1907 гг. математики Феликс Клейн и Адольф Мейер. Основная их тема – издание нового журнала «Mathematische Annalen», который начал выходить под их редакцией в 1875 и превратился в одно из основных периодических научных изданий того времени.

Письма, публикуемые в первый раз, сопровождаются обстоятельной статьей, фотографиями и многочисленными примечаниями.

MATHEMATISCHE ANNALEN.

IN VERBINDUNG MIT C. NEUMANN

BEGRÜNDET DURCH

RUDOLF FRIEDRICH ALFRED CLEBSCH.

Unter Mitwirkung der Herren

Prof. P. GORDAN zu Erlangen, Prof. C. NEUMANN zu Leipzig,
Prof. K. VonderMühll zu Leipzig,

gegenwärtig herausgegeben

von

Prof. Felix Klein und **Prof. Adolph Mayer**
zu München   zu Leipzig.

X. Band.

LEIPZIG,
DRUCK UND VERLAG VON B. G. TEUBNER.
1876.

Geleitwort

Briefwechsel zwischen Gelehrten erfreuen sich seit den Zeiten der europäischen Aufklärung der Gunst eines großen Publikums. Denkweisen und Meinungen treten zutage, persönliche Leistungen werden erkennbar. Und oft wurde das Interesse der Nachwelt auch getragen von purer Neugier an Lebensumständen der Außergewöhnlichen, sogar an möglichen pikanten Einzelheiten von Gunst und Mißgunst im Zwischenmenschlichen. In neuerer Zeit, seitdem sich der Blick für Geschichte und ihre Folgen geschärft hat, tritt objektives Interesse hinzu: Gelehrtenbriefwechsel sind unersetzliche Quellen für die Historiographie der Wissenschaften.

Freilich eignet sich nicht schlechthin jede Korrespondenz zur Edition. Die Mühen der Drucklegung und der Kommentierung werden letztlich nur durch einen Mindestgehalt an Aussagen über die Entwicklung der Wissenschaften gerechtfertigt, seien diese nun bezogen auf deren innere Problemsituation, auf Organisationsfragen, persönliche wissenschaftsrelevante Beziehungen, Ansichten, Meinungen oder Wertungen. Privates und Intimes auszubreiten vor nachfolgenden Generationen kann hingegen sehr rasch an die Grenzen von Geschmack und Anstand stoßen.

Der hier wiedergegebene Briefwechsel zwischen zwei großen Mathematikern erfüllt die Kriterien des wissenschaftshistorisch Ergiebigen: Dank der Initiative der beiden Herausgeber R. Tobies und D. E. Rowe, die überdies den Klein-Nachlaß in Göttingen gründlich studiert haben, führt die Edition der Korrespondenz F. Klein – A. Mayer zu einer definitiven Bereicherung der Historiographie der Wissenschaften. Naturgemäß – als Folge der Hauptgegenstände im Briefwechsel zwischen Klein und Mayer – betreffen die historiographischen Aussagen in erster Linie wissenschaftsorganisatorische Fragen, insbesondere die Geschichte der „Mathematischen Annalen". Die Herausgeber haben es verstanden, in acht einführenden Abschnitten den Leser auf Hauptinhalte des Briefwechsels hinzuweisen, der uns heute, über manches interessante Detail hinaus, Lehrreiches und grundsätzlich Bedenkenswertes vermittelt.

Leipzig, August 1989   Hans Wussing

Inhalt

Felix Klein.

Prof. Dr. Adolph Mayer

Vorwort

Der vorliegende Band des „TEUBNER-ARCHIVS zur Mathematik" enthält eine Auswahl der Briefe zwischen FELIX KLEIN und ADOLPH MAYER aus den Jahren 1871 bis 1907. Wichtigster Gegenstand der umfangreichen Korrespondenz beider Mathematiker ist die gemeinsame Herausgabe der „Mathematischen Annalen". Diese von ALFRED CLEBSCH und CARL NEUMANN 1868 begründete Zeitschrift erschien bis zum Band **80** (1921) im Verlag B. G. TEUBNER, Leipzig, und ging anschließend an den Verlag J. SPRINGER, Berlin, über.

Durch die weitsichtige Politik von KLEIN und MAYER blieben die Annalen nicht auf eine spezielle Schule begrenzt, sondern entwickelten sich zu einem der bedeutendsten mathematischen Journale mit vielseitigem Inhalt. Die vorliegende Korrespondenz widerspiegelt somit wesentliche Schwerpunkte der damaligen Forschung und vermittelt Einsichten über Hintergründe mathematischer Publikationen sowie über deren Bewertung. Interessante Aufschlüsse ergeben sich über die Beziehungen, welche zwischen KLEIN, MAYER und SOPHUS LIE bestanden. Auch inhaltliche Berührungspunkte der mathematischen Arbeiten von KLEIN, HENRI POINCARÉ und LAZARUS FUCHS kommen zur Sprache. Außerdem werden einige bisher unbekannte wissenschaftsorganisatorische Initiativen des jungen FELIX KLEIN dokumentiert. Nicht zuletzt verdeutlicht die Korrespondenz Grundsätze der Redaktionstätigkeit einer erfolgreichen mathematischen Zeitschrift, welche durchaus auch von aktuellem Belange sind.

Die Briefe FELIX KLEINS sind im Nachlaß MAYERS in der Handschriftenabteilung der Universitätsbibliothek Leipzig aufbewahrt, während die Schreiben ADOLPH MAYERS zum Nachlaß KLEINS gehören, welcher sich in der Handschriftenabteilung der Niedersächsischen Staats- und Universitätsbibliothek Göttingen befindet. In Leipzig liegen 101 Briefe und 59 Karten von KLEIN aus den Jahren 1871 bis 1900; in Göttingen sind 181 Schreiben von MAYER aus der Zeit von 1878 bis 1907 vorhanden. Das sind jedoch keineswegs alle Briefe, die beide wechselten, denn KLEIN bewahrte an ihn gerichtete Schreiben – nach eigenen Angaben – erst ab 1878 auf. Das steht in einem Brief, den er am 1. März 1899 an MAX NOETHER richtete und in welchem er mitteilte, daß er eine große Anzahl Briefe besitze: „… Leider erst von 1878 ab, da ich Oktober 1878 einmal in einer thörichten Anwandlung meine sämmtliche Correspondenz verbrannt habe" [A 9, XII Nr. 651]. MAYERS erster Brief im Klein-Nachlaß trägt jedoch das Datum vom 29. April 1878 (Brief 40), womit sich KLEINS Mitteilung an NOETHER als nicht völlig exakt erweist.

KLEINS Briefe und Postkarten an MAYER stammen aus den Jahren 1871 bis 1873 sowie aus dem Zeitraum nach 1876, während von 1874 und 1875 keine Korrespondenz vorhanden ist. Mit Übernahme der Herausgeberschaft der „Mathematischen Annalen" entfalteten beide Wissenschaftler einen regen Briefwechsel, zunächst belegt durch zahlreiche Briefe KLEINS an MAYER von 1876 und 1877, schließlich durch Schreiben MAYERS aus den Jahren 1878 bis 1880, wogegen Klein-Briefe aus dieser Zeit fast völlig fehlen. Die vollständige Korrespondenz war demnach noch weitaus umfangreicher, denn nur selten sind die jeweiligen Gegenbriefe vorhanden.

Als KLEIN von Oktober 1880 bis April 1886 mit MAYER gemeinsam in Leipzig wirkte, wurde auch hier der schriftliche Gedankenaustausch fortgesetzt. Nur aus dem Jahre 1884 sind keine Briefe vorhanden. Mit KLEINS Übersiedlung nach Göttingen intensivierte sich die Korrespondenz wieder, wurde jedoch mit dem Hinzutreten eines dritten Annalen-Herausgebers, WALTHER DYCK, geringer als in den Jahren vor 1880. Die Korrespondenz erstreckte sich bis zum Rücktritt MAYERS als Herausgeber im Jahre 1901. Danach gibt es nur noch einen Brief MAYERS vom Juni 1907.

Für die vorliegende Auswahl haben wir alle vorhandenen Schreiben auf ihre inhaltliche Substanz geprüft. Einige Karten und Briefe, die sich mit weniger aussagekräftigen redaktionellen Problemen befassen, wurden nicht aufgenommen. Aus dem gleichen Grunde kürzten wir auch mehrere längere Briefe. Auf einzelne Passagen ist in den neu verfaßten Anmerkungen eingegangen worden. Diese ergänzenden Anmerkungen sind jeweils den Briefen nachgestellt, um Details zu erläutern oder den Leser auf andere Stellen der vorliegenden Edition zu verweisen.

In den einleitenden acht Abschnitten haben wir die Schwerpunkte der Korrespondenz hervorgehoben und weitere Quellen einbezogen, um Zusammenhänge zu erklären. Die Mehrzahl der Anmerkungen und die Abschnitte 1., 4., 5. und 6. der Einleitung stammen von R. TOBIES, die Abschnitte 2., 3., 7. und 8. sowie einige Anmerkungen von D. E. ROWE. Die Translation der Briefe nahm R. TOBIES vor.

Alle Briefe und Zitate in der Einleitung sowie in den Anmerkungen sind im Ursprungstext wiedergegeben. Lediglich offensichtliche orthographische Fehler berichtigten wir stillschweigend. Dabei wurden die damals übliche Schreibweise sowie die Zeichensetzung nicht verändert. In den Text sind erläuternde Hinzufügungen der Herausgeber durch [...] eingeschaltet.

Es ist uns ein Bedürfnis, dankend hervorzuheben, daß wesentliche Anregungen zur Felix-Klein-Forschung von Herrn Professor H. WUSSING ausgingen und daß daraus letztendlich auch dieser Band entstand. Herrn Professor W. PURKERT danken wir für wertvolle Hinweise und für die kritische Durchsicht des Textes.

Wir bedanken uns herzlich bei Herrn Dr. D. DEBES, Universitätsbibliothek Leipzig, sowie den Herren Dr. K. HAENEL und Dr. H. ROHLFING, Niedersächsische Staats- und Universitätsbibliothek Göttingen, für die gewährte Unterstützung beim Studium der Nachlässe. Unser Dank gilt außerdem Frau I. LETZEL, Universitätsbibliothek Leipzig, Außenstelle an der Sektion Mathematik, für ihre freundliche Unterstützung. Schließlich möchten wir unserem Lektor, Herrn J. WEISS, für die außerordentlich gründliche und sachkundige Betreuung herzlich danken.

Leipzig und Pleasantville, August 1989　　　　　　　　　　RENATE TOBIES
　　　　　　　　　　　　　　　　　　　　　　　　　　　　　DAVID E. ROWE

A. Clebsch

Einleitung

1. Ausgangspunkt der Beziehungen: Alfred Clebsch

Der erste vorliegende Brief von FELIX KLEIN an ADOLPH MAYER trägt das Datum vom 19. Oktober 1871. Beide waren zu dieser Zeit Privatdozenten, KLEIN an der Universität Göttingen, MAYER an der Universität Leipzig. Sie hatten bereits vor dieser Zeit, mindestens seit Ostern 1871, persönliche Bekanntschaft geschlossen und pflegten beide enge wissenschaftliche Beziehungen mit ALFRED CLEBSCH. Ein gemeinsamer Ausgangspunkt läßt sich letztendlich in der Königsberger mathematisch-physikalischen Schule finden.

Als gebürtiger Königsberger war CLEBSCH an der Universität seiner Heimatstadt durch die Jacobi-Schüler OTTO HESSE und FRIEDRICH RICHELOT sowie durch FRANZ NEUMANN geprägt worden. Mit dem Sohn des letzteren, CARL NEUMANN, hatte er Freundschaft geschlossen. CLEBSCH, der sich zunächst mit mathematischen Problemen der Physik befaßt hatte und fundamentale Beiträge zur Begründung der modernen algebraischen Geometrie leistete, war ein sehr vielseitiger Gelehrter [104]. Er arbeitete in enger Gemeinschaft mit jüngeren Mathematikern und schuf eine wissenschaftliche Schule, aus der PAUL GORDAN, ALEXANDER BRILL, JACOB LÜROTH, MAX NOETHER, AUREL VOSS, FELIX KLEIN sowie FERDINAND LINDEMANN hervorgingen. Auch ADOLPH MAYER hatte engen wissenschaftlichen Kontakt zu CLEBSCH und war von den gleichen Lehrern wie CLEBSCH beeinflußt worden.

KLEINS Bekanntschaft mit CLEBSCH entstand durch die Herausgabe des Werkes „Neue Geometrie des Raumes, gegründet auf die gerade Linie als Raumelement" von JULIUS PLÜCKER [87]. Nach PLÜCKERS Tod am 22. Mai 1868 gab CLEBSCH auf Wunsch des Verlages B. G. TEUBNER den ersten, im wesentlichen noch durch PLÜKKER selbst vollendeten Teil mit einem Vorwort heraus. Darin verwies er schon auf die Herausgabe des zweiten Teiles durch FELIX KLEIN: „Für die Fortsetzung des Werkes liegt allerdings nur ein kleiner Theil des Manuscriptes vollständig ausgeführt vor; aber glücklicherweise ist Herr Klein, bisher Assistent Plücker's in seinen physikalischen Vorlesungen, welcher sich bereits an der Ausarbeitung des Werkes in mannigfacher Weise betheiligt hat, und sich Geist und Methode der Untersuchung zu eigen zu machen wusste, durch mündliche Mittheilungen des Verstorbenen in den Stand gesetzt, die Lücken des Manuscriptes in Plücker's Sinn zu ergänzen" [87, Bd. 1, S. IIIf.].

Diese Ausführungen aus dem Jahre 1868 zeigen schon, daß CLEBSCH großes Vertrauen in den damals erst 19jährigen KLEIN setzte. Auch dieser war von der Zusammenarbeit mit CLEBSCH – der ihm u.a. durch Hinweise auf eine Arbeit des italienischen Mathematikers GIUSEPPE BATTAGLINI den Weg zum Dissertationsthema geebnet hatte – nachhaltig beeindruckt worden. So hatte sich KLEIN nach Aufenthalten an verschiedenen anderen Orten wieder nach Göttingen gewandt, wo er sich aufgrund bereits vorgelegter Publikationen am 7. Januar 1871 habilitieren konnte. Die Vielseitigkeit der Forschungen von CLEBSCH und dessen Fähigkeit, Übergänge zwischen einzelnen, früher als heterogen betrachteten mathematischen Gebieten zu entdecken, wurden ebenfalls für Kleins Forschungen ein charakteristisches Merkmal. Dieses Erfassen übergreifender Probleme beruhte auch auf dem Einfluß Bernhard Riemanns, dessen mathematische Ergebnisse Clebsch seine Schüler lehrte. Klein gelangte recht schnell zu eigener Produktivität, wobei sein Talent relativ rasch erkannt wurde. Auf Empfehlung von Clebsch berief man ihn bereits mit 23 Jahren zum ordentlichen Professor an die Universität Erlangen. Im Brief vom 28. August 1872 teilte Klein seine Freude darüber Mayer mit (Brief 7).

Adolph Mayer war nur sechs Jahre jünger als Clebsch und zehn Jahre älter als Klein. Während Clebsch und Klein vielseitige Forscher mit breiter Nachwirkung waren, erzielte Mayer vorwiegend auf zwei bestimmten Gebieten (Variationsrechnung, partielle Differentialgleichungen) Ergebnisse, die heute noch anerkannt sind (vgl. Abschnitt 2. der Einleitung). Clebschs Wirkung auf Mayer beschrieb Otto Hölder wie folgt: „Auf die Wahl der Stoffe seiner Untersuchungen hat wohl auch die nahe Beziehung gewirkt, die er in den letzten Jahren von Clebsch zu diesem unterhalten hat ...“ [42, S. 357]. Bereits in seiner Habilitationsschrift, die sich mit einem Problem der Variationsrechnung befaßte, hatte Mayer u. a. an Ergebnisse von Clebsch angeknüpft, wie der Leipziger Mathematiker Wilhelm Scheibner in seinem Gutachten 1866 ausführte [A 6, 725, Bl. 7].

Der vor allem durch Clebsch entstandene Kontakt zwischen Klein und Mayer beruhte weniger auf verwandten wissenschaftlichen Interessen als vielmehr auf wissenschaftsorganisatorischen Initiativen, die ebenfalls von Clebsch ausgingen. Dies betrifft das Bemühen, die deutschen Mathematiker organisatorisch zu einen (vgl. Abschnitt 4.). Und das bezieht sich insbesondere auf die Arbeit für die „Mathematischen Annalen“. Über Clebsch erschienen mathematische Arbeiten sowohl von Klein als auch von Mayer in dieser Zeitschrift. Für das Verhältnis Kleins und Mayers zu den Annalen war es zudem nicht unwichtig, daß der mit Clebsch befreundete Mathematiker Carl Neumann 1868 an die Universität Leipzig berufen worden war [A 6, 774]. Neumann hatte am 10. Juni 1868 an den Verlag B. G. Teubner zwecks Begründung einer neuen mathematischen Zeitschrift geschrieben und als Herausgeber Clebsch empfohlen: „... durch dessen Talent und Energie [würde] das Journal wahrscheinlich binnen kurzer Zeit alle übrigen Math.[ematischen] Zeitschriften Europas überflügeln ... in Bezug auf Reichhaltigkeit, Eleganz und Verbreitung ...“ [103, Faksimile, S. 300/301]. Da Clebsch nur noch kurze Zeit verblieb, um dieses Talent zu beweisen – am 7. November 1872 erlag er im Alter von nur 39 Jahren einem Diphtheritisanfall – sah sich Neumann nach Ersatz um. Bereits im Dezember 1872 traten Klein und Mayer der Redaktion bei (vgl. Brief 10 und Abschnitt 6. der Einleitung). Da Neumann sich selbst nur ungern mit geschäftlichen Angelegenheiten befaßte [3, S. 93], überließ er beiden 1876 die Herausgeberschaft. Seit dieser Zeit wirkten Klein und Mayer bis 1887 als alleinige Herausgeber der „Mathematischen Annalen“ (vgl. dazu Abschnitt 6.).

Es verwundert somit nicht, daß auch eine angemessene Würdigung von Clebsch und die Sorge um seine Hinterbliebenen Gegenstände der Klein-Mayer-Korrespondenz waren. Die vorliegenden Briefe verdeutlichen, wie intensiv sich Klein um den Nachlaß kümmerte (Briefe 9, 10) und welchen Anteil Klein und Mayer an der Erarbeitung eines ausführlichen wissenschaftlichen Nekrologs Alfred Clebschs hatten (vgl. Brief 11 und [60]). In einem Brief vom 15. November 1872 schrieb Klein an Max Noether: „Woehler [der bekannte Chemiker] als beständiger Secretär der

Societät [Göttinger Gesellschaft der Wissenschaften] wird am 7. December einen kurzen Nekrolog von Clebsch vortragen, den Neumann, Gordan und ich zusammengestellt haben. Aber wir beschlossen, noch eine ausführlichere wissenschaftliche Biographie erscheinen zu lassen, nach Art der durch Clebsch selbst gegebenen von Pluecker [vgl. [15]]. Da müssen wir auf Deine und Anderer Hülfe recurriren. Wir unterschieden in Clebsch's wissenschaftlicher Thätigkeit 6 Perioden:

1) mathematische Physik. **Neumann**
2) Partielle Gleichungen. Zweite Variation. **Mayer**
3) Geraenderte Determinanten. Beginn der neueren Algebra. **Lueroth**
4) Abel'sche Functionen. **Brill**
5) Neuere Algebra. **Gordan**
6) Flächenabbildung. **Noether**" [A 9, XII, Nr. 554].

KLEIN, der die einheitliche Zusammenfassung der Einzelbeiträge vornahm – eine Aufgabe, die zunächst NEUMANN übernommen hatte, um sie dann doch mehr und mehr KLEIN zu überlassen –, bezog auch Urteile ausländischer Mathematiker wie LUIGI CREMONA und CAMILLE JORDAN in diese Arbeit ein [A 9, XII Nr. 560].

CLEBSCH hatte Frau und Kinder relativ mittellos hinterlassen. Um den Söhnen eine angemessene Ausbildung zu sichern, begründeten Freunde auf Anregung von CARL NEUMANN und einem Herrn HEYN aus München, Vormund der Kinder, eine „Clebsch-Stiftung". Diese Stiftung bestand seit 1873 und wurde von dem Orientalisten ERNST BERTHEAU geleitet. Sie umfaßte Wertpapiere, Beiträge von Körperschaften und Spenden einzelner Wissenschaftler, darunter der Mathematiker KLEIN, MAYER, GORDAN, BRILL, GEORG CANTOR, KARL VON DER MÜHLL und auch LEOPOLD KRONECKER [A 9, VII L, Bl. 1 ff.]. Die Redaktion der „Mathematischen Annalen" sammelte zusätzlich 8 000,– M, um die Witwe CLEBSCHS zu unterstützen. KLEIN schrieb am 10. April 1883 an den Verwalter der Clebsch-Stiftung, daß er, GORDAN und MAYER übereingekommen seien, „… die gesamten 8 000,– M der Clebsch-Stiftung anzubieten, unter der einzigen Bedingung, dass wir bis auf weiteres das Recht behalten, im Interesse der Familie Clebsch über die Zinsen zu verfügen" [A 9, VII L, Bl. 44], (vgl. auch Briefe 49, 63, 107). KLEIN wirkte seit 1886 im Vorstand der Stiftung, welche schließlich am 26. Dezember 1889 aufgelöst wurde, nachdem CLEBSCHS Söhne selbständige Stellungen erreicht hatten [A 9, VII L, Bl. 68]. Auf Anregung von KLEIN wurde zur gleichen Zeit eine Gedenktafel an CLEBSCHS letzter Wohnstätte in Göttingen angebracht [A 9, I B 5, Bl. 145], die noch heute dort zu besichtigen ist.

Der über CLEBSCH angeregte Kontakt zwischen KLEIN und MAYER führte zu einem Briefwechsel, über den KLEIN am 5. September 1876 schrieb: „… eine solche regelmäßige Correspondenz, wie wir sie führten, wird zum gemüthlichen Bedürfnisse" (Brief 14). Wenn MAYER auch nicht zu seinen Duzfreunden gehörte – das betraf nur einige engere Studienkollegen – und auch kein solch intensiver wissenschaftlicher Gesprächspartner wie z. B. MAX NOETHER, PAUL GORDAN oder ADOLF HURWITZ und DAVID HILBERT [27] war, so prägte doch gegenseitige Hochachtung ihr Verhältnis. KLEIN berichtete wiederholt in seinen Briefen an MAYER über den Fortschritt eigener wissenschaftlicher Arbeiten (vgl. Abschnitt 8.). Er schätzte insbesondere die Leistungen MAYERS auf dem Gebiet der Mechanik und holte sich dessen Rat ein, als er mit der Ausarbeitung entsprechender Vorlesungen begann

(Briefe 161–163, 166, 167). In seinen Vorlesungen über die Entwicklung der Mathematik des 19. Jahrhunderts urteilte er später: „Den Höhepunkt fand diese sich an Poisson anlehnende Entwicklung der Mechanik ... über Jacobis Untersuchungen hinausgehend anfangs der 70er Jahre in den Arbeiten von Lie und Mayer" [56, Bd. 1, S. 206 f.].

2. Adolph Mayer

ADOLPH MAYER, ein gebürtiger Leipziger, entstammte einer vermögenden Kaufmannsfamilie, die durch verwandtschaftliche Beziehungen mit dem Bankhaus FREGE verbunden war. Als Achtzehnjähriger besuchte MAYER 1857 die Universität Heidelberg mit der Absicht, Chemie zu studieren. Zwischendurch verbrachte er ein Jahr in Göttingen, wo er Mathematik bei MORITZ ABRAHAM STERN hörte, und ging dann nach Heidelberg zurück, um dort sein Studium zu beenden. Er promovierte 1861 mit einer Arbeit, die er bei dem Geometer OTTO HESSE schrieb. Hauptsächlich HESSES Anregung ist es zu danken, daß er den Entschluß faßte, sein Leben der Mathematik zu widmen.

Nach der Promotion verbrachte MAYER ein Semester in Leipzig und kehrte anschließend nach Heidelberg zurück, um sein Studium bei HESSE fortzusetzen. HESSE war damals sechzig Jahre alt und hatte seine erfolgreichste Zeit hinter sich, doch als ein führender Vertreter der Königsberger Schule konnte er einem jungen Talent wertvolle Ratschläge erteilen. So siedelte MAYER im Herbst 1862 nach Königsberg über, wo er am mathematisch-physikalischen Seminar von FRANZ NEUMANN teilnahm. In Königsberg erhielt er viele Anregungen durch die Vorlesungen FRIEDRICH RICHELOTS. Dieser betrachtete es als seine Hauptaufgabe, die Jacobische Tradition aufrechtzuerhalten und weiter zu beleben. In MAYER fand er einen aufgeschlossenen jungen Mann, der sich besonders empfänglich für JACOBIS analytische Arbeiten zeigte. MAYER studierte sowohl die analytische Mechanik im Jacobischen Sinne als auch JACOBIS Buch über Dynamik, das CLEBSCH aus dem Nachlaß herausgegeben hatte. MAYER drang tief in die Theorie der elliptischen Funktionen ein, wozu auch das Studium des berühmten Jacobischen Werkes „Fundamenta nova theoriae functionum ellipticarum" beitrug. Ferner eignete sich MAYER die Determinantentheorie JACOBIS an.

Im Wintersemester 1864/65 hielt RICHELOT eine Vorlesung über Variationsrechnung. Sie regte MAYER zur Habilitationsschrift mit dem Thema „Theorie der Maxima und Minima der einfachen Integrale" an, mit welcher er 1866 in Leipzig seine venia legendi erwarb. Diese Arbeit führte ihn auch auf das Prinzip der kleinsten Aktion, welches einen wichtigen Platz in seinen künftigen Abhandlungen einnehmen sollte. Sechs Jahre später wurde MAYER zum außerordentlichen Professor in Leipzig ernannt; seine Antrittsvorlesung, die er aus diesem Anlaß hielt, befaßte sich mit der Geschichte des Prinzips der kleinsten Aktion. Wegen seiner finanziellen Unabhängigkeit und seiner Verbundenheit mit der Stadt Leipzig verließ er trotz günstiger auswärtiger Berufungsangebote die Leipziger Universität nicht. Im Jahre

1881 wurde er ordentlicher Honorarprofessor, ein Jahr später Mitdirektor des neu gegründeten Mathematischen Seminars und 1890 Ordinarius. Zehn Jahre später ließ er sich beurlauben, nahm aber bald danach seine Vorlesungen wieder auf. Er blieb in dieser Stellung bis Anfang 1908 tätig, als er aus gesundheitlichen Gründen mitten im Semester sein Wirken einstellen mußte. Kurz darauf starb er während eines Genesungsaufenthaltes in Gries bei Bozen.

Die wissenschaftlichen Arbeiten von ADOLPH MAYER behandeln verschiedene Probleme aus drei verwandten Gebieten: Variationsrechnung, Mechanik und Theorie partieller Differentialgleichungen erster Ordnung. Sein Name ist heute immer noch mit fundamentalen Begriffen und wichtigen Ergebnissen aus diesen drei Bereichen verknüpft. Man denke an den Mayerschen Satz, demzufolge die Integration eines vollständigen Systems von n linearen homogenen partiellen Differentialgleichungen erster Ordnung in m unabhängigen Variablen sich auf die Integration eines Systems von $n - m$ gewöhnlichen Differentialgleichungen erster Ordnung reduziert (vgl. auch Abschnitt 3. der Einleitung).

Die Mayersche Determinante spielt eine zentrale Rolle in der Variationsrechnung. In seiner Habilitationsschrift [78] hatte er ein klassisches Problem dieses Gebietes behandelt, nämlich die Frage, wann eine sogenannte extremale Lösung der Langrange-Gleichungen zugleich eine Lösung des ursprünglichen Variationsproblems selbst darstellt. Durch die Einführung der später nach ihm benannten Determinante gelang es MAYER, ein klassisches Ergebnis von JACOBI zu verallgemeinern, welches eine hinreichende Bedingung für dieses Problem lieferte [81]. Die Mayersche Determinante führte außerdem zur Theorie der konjugierten Punkte, die von WEIERSTRASS und später von A. KNESER weitergeführt wurde [62, S. 106].

Ausgehend von den Mayerschen Problemen gelangte man auch zu einer Erweiterung der Theorie der Langrangeschen Multiplikatoren. In Verbindung damit entstanden die Mayerschen Differentialgleichungen und der allgemeine Mayersche Reziprozitätssatz [62], [42].

Obwohl seine Arbeiten auf einen relativ begrenzten Ideenkreis konzentriert waren, besaß MAYER durchaus breite Kenntnisse auch auf Gebieten, die weit von seinen eigenen Forschungen entfernt lagen. Wie aus Materialien des Leipziger mathematischen Institutes hervorgeht, schrieb er z. B. sehr detaillierte Berichte über die mathematische Literatur seiner Zeit und verwendete dabei nicht nur publizierte Materialien, sondern auch Vorlesungsnachschriften, um seine eigenen Studien zu vervollkommnen.

In seinen Lebenserinnerungen gab GERHARD KOWALEWSKI ein anschauliches Bild von der Leipziger mathematischen Schule während der neunziger Jahre des vorigen Jahrhunderts. Insbesondere machte er verschiedene Bemerkungen über die Vortragsweise seiner ehemaligen Lehrer. Der Vortrag von WILHELM SCHEIBNER war – nach KOWALEWSKI – „sehr unruhig und verworren", während CARL NEUMANN „mit wunderbarer Klarheit dozierte, so daß auch die weniger Begabten alles verstanden" [64, S. 46]. Als Lehrer aber zog KOWALEWSKI ADOLPH MAYER vor:

„Mayers Vortrag war ganz anders als der von Carl Neumann. Er hatte ein hohes wissenschaftliches Niveau. Außerdem strebte er eine gewisse Vollständigkeit an, brachte viele Literaturhinweise, sogar bis in die neueste Zeit. Oft kam es vor, daß er etwas aus einem eben erschienenen Heft der mathematischen Annalen oder des Crelleschen Journals zitierte. Mayer war immer ausgezeichnet vorbereitet und hatte eine wunderbare Beredsamkeit. Er ging so schnell vor, daß in jeder Stunde eine große Menge Stoff behandelt wurde. Nie versprach er sich trotz des raschen Tempos und nie verrechnete er sich. Wenn er eine Zahlenfolge x_1, x_2, x_3, ... oder eine unendliche Reihe $x_1 + x_2 + x_3 + \ldots$ ausschrieb, so wurden die Punkte, die das Fortlaufen ins Unendliche andeuten, derart rasch und kräftig gesetzt, daß es klang wie das Hacken eines Spechts. Es waren auch nicht drei, sondern mindestens sechs Punkte. Mayer hatte mehrere Semester in Königsberg unter Richelot studiert und die Jacobische Tradition in sich aufgenommen. Auch war seine Vortragsweise ganz im Stil Richelots, wie er selbst mir gelegentlich sagte. ... In Adolph Mayer steckte viel mathematische Tradition. Er wußte auch in wunderbarer Weise in uns Studenten die Begeisterung für große Mathematiker zu wecken und zu steigern. Ich denke an Mayer mit tiefer Dankbarkeit zurück, nicht nur an den großen Gelehrten, sondern auch an den edlen Menschen" [64, S. 47 f.].

3. Das Verhältnis zu Sophus Lie

Neben ihrer Tätigkeit als Hauptredakteure der „Mathematischen Annalen" waren KLEIN und MAYER auch durch ihr jeweiliges Verhältnis zu SOPHUS LIE (zu LIE vgl. auch [90]) miteinander verbunden. Das widerspiegelt sich in ihrer Korrespondenz, in welcher keine Person so oft genannt wird wie der Norweger. KLEIN und LIE hatten schon bei ihrem Zusammentreffen in Berlin im Herbst 1869 enge Freundschaft geschlossen [117, S. 125–137]. Von diesem Zeitpunkt an bis zu KLEINS Übersiedlung nach Erlangen im Herbst 1872 pflegten sie einen sehr intensiven wissenschaftlichen Kontakt, der nur zum Teil in ihren gemeinsamen Veröffentlichungen Ausdruck fand.

Anfang Juni 1872 schrieb LIE an CLEBSCH, daß er sich eine neue geometrische Interpretation der Lagrange-Jacobischen Theorie zur Integration partieller Differentialgleichungen ausgedacht habe, womit die Anzahl der benötigten Integrationen erheblich reduziert werden könne. Kurz zuvor hatte MAYER ähnliche Ergebnisse in den „Göttinger Nachrichten" angekündigt. Diese Umstände führten CLEBSCH zu der Vermutung, daß trotz ganz verschiedener Darstellungsweisen im wesentlichen beide Mathematiker dasselbe Resultat entdeckt hatten. Am 19. Juni stellte er der Göttinger Gesellschaft der Wissenschaften eine von LIE verfaßte Note vor. Neben den Lieschen Ergebnissen erschien eine Anmerkung von CLEBSCH, in der er diesen Hintergrund darlegte. Wie FRIEDRICH ENGEL gelegentlich bemerkt hat, ist dieses Zusammentreffen der Arbeiten LIES und MAYERS nur eines von mehreren Beispielen dafür, daß zwei Mathematiker gleichzeitig und völlig unabhängig dieselbe Entdeckung gemacht haben [23, S. 29 f.].

Anfang September, ungefähr einen Monat bevor KLEIN nach Erlangen umzog, besuchte ihn LIE in Göttingen. Einige Tage später schickte KLEIN einen Brief an MAYER (Brief 8), worin er berichtete, wie er zusammen mit LIE und CLEBSCH versuchte, ein klares Bild vom Verhältnis der Arbeiten LIES und MAYERS zu gewinnen. LIE lernte MAYER kurz danach in Göttingen kennen und fand in ihm einen neuen wissenschaftlichen Partner, der viel Interesse, aber auch Verständnis für seine neue Theorie zeigte. In dieser günstigen Umgebung konnte LIE die Grundzüge seiner Theorie der partiellen Differentialgleichungen erster Ordnung weiter entwickeln. Er begleitete KLEIN nach Erlangen, und dort redigierte KLEIN einen kurzen Artikel LIES, den CLEBSCH in den „Göttinger Nachrichten" publizieren ließ [67]. Dies war die erste Mitteilung, in welcher LIE die Möglichkeit einer allgemeinen Invariantentheorie der partiellen Differentialgleichungen 1. Ordnung gegenüber allen Berührungstransformationen erwähnte. Dabei wies er darauf hin, daß seine Theorie in engem Zusammenhang mit einer neuen Arbeit stehe, die in den Annalen erschienen war [79].

LIE betrachtete ein simultanes System von m Differentialgleichungen erster Ordnung der Form

$$F_i (x_1, \ldots, x_n; p_1, \ldots, p_n) = 0, \quad i = 1, 2, \ldots, m,$$

mit $p_j = \dfrac{\partial z}{\partial x_j}$. Er zeigte, wie ein solches System auf ein „Involutionssystem" zurückgeführt werden kann. Dabei stehen die F_i paarweise miteinander in Involution, und es gilt

$$(F_i, F_j) = \sum_k \left(\frac{\partial F_i}{\partial p_k} \frac{\partial F_j}{\partial x_k} - \frac{\partial F_j}{\partial p_k} \frac{\partial F_i}{\partial x_i} \right) = 0.$$

Danach konnte LIE weiter zeigen, daß sich das System auf die Integration einer einzigen, partiellen Differentialgleichung erster Ordnung in $(n - m + 1)$ Variablen reduzieren läßt. Ist das ursprüngliche System linear, so ergibt sich dasselbe Resultat wie beim Mayerschen Satz (vgl. Abschnitt 2.) [3, S. 122 f.].

LIE nahm außerdem das lebhafteste Interesse an KLEINS neuesten Ideen bezüglich der gruppentheoretischen Klassifikation der verschiedenen „Methoden" der Geometrie, wie sie bald danach im „Erlanger Programm" Ausdruck fanden (zum „Erlanger Programm" vgl. [37]). Nach dem Erscheinen des „Erlanger Programms" (vgl. [96], [97]) im Jahre 1872 gingen LIE und KLEIN ihre eigenen Wege; sie blieben allerdings gute Freunde, doch als Mathematiker verfolgten sie Arbeitsrichtungen, die wenig miteinander verwandt waren. Auf der Rückreise von Erlangen nach Norwegen besuchte LIE MAYER in Leipzig. Dieses Ereignis leitete, nach der Meinung FELIX KLEINS, eine wichtige Änderung in LIES Arbeitsweise ein:

„... er begann, um für einen ausgedehnteren Kreis von Mathematikern verständlicher zu schreiben, die rein geometrischen (oder, wie er sagte, ‚synthetischen') Betrachtungsweisen, die er sich ausgebildet hatte und die nach wie vor den eigentlichen Kern seines mathematischen Denkens bildeten, zu Gunsten der analytischen Darstellungsart Jacobischer Tradition zurückzudrängen. Solcherweise ist das merkwürdige Ergebnis zu Stande gekommen, daß sich Lies und meine Gedankenkreise eben in dem Augenblicke, wo sie durch das Erlanger Programm auf das innigste verschmolzen waren, voneinander abtrennten. Wiederholtes längeres Zusammensein in den 70er und 80er Jahren hat an der hiermit geschilderten Sachlage nicht mehr viel ändern können" [52, Bd. 1, S. 412].

Es folgte eine rege Korrespondenz zwischen LIE und MAYER, die besonders intensiv während der Jahre von 1873 bis 1877 war, als beide sich mit der Theorie der partiellen Differentialgleichungen befaßten. FRIEDRICH ENGEL hat mehrmals den historischen Wert dieser Briefe hervorgehoben, und es ist sein Verdienst, daß ein großer Teil dieser Korrespondenz dem heutigen Leser zugänglich ist. Er hat diese Briefe nämlich in seinen ausführlichen Anmerkungen zu den „Gesammelten Abhandlungen" von Sophus Lie vielfach auszugsweise zitiert.

Ursprünglich faßte Lie seine Theorie der Transformationsgruppen als ein Hilfsmittel für seine Integrationstheorie auf, aber bald gewann sie einen besonderen Platz in seinem Forschungsplan. Nach 1874 war er bemüht, diese geradezu revolutionären Ideen auszuarbeiten und selbständig zu entwickeln. Drei Jahre später jedoch wandte er sich allmählich wieder der Geometrie zu, denn trotz seiner Bemühungen, die Sprache der Analytiker zu verwenden, fand weder seine Integrationstheorie noch seine Gruppentheorie die Anerkennung, die er erhofft hatte. Er wollte zunächst ein ausführliches Werk über die Theorie der partiellen Differentialgleichungen 1. Ordnung schreiben und hatte sogar in einem Briefe an Mayer vom Juli 1877 den Inhalt desselben angedeutet. Das war aber der letzte Brief, den Mayer für eine lange Zeit, bis zum Jahre 1882, von Lie erhielt. Darin schrieb er:

„Wenn ich nur wüsste, wie ich die Mathematiker dazu bringen könnte sich für die Transformationsgruppen und darauf begründete Behandlung der Differentialgleichungen zu interessieren. Ich bin so gewiss, absolut gewiss, dass diese Theorien einmal in der Zukunft als fundamental anerkannt werden.

Wenn ich wünsche bald eine solche Auffassung zu schaffen, so ist es u. A. weil ich dann zehnmal mehr machen könnte" [23, S. 49].

Eine erste Änderung dieser isolierten Lage Lies erfolgte im September 1884, als Engel nach Christiania fuhr, um neun Monate bei Lie zu studieren (vgl. [91]). Die Anregung dazu war von Klein und Mayer gekommen, bei denen Engel in Leipzig promoviert hatte. Ihre Idee bestand darin, daß Engel nicht nur die Theorien Lies studieren solle, sondern ihn auch bei der Bearbeitung einer zusammenhängenden Darstellung seiner Theorie der Transformationsgruppen unterstützen könnte. Mit großer Geduld und Hingabe widmete sich Engel diesem Projekt; es dauerte zehn Jahre, bis der dritte und letzte Band dieses monumentalen Werkes gedruckt vorlag [69].

Inzwischen war Klein einem Ruf nach Göttingen gefolgt. Nicht ohne Schwierigkeiten setzte er durch, daß Lie sein Nachfolger in Leipzig wurde. Dies war aber für viele deutsche Mathematiker nicht sehr erfreulich. Besonders die Berliner Mathematiker erregten sich darüber, weil sie glaubten, daß Klein damit lediglich seinen eigenen Einfluß verstärken wollte. Als Weierstrass von der Berufung Lies erfahren hatte, schrieb er an Schwarz: „Lie hat ja [...] einige wertvolle Arbeiten geliefert, ist aber weder in wissenschaftlicher Beziehung noch als Lehrer ein Mann von solcher Bedeutung, daß man ihn, den Ausländer, allen in Betracht kommenden Inländern vorzuziehen berechtigt wäre. Nun wird es heißen, er sei ein zweiter Abel, den man um jeden Preis habe gewinnen müssen. [...] Ein schöner Anfang der neuen Aera, die unter Kleins Präsidentschaft beginnen soll! P. Dubois [du Bois-Reymond] trifft doch zuweilen den Nagel auf den Kopf; er nannte vor Jahren schon das Trifolium Klein-Lie-Mayer die ‚société thuriféraire'" [6, S. 166, 170].

Lie war immer sehr empfindlich, wenn es um Prioritäten und dergleichen ging. Dieser schon krankhafte Argwohn erreichte im Herbst 1888 einen Höhepunkt, als Wilhelm Killing anfing, seine Abhandlungen über „Die Zusammensetzung der stetigen endlichen Transformationsgruppen" in den „Mathematischen Annalen" zu veröffentlichen [46]. KLEIN hatte schon seit 1880 mit KILLING korrespondiert und kannte die allgemeine Richtung seiner Untersuchungen. Er schlug daher FRIEDRICH ENGEL vor, einen wissenschaftlichen Briefwechsel mit KILLING zu führen. Nachdem LIE KILLINGS erste Abhandlung gelesen hatte, war er sehr verärgert und schrieb an KLEIN:

„Engel hat wie ich erfahre nicht allein Killing ganz ungenirt meine Ideen mitgetheilt; er hat überdies versäumt Killing zu sagen, daß die betreffenden Ideen mir und nur mir gehören. Herr Engel scheint nach Norwegen mit der Absicht gegangen zu sein, [um] alle meine Ideen zu annectiren. Herr Killings Arbeit in den Math. Ann. ist eine grobe Beleidigung gegen mich und ich mache Engel dafür verantwortlich. Er hat ja auch die Correktur besorgt. Ich habe Engel davon ernstlich gesprochen und er gibt auch zu, dass sein Benehmen uncorrekt gewesen ist. Ich lasse die Sache nicht hiermit ruhen. Ich bin im Lauf der Zeit von vielen Mathematikern schlecht behandelt worden; aber ein so merkwürdiger Misbrauch von meinem Vertrauen hatte ich mir nie als möglich gedacht" [99, S. 41].

Dieser Erregung folgte ein schwerer Zusammenbruch LIES, weshalb er sich ein Dreivierteljahr in einer Nervenheilanstalt aufhalten mußte (Briefe 142–148, 151, 153–156). Das Verhältnis zu ENGEL gestaltete sich auch danach unerträglich, und zugleich fing LIE an, seinen Argwohn auch gegen KLEIN zu richten. Ein erstes Anzeichen dafür war spürbar, als KLEIN den Plan gefaßt hatte, einen Teil seiner älteren Arbeiten zusammen mit denen von LIE in den Annalen wieder zu veröffentlichen (Briefe 161, 164). Im Frühling 1891 reiste KLEIN nach Leipzig, um diese Angelegenheit mit LIE zu besprechen. Im Herbst 1892 fuhr er erneut nach Leipzig, um weiter mit LIE zu conferieren. Dabei bot er ihm eine Stelle als Mitredakteur der Annalen an (Briefe 170–177). LIE zeigte zunächst viel Interesse an diesem Angebot, aber kurz danach schrieb er einen bösen Brief an KLEIN, in welchem er diese Stelle wie auch den Plan bezüglich des Wiederabdrucks ihrer älteren Arbeiten schroff ablehnte. KLEIN versuchte, ihn mit einem Versöhnungsbrief zu beruhigen; er bekam jedoch von LIE keine Antwort. In einem Briefentwurf vom 28. Dezember 1892 an M. NOETHER drückte KLEIN seine Ansicht aus: „Mit Lie ist meines Erachtens definitiv nichts anzufangen. Ich bin allerdings der Meinung, dass Lie's wissenschaftliche Verdienste nicht hoch genug geschätzt werden können und dass es für die Annalen ein aussero.[rdentlicher] Gewinn wäre, auch den Namen von Lie an der Spitze tragen zu dürfen. Aber auf der anderen Seite ist Lie krank, gemüthskrank und sein Wahn, dass alle Welt ihn an seinem Verdienste abbrechen wolle, richtet sich erneut gegen mich" [A 9, XI Nr. 108 Anl.]. Erst kurz vor der Rückreise LIES nach Norwegen kam es 1898 wieder zu einem persönlichen Kontakt zwischen KLEIN und LIE [99].

Man kann verschiedene Gründe angeben, um diese Verschlechterung des Verhältnisses zwischen KLEIN und LIE zu erklären. LIE war ein sehr ehrgeiziger Mensch, der oft unter depressiven Stimmungen litt, besonders in seinen späteren Jahren. KLEIN bezeichnete gelegentlich LIES Krankheit als Verfolgungs- und Größenwahn und meinte, daß LIE eine merkwürdige Bestätigung der Theorie sei, welche behauptet, daß Genie und Wahnsinn eng miteinander verknüpft seien. Sogar der gutmütige ADOLPH MAYER, mit dem LIE ein besonders enges Verhältnis hatte, mußte gelegentlich dessen zornige Ausbrüche erdulden. Es überrascht daher kaum, daß Lie am Ende den „machtgierigen Klein" als eine Bedrohung und nicht als einen Freund betrachtete. Er war davon überzeugt, daß Klein ihn und andere Mathematiker nur ausnutzen wolle, um eigenen Ruhm zu mehren. Wie sehr er sich von Kleins Wirkungskreis entfernen wollte, zeigen die folgenden Zeilen, die Lie an Mayer richtete, worin er seine Stellungnahme bezüglich des „Mathematischen Wörterbuch"-Projekts abgab, das sich bald danach zur berühmten „Encyklopädie der mathematischen Wissenschaften" gestaltete:

„In [der] deutschen Mathematik spielen jetzt Berlin, Göttingen und Leipzig die Hauptrolle. Oesterreich zählt fast nicht mit. In Süddeutschland ist Noether der bedeutendste; er wohnt aber in Erlangen. Seit Seidel und Baur zurückgetreten, resp. alt sind, ist Lindemann wohl leitend in München; er ist aber von Klein abhängig. Fr. Meyer, der wie Lindemann recht tüchtig ist, ist von Klein vollständig abhängig. Die Berliner sind voraussichtlich nicht mit [d. h. sie werden sich am Wörterbuch nicht beteiligen] oder werden jedenfalls von Klein mehr oder weniger lahm gelegt. Wir dürfen nach meiner Ansicht nur dann uns betheiligen, wenn uns volle Garantie dafür geboten wird, dass die Interessen der Mathematik, wie wir sie auffassen, gewahrt werden. Klein vergleiche ich mit einer Schauspielerin, die in der Jugend durch glänzendes Äußeres bezaubert, die aber nach und nach immer verwerflichere Mittel braucht, um auf Bühnen dritten Ranges Erfolg zu erreichen" [A 10].

4. Bemühungen, eine deutsche Mathematiker-Vereinigung zu gründen

Der Briefwechsel gibt über vorliegende Untersuchungen zu diesem Gegenstand [107] hinaus einige neue Erkenntnisse. Sie betreffen die Rolle Felix Kleins bei der Organisation eines ersten nationalen Mathematikerkongresses, losgelöst von der Gesellschaft deutscher Naturforscher und Ärzte, sowie das Verhalten Kleins bei der durch Georg Cantor angeregten Gründung der Deutschen Mathematiker-Vereinigung. Darauf wurde in [108] bereits aufmerksam gemacht. In der folgenden Erläuterung werden auch Briefe Kleins an andere Mathematiker einbezogen.

Klein initiierte und leitete eine Reihe wissenschaftlicher Organisationen, Kommissionen und Gesellschaften. In diesen Gremien sah er wichtige Mittel, um wissenschaftliche Aufgaben und Bildungsziele durchzusetzen. Insbesondere sein Bemühen, die Anwendungen der Mathematik zu fördern und den mathematischen Unterricht entsprechend umzugestalten, führte zu einem solchen Engagement. Dieses konzentrierte sich auf den Zeitraum der 90er Jahre und darüber hinaus. Die Korrespondenz mit Mayer zeigt, daß Klein nicht erst im fortgeschrittenen Lebensalter solchen wissenschaftsorganisatorischen Bestrebungen einen hohen Wert beimaß, sondern sich schon mit 22 Jahren für die Organisation der Mathematiker einsetzte. Seine Beteiligung an der ersten Mathematikerversammlung, die vom 16. bis 18. April 1873 in Göttingen stattfand, war zwar schon bekannt [33], aber die langfristige Vorbereitung seit 1871 wird erst durch diese Korrespondenz mit Mayer völlig deutlich. Die Briefe KLEINS aus den Jahren 1871 und 1872 dokumentieren, wie er die Vorbereitung leitete. Dabei ging die Orientierung zunächst von A. CLEBSCH aus (Brief 1), der bereits 1867 von der Gesellschaft deutscher Naturforscher und Ärzte losgelöste Mathematikerkongresse befürwortet hatte [33, S. 1]. Mit diesem Wunsch stand er nicht allein, wie ein Brief KLEINS vom 19. Oktober 1871 an MAX NOETHER zeigt: „Du sprichst zunächst davon, wie wünschenswerth es sei, im nächsten Sommer eine Mathematikerversammlung zu Stande zu bringen. Nun ist sehr merkwürdig: die vierzehn Tage, die ich, ehe Dein Brief eintraf, hier zubrachte, hatte ich mit Clebsch wiederholt über einen solchen Plan gesprochen. Clebsch ist ganz dabei; augenblicklich in Berlin und Leipzig, denkt er möglicherweise dort schon die Leute mit dem Gedanken vertraut zu machen. Er wünscht indeß – und das scheint mir sehr gut – daß die eigentliche Anregung dazu von den jüngeren Leuten ausgehen muß" [A 9, XII Nr. 538].

Die Anregung von CLEBSCH aufgreifend, übernahm KLEIN bereits zu dessen Lebzeiten die inhaltlich-organisatorische Vorbereitung der Mathematikerversammlung. Der vorliegende Briefwechsel erhellt, wie sich KLEIN um ein Organisationskomitee bemühte, wie er das Programm mit A. MAYER sowie mit seinen ehemaligen Studienfreunden P. GORDAN, M. NOETHER, mit den Berliner Mathematikern, insbesondere denjenigen, die um das „Jahrbuch über die Fortschritte der Mathematik" gruppiert waren (Briefe 2, 5, 7) und mit GEORG CANTOR (Briefe 3, 4) abstimmte. Zu Ostern 1872 weilte KLEIN in Berlin (Brief 3), um seine Pläne weiter zu verfolgen. Er schrieb darüber am 30. März 1872 an seinen österreichischen Studienfreund OTTO STOLZ, den er während seines Berliner Aufenthaltes 1869/70 kennengelernt hatte: „Sie werden sich über die Überschrift dieses Briefes wundern; – ja wohl, ich sitze wieder in Berlin ... Dann aber sind wir hier in einer großen Agitation begriffen, um – was bereits in Heidelberg und Leipzig angeregt ist – demnächst, etwa kommende Ostern eine Mathematikerversammlung zu Stande zu bringen. Nächste Woche Freitag werden wir hier eine locale Vorversammlung halten ..." [7]. Am 29. August 1872 teilte KLEIN STOLZ mit: „Die letzten Tage habe ich wesentlich Briefe im Interesse der projectirten Mathematikerversammlung geschrieben; ich will sehen, daß bis Ende nächsten Monat das Programm, die Einladungsform etc. definitiv festgesetzt sind" [7].

Ein Schwerpunkt der geplanten Versammlung bestand darin, das mathematische Referatewesen zu verbessern (Brief 2). KLEIN schrieb darüber am 3. Februar 1873 an STOLZ, um ihn auf die Versammlung vorzubereiten: „Ich möchte bei Gelegenheit der Versammlung das Referentenwesen beim Jahresbericht [Jahrbuch über die Fortschritte der Mathematik] etwas umgestalten; in dem Sinne, daß jeder Referent über sein specielles Fach auch vollständig referirt und die Sache nicht so zerstückt wird, wie seither. Ich möchte namentlich auch neue Kräfte zum Referiren heranziehen, wie z. B. A. Brill" [7]. Von Band 2 (1869) bis Band 9 (1877) arbeitete KLEIN als Referent des „Jahrbuchs über die Fortschritte der Mathematik"; Band 2 erschien 1873, und Band 9 kam 1880 heraus. Die Beziehungen zu den Herausgebern des Jahrbuchs bestanden seit seinem Studienaufenthalt 1869/70 in Berlin. KLEINS Vorstellungen über die Aufteilung der Referate ließen sich wohl nicht vollständig realisieren, aber er erreichte, daß er selbst ab Band 4 (1872), der 1875 erschien, die Mehrzahl der liniengeometrischen Arbeiten referieren konnte.

Über die Ergebnisse der Göttinger Versammlung zeigte sich KLEIN zunächst sehr befriedigt; er schrieb am 6.Juni 1873 an Stolz: „Ich bin eigentlich recht zufrieden, wenn ich an dieselbe zurückdenke, und will nur wünschen, daß weitere Versammlungen gerade so gut gelingen" [7]. An der Versammlung im April 1873 nahmen insgesamt 52 Mathematiker teil, neben Stolz weitere acht ausländische Wissenschaftler. Allerdings gelang es nicht wie vorgesehen, die Mehrzahl der Mathematiker der älteren Generation für das Projekt zu gewinnen. Eine Reihe älterer, besonders eingeladener Mathematiker (vgl. Brief 9) nahmen an der Versammlung nicht teil, wie ein Vergleich mit der Teilnehmerliste ergibt [33, S.23f.]. Schwierigkeiten bei der Abstimmung über weitere geplante separate Versammlungen, welche auf Spannungen zwischen verschiedenen Mathematikerkreisen beruhten, die auch schon zu Clebschs Zeiten bestanden hatten, führten jedoch zum Scheitern weiterer spezieller Mathematikerkongresse. Klein und Mayer beschlossen im Oktober 1874, jede weitere Initiative in dieser Richtung zu unterlassen [45, Bl.31]. Ein Brief Kleins vom 24. Oktober 1874 an M. A. Stern deutet seine damaligen Empfindungen an: „Hier in Leipzig soll ich mit Ohrtmann und Enneper ... wegen der Mathematiker-Versammlung berathen. Ich gehe eigentlich mit sehr getheilter Empfindung daran, denn einen glänzenden Erfolg haben wir sicher dieses zweite Mal nicht zu erwarten, und es ist wohl möglich, daß wir angesichts dieses Umstandes nach einem Wege suchen, der uns gestattet, einstweilen die Versammlung zu verschieben" [A 9, XI Nr.1160B].

Versuche, die Mathematiker organisatorisch zu vereinen, blieben allerdings auch in den folgenden Jahren nicht aus. Dabei erfolgte eine Abkehr von der Idee separater Kongresse und eine zunehmende Einbindung in die Jahresversammlungen der deutschen Naturforscher und Ärzte. Einen Höhepunkt bei der Vereinigung zahlreicher in- und ausländischer Mathematiker bildete die Naturforscherversammlung 1877 in München. Klein war für das mathematische Tagungsprogramm verantwortlich; außerdem unterstand ihm die Redaktion der Tagungsmaterialien (Brief 36) [47]. Er erreichte, daß sein Studienfreund Sophus Lie (Brief 35), die italienischen Mathematiker Giuseppe Jung und Luigi Cremona (Brief 36) sowie weitere ausländische Wissenschaftler nach München kamen und sich zum großen Teil mit Vorträgen an der Tagung beteiligten.

Diese Begegnungen auf den Naturforscherversammlungen wurden genutzt, um gemeinsame Forschungen vorzubereiten, Arbeiten vorzustellen und Pläne abzustimmen. An diesen Versammlungen teilzunehmen, die jeweils im September stattfanden, wurde verstärkt zu einem Bedürfnis für zahlreiche Mathematiker (Briefe 92–94, 122). Von der Berliner Naturforscherversammlung 1886 gingen besonders starke Impulse aus, sich regelmäßiger zu treffen. Kleins Schreiben darüber an Max Noether verdeutlicht zugleich den Zusammenhang mit den Bestrebungen aus den 70er Jahren: „Weierstraß und Fuchs fehlten, so dass Kronecker das Präsidium hatte. Von unseren näheren Freunden war eigentlich nur Lie da (mit dem ich mich verabredet hatte). Dafür aber eine überaus grosse Menge anderer Mathematiker: obenan Sylvester, Lipschitz, Schröter etc. etc., auch Mittag-Leffler, Cantor, Frobenius. Ich habe das angenehme Gefühl, manche persönliche Verbindung gewonnen zu haben, die über das bloss Conventionelle hinausging, und wollte nun, unter dem frischen Eindruck stehend, bei Dir und den Anderen den Gedanken anzeigen, dass wir doch in Zukunft solche Zusammenkünfte eifriger benutzen mögen, als seither geschah; vielleicht dass dann jener Plan der nach 1873 missglückte, schliesslich doch noch zum Gelingen kommt, jedenfalls aber, dass wir uns selbst in solchen Kreisen, die uns sonst ferner stehen, mehr zur Geltung bringen" [A 9, XII Nr. 610].

Als aber GEORG CANTOR die Initiative ergriff, die Mathematiker in einer festen Organisation zu vereinen, verhielt sich KLEIN zunächst skeptisch (Brief 141). Nachdem er jedoch dem Projekt zugestimmt hatte, beteiligte er sich intensiv an der Vorbereitung der Gründungsversammlung der Deutschen Mathematiker-Vereinigung (DMV), die am 18. September 1890 in Bremen stattfand. KLEIN bat alle seine Freunde und Schüler, nach Bremen zu kommen, um entsprechenden Einfluß auszuüben. Er bestimmte maßgeblich – obwohl bewußt zunächst im Hintergrund wirkend – Programm und Organisation der neuen Vereinigung. Ein Mittel dafür war der Vorschlag, W. DYCK in den Vorstand der DMV aufzunehmen. Ein Brief KLEINS vom 15. Juni 1890 an PAUL GORDAN verdeutlicht die Absichten: „Bremen läßt sich jetzt so an, daß ich befürworte
1) Möglichst zahlreichen Besuch seitens unserer Freunde, womöglich so, daß seitens derselben jetzt schon Vorträge angemeldet werden ...
2) Später Wahl eines 4gliedrigen Comite's aus den in Bremen anwesenden Herren, welche die nächstjährige math.[ematische] Section zweckmäßig vorbereiten sollen. Ich beantrage 2 norddeutsche und 2 süddeutsche Mitglieder, also etwa einerseits G. Cantor und (wenn Kronecker nicht zu haben sein sollte) Schubert, andererseits Dyck und Königsberger, oder wenn K.[önigsberger] nicht kommt, wie ich fast glaube, Lüroth ..." [A 9, XII Nr. 496].

Gemeinsam mit DYCK beriet KLEIN die vorzubereitenden Statuten, die aufzunehmenden Mitglieder (Brief 163), die Erarbeitung von Referaten, das Verhältnis zur Gesellschaft deutscher Naturforscher und Ärzte u. a. Im Unterschied zu CANTOR plädierten sie für einen Anschluß an die Naturforscherversammlungen. KLEIN schrieb am 20. Juni 1890 an PAUL GORDAN: „Mit Cantor bin ich z. Z. uneins. Er will die ‚math.[ematische] Vereinigung' gleich anfangs von den Naturforschern ablösen, was ich für einen Unsinn halte; ich will erst ablösen, wenn wir hinreichend stark geworden sind oder wenn es zu sehr einengt" [A 9, XII Nr. 497]. KLEIN konnte sich mit seiner Ansicht durchsetzen. Die Diskussion und Annahme neuer Statuten und einer Geschäftsordnung der Gesellschaft deutscher Naturforscher und Ärzte, bei welcher sich vor allem die Mediziner RUDOLF VIRCHOW und WILHELM HIS (Brief 159) engagiert hatten (vgl. [65, S. 30–35]), begünstigte den Verbleib der Mathematiker in diesem Rahmen. KLEIN erläuterte den Anschluß an die Naturforschergesellschaft folgendermaßen: „Die enge Beziehung zwischen Mathematik und theoretischer Naturwissenschaft, wie sie zum Segen beider Gebiete seit dem Emporkommen der modernen Analysis bestand, droht zu zerreissen ... Dem wollen wir Mitglieder der mathematischen Vereinigung nach Kräften entgegenwirken. In diesem Sinne war es, daß wir uns an die Naturforscherversammlung angeschlossen haben" [51, S. 58].

KLEIN und MAYER gehörten zu den 32 Wissenschaftlern, die am 18. September 1890 mit den „Bremer Beschlüssen" das Gründungsdokument der DMV unterzeichneten [33, S. 26]. MAYER beteiligte sich allerdings nicht mehr mit Beiträgen an der Arbeit der neuen Gesellschaft, dagegen trat KLEIN regelmäßig mit Vorträgen auf, war mehrere Jahre (1896–1898, 1903–1905, 1907–1909) Vorstandsmitglied und dreimal Vorsitzender (1897, 1903, 1907) der DMV.

5. Zur Leipziger mathematischen Schule

Die Beziehungen zwischen Klein und Mayer zeichneten sich durch ein enges Verhältnis zur Leipziger Universität aus (siehe auch [3], [63]), und daher ist in der Korrespondenz wiederholt von Leipziger Mathematikern die Rede. Mayer wirkte Zeit seines Lebens in Leipzig. Klein nahm hier von Oktober 1880 bis April 1886 eine ordentliche Professur wahr, aber auch vor und nach dieser Zeit hatte er Verbindung zur Leipziger Universität. Einige Schüler Kleins, so Axel Harnack und Karl Rohn, habilitierten sich hier bereits vor 1880, um die seit dem Tode von A. F. Möbius entstandene Lücke im Bereich der geometrischen Lehrveranstaltungen zu füllen. Die in Leipzig bestehende Situation verdeutlicht ein Schreiben von Wilhelm Scheibner, welches dieser im August 1876 an das Sächsische Kultusministerium in Dresden richtete:

„Hr. Geheimrath Schlömilch hatte schon vor länger als Jahresfrist mit den hiesigen Mathematikern darüber conferirt, u. wir befanden uns über die Nothwendigkeit einer gesteigerten Vertretung der Geometrie an unserer Universität in vollster Übereinstimmung ... Um so freudiger begrüßten wir die Habilitation des Dr. Harnack, dessen Vorträge die vorhandene Lücke in der wünschenswerthesten Weise ergänzt haben. Wir stimmen dem hohen Ministerium gern bei, daß ein so wichtiges Fach besser durch einen Professor, als durch einen Privatdocenten vertreten werde, obschon wir von einer Vermehrung der Privatdocenten in unserem Fach – wo gegenwärtig nicht ein einziger vorhanden ist – an sich keine Unzuträglichkeit erblikken würden. Wenn ich mir die Persönlichkeiten vergegenwärtige, auf welche das Augenmerk für eine Professur der Geometrie zu richten sein würde, so finde ich freilich, daß die meisten nur für eine ordentliche Professur zu gewinnen sein dürften. Ich müßte es aber als eine Zurücksetzung unserer verdienten Collegen Mayer u. Von der Mühll ansehen, wenn beispielsweise Prof. Klein vom Polytechnicum zu München oder Prof. Fiedler vom Polytechnicum zu Zürich als Ordinarien an unsere Universität berufen würden, ohne daß gleichzeitig die genannten Collegen ordentliche Professuren erhielten. Die Frage, ob eine derartige plötzliche Vermehrung der Ordinarien in Mathematik der Facultät genehm sein würde, möchte ich kaum bejahen ..." [A 6, 635, Bl. 1].

Die hier angedeutete Möglichkeit der Berufung Kleins wurde vier Jahre später tatsächlich realisiert, wobei Mayer uneigennützig auf eine Beförderung verzichtete. In der Zwischenzeit blieb die Geometrie in Leipzig verwaist. Harnack hatte bereits zum Herbstsemester 1876 einen Ruf an die TH Darmstadt angenommen. Rohn, der in den Briefen mehrfach genannt und beurteilt wird (Briefe 45–47, 50, 55, 58), habilitierte sich zwar 1879 in Leipzig, konnte jedoch die bestehende Lücke nur unzureichend ausfüllen. Der Gedanke einer ordentlichen Professur für Geometrie trat erneut hervor, und in einem ausführlichen Schreiben vom 5. Februar 1880 an das Königliche Ministerium des Cultus und öffentlichen Unterrichts in Dresden begründete die philosophische Fakultät ihren Antrag auf Errichtung einer neuen Professur. Es wurde mit der höheren Anzahl von Professoren in Berlin und Göttingen argumentiert und auch eine Vielzahl geometrischer Lehrgebiete aufgezählt, welche in Leipzig bisher nicht vertreten waren:

„V. Geometrie.
a) Analytische Geometrie der Ebene/N.[eumann] u. M.[ayer]

b) Analytische Geometrie des Raumes/M.⌊ayer⌋
c) Theorie der krummen Flächen/Sch.⌊eibner⌋ u. N.⌊eumann⌋
d) Descriptive Geometrie/<u>Vacant</u>
e) Höhere synthetische Geometrie (Möbius u. Steiner)/<u>Vacant</u>
f) Geometrie der Lage (Staudt u. Reye)/<u>Vacant</u>
g) Theorie der Invarianten und Covarianten/<u>Vacant</u>
h) Theorie der binären Formen/<u>Vacant</u>
i) Theorie der höheren algebraischen Curven und Flächen/<u>Vacant</u>
k) Theorie der Abbildung algebraischer Flächen (Cremona u. Clebsch)/<u>Vacant</u>
l) Theorie der Complexe (Plücker)/<u>Vacant</u>
m) Zusammenfassung der algebraischen Curven mit der Theorie der elliptischen
    und Abel'schen Functionen/<u>Vacant</u>
n) Theorie der Nicht-Euklidischen Geometrie/<u>Vacant</u>
o) Theorie der höheren Mannigfaltigkeiten/<u>Vacant</u>" [A 3, Bl. 245 f.].

Dieses Vorhaben, eine ordentliche Professur für Geometrie einzurichten, war durchaus ungewöhnlich und keineswegs leicht durchzusetzen. Denn trotz der vielfältigen Forschungstätigkeit auf diesem Gebiet gab es bis zu diesem Zeitpunkt an keiner deutschen Universität eine Professur ausschließlich für Geometrie. Um hier eine Änderung herbeizuführen, setzte sich MAYER persönlich beim Kultusminister in Dresden für KLEINS Berufung ein (Briefe 68–70), möglicherweise mit dem Angebot, auf einen Teil seines Gehalts zugunsten von KLEIN zu verzichten (vgl. [115, S. 41]). Auf der Vorschlagsliste standen neben KLEIN auch noch AXEL HARNACK und FERDINAND LINDEMANN. Über KLEIN wurde ausgeführt: „… nennen wir in erster Linie einen der bedeutendsten Schüler des verstorbenen Clebsch, den Dr. Felix <u>Klein</u>, Professor ord. am Polytechnikum in München, der sich sowohl durch seine zahlreichen wissenschaftlichen Arbeiten, als auch durch die Redaktion der mathematischen Annalen außerordentliche Verdienste erworben hat um die weitere Ausbildung der neueren Geometrie, der namentlich in letzter Zeit mittelst geometrischer Speculationen zu wichtigen neuen Resultaten gelangt ist über die Theorie der algebraischen Gleichungen und der Modulfunctionen, und der endlich sich ausgezeichnet hat durch die Heranbildung tüchtiger Schüler" [A 3, Bl. 250].

Der Ruf ging am 21. Mai 1880 an KLEIN, der sich am 28. Mai positiv entschied [A 4, Bl. 3–6v]. Die Leipziger Professoren ADOLPH MAYER, CARL NEUMANN, WILHELM SCHEIBNER und KARL VON DER MÜHLL gaben sich in einem Schreiben vom 18. Juni 1880 an das Dresdener Ministerium überzeugt, „… daß dieser hervorragende Gelehrte zur Vervollständigung und Förderung des hiesigen mathematischen Studiums wesentlich beitragen werde …" [A 4, Bl. 10].

Die ersten zwei Jahre in Leipzig waren eine sehr fruchtbare wissenschaftliche Zeit für KLEIN (vgl. Abschnitt 8.). Zugleich setzte er in enger Zusammenarbeit mit den beiden Extraordinarien einige organisatorische Neuerungen durch. Obwohl er noch bei der Berufung auf ein eigenes Institut und einen vom Staat finanzierten Assistenten verzichten mußte (vgl. Brief 67), konnte er doch bis zum 20. April 1881 ein Mathematisches Seminar mit selbständigen Räumen begründen. ADOLPH MAYER, den er auch offiziell als seinen Freund bezeichnete [A 6, 635, Bl. 21], und KARL VON DER MÜHLL bestimmte er zu Mitdirektoren dieser neuen Institution und bemühte sich um ihre Beförderung. Wie die Fakultätsakten zeigen, ist es dem persönlichen Einsatz KLEINS zu danken, daß MAYER noch 1881 zum ordentlichen Honorarprofessor ernannt und auch für Von der Mühll ein entsprechender Antrag gestellt wurde [A 6, 759, Bl. 15 f.]. Letzterer blieb allerdings erfolglos, so daß Von der Mühll schließlich 1889 einem Ruf an die Universität Basel folgte [A 6, 759, Bl. 21] (Brief 137).

Obwohl Klein der jüngste Ordinarius der Mathematik in Leipzig war, nahm er eine gewisse Koordinierungsfunktion für die abzuhaltenden Lehrveranstaltungen wahr. Während das für die Göttinger Zeit allgemein bekannt ist, dokumentiert erst diese Korrespondenz, daß er auch schon in Leipzig eine solche Stellung einnahm. Bezeichnend ist die Klage Mayers nach Kleins Weggang, daß es an der Abstimmung der zu haltenden Vorlesungen mangele (Brief 123). Die Absprachen erfolgten zumeist in den „Kränzchen", die regelmäßig bei einem der Mathematiker abgehalten wurden (Brief 106).

Auch die zunächst nicht bewilligte Assistentenstelle setzte Klein durch, so daß er seit dem Wintersemester 1881/82 weitere Mathematiker fördern konnte. Diese planmäßige Assistentenstelle war mit einem Honorar versehen und wurde zuerst von Walther Dyck eingenommen, der schon an der TH München Kleins Assistent gewesen war und bei ihm promoviert hatte. Dyck besaß ähnlich wie Klein ein großes Lehr- und Organisationstalent und setzte die Tradition fort, mathematische Modelle als Anschauungsmaterial für die Lehre aufzubereiten. Seine organisatorischen Fähigkeiten gaben auch den Ausschlag dafür, daß er 1887 aus dem Kreise der Schüler Kleins als Herausgeber der „Mathematischen Annalen" ausgewählt wurde (vgl. Abschnitt 6.). In wissenschaftlicher Hinsicht wurde Dyck allerdings unterschiedlich beurteilt, wie der Briefwechsel zeigt (Briefe 128, 130). Vor allem sind seine Beiträge zur Gruppentheorie hervorzuheben, in die er neue Gesichtspunkte einbrachte (vgl. [116, S. 178–183], [76, S. 5–11]). Klein führte in seinem Gutachten zu Dycks Habilitationsschrift aus, daß es ihm insbesondere gelang, „... eine Gruppe unabhängig von jeder besonderen Ausdrucksform durch Relationen zwischen ihren erzeugenden Operationen zu definiren. Der Verf.[asser] erreicht diess, in dem er schliesslich wieder von einer geometrischen Darstellungsweise Gebrauch macht, die mit den Betrachtungen seiner früheren Arbeiten und sonstigen modernen (functionentheoretischen) Speculationen eng zusammenhängt" [A 6, 425, Bl. 6v].

Das große Bemühen Kleins um seine Schüler zeigt sich u. a. darin, daß es nur durch seinen Einsatz gelang, das Habilitationsgesuch von Dyck durchzusetzen, nach einer Kampfabstimmung in der Fakultät mit 12 gegen 7 Stimmen. Den formalen Streitpunkt bildete das Abgangszeugnis eines Realgymnasiums von Dyck, welches damals dem des humanistischen Gymnasiums nicht gleichgestellt war. Nach einem Beschluß der Fakultät war die Habilitation eines Realgymnasialabiturienten an der Leipziger Universität im folgenden unter keinen Umständen mehr zulässig. Aus diesem Grunde habilitierte sich Kleins Schüler Adolf Hurwitz, der bereits in München bei Klein studiert hatte und 1881/82 mit diesem in Leipzig eng zusammenarbeitete, nicht an dieser Universität, sondern 1882 in Göttingen (vgl. [38, Bd. 3, S. 371]). Dyck, dessen Verfahren am 8. Februar 1882 abgeschlossen wurde, erhielt zum 1. April 1884 eine ordentliche Professur an der TH München [A 6, 425, Bl. 10].

Dycks Nachfolger auf der freigewordenen Assistentenstelle, welche dem mathematischen Seminar und der Modellsammlung zugeordnet war, wurde Friedrich

SCHUR. Dieser hatte 1879 in Berlin promoviert und sich im Januar in Leipzig habilitiert. Auch an dessen Werdegang hatte KLEIN maßgeblichen Anteil. Aus den Akten geht hervor, daß KLEIN das Hauptgutachten zur Habilitationsschrift verfaßte und schließlich die Ernennung SCHURS zum außerordentlichen Professor in Leipzig befürwortete, welche zum 19. Mai 1885 ausgesprochen wurde [A 6, 967]. SCHUR verblieb in dieser Stellung bis zur Berufung als ordentlicher Professor 1888 an die Universität Dorpat.

Neben DYCK und SCHUR habilitierten sich während KLEINS Leipziger Zeit auch FRIEDRICH ENGEL und EDUARD STUDY. ENGEL promovierte am 7. Mai 1883 in Leipzig und habilitierte sich ebenda am 26. Oktober 1885. Wie aus seinem Lebenslauf zum Habilitationsgesuch hervorgeht, hatte er sich nach seiner Militärdienstzeit im Sommersemester 1884 wieder nach Leipzig gewandt, „... hauptsächlich, um an den Arbeiten im mathematischen Seminar des Herrn Professor Klein theilzunehmen" [A 6, 436, Bl. 2]. Allerdings blieb seine Zusammenarbeit mit KLEIN begrenzt, da er von KLEIN und MAYER auserkoren war, die zusammenhängende Darstellung der mathematischen Ideen von SOPHUS LIE zu unterstützen (vgl. Abschnitt 3.). ENGEL besaß hervorragende Sprachkenntnisse und leistete eine verdienstvolle Arbeit, um LIES Forschungsergebnisse bekannt zu machen. ENGELS wissenschaftliche Karriere schritt jedoch weniger schnell voran, weil ihm für eigene originale Forschungen ungenügend Zeit blieb (vgl. auch [91]). Erst am 5. März 1889 erhielt er eine außerordentliche Professur in Leipzig, und am 6. Februar 1899 wurde er zum ordentlichen Honorarprofessor ernannt, wobei ihm durch Verzicht von MAYER eine Gehaltsaufbesserung von 3 000 M auf 5 000 M jährlich zuteil wurde [A 6, 436, Bl. 24−31] (Brief 183). Auf ein Ordinariat wurde ENGEL erst 1904 an die Universität Greifswald berufen.

Die vorliegende Korrespondenz berührt auch das Verhältnis zu EDUARD STUDY, der sich 1885 in Leipzig habilitierte. Die Briefe (167) und (171) deuten Differenzen zwischen KLEIN und STUDY an, die ihre Ursache wohl z. T. im Charakter STUDYS hatten (vgl. auch [22]). Wie sonst kaum üblich, führte KLEIN darüber im Gutachten zur Habilitationsschrift am 6. Juli 1885 aus:

„... Hr. Dr. Study ist eine selbständig angelegte, feinsinnige Natur. Wenn er noch lernt, mehr als bisher seine subjectiven Impulse den Anforderungen gegebener Bedingungen unterzuordnen ..., so hoffe ich von seiner Habilitation eine wesentliche Förderung der mathematischen Studien an unserer Universität" [A 6, 993, Bl. 7]. STUDY blieb nur kurze Zeit in Leipzig, nahm dann einen längeren Studienurlaub und habilitierte sich schließlich an die Universität Marburg um, wo er 1893 eine Professur erhielt [A 6, 993, Bl. 21 f.].

KLEIN entfaltete in Leipzig eine außerordentlich große Produktivität und scharte im mathematischen Seminar eine beträchtliche Anzahl in- und ausländischer Studenten um sich. In seiner relativ kurzen Leipziger Zeit betreute er 16 Doktoranden. F. KÖNIG beschreibt die engen wissenschaftlichen Beziehungen zwischen KLEIN und seinen Schülern in [59] und [63]. Die vorliegende Korrespondenz mit MAYER gibt darüber hinaus einigen Aufschluß, insbesondere die Förderung seiner Schüler betreffend. Hervorzuheben ist vor allem KLEINS Verhältnis zu seinem wohl bedeutendsten Schüler ADOLF HURWITZ, der ihn zu Urlaubsreisen an die Nordsee begleitete und als wissenschaftlicher Gesprächspartner KLEINS funktionentheoretische

Forschungen förderte (Briefe 88, 157). Erwähnenswert ist auch das Bemühen um
Otto Staude (Brief 97) und Georg Pick (Brief 141).

Nach elf Semestern fruchtbarer Tätigkeit in Leipzig folgte Klein einem Ruf an
die Universität Göttingen (vgl. Briefe 108, 109). Er ging nicht, ohne sich intensiv
um seinen Nachfolger bekümmert zu haben. Die Wahl fiel – wie schon im Abschnitt 3. erwähnt – auf Sophus Lie. So wie Berliner Mathematiker und auch Hermann Amandus Schwarz sich dadurch gekränkt und übergangen fühlten, so hätte
auch Adolph Mayer Grund zur Verstimmung gehabt, denn einige seiner Kollegen
wollten durchaus die Gelegenheit nutzen, ihn zum Ordinarius zu befördern (vgl.
Brief 121). Er selbst teilte jedoch Kleins Ansicht, daß der Lehrstuhl für Geometrie
wieder mit einem Geometer besetzt werden und die wissenschaftliche Befähigung
an oberster Stelle der Auswahlkriterien stehen solle (vgl. [110]). Im Entwurf eines
Schreibens vom 25. November 1885 an das Königliche Ministerium des Cultus und
des öffentlichen Unterrichts in Dresden formulierte Klein im Namen der Fakultät:
„Zunächst was Herrn Coll. Mayer betrifft, dessen Verdienste übrigens auf allen Seiten ungetheilte Anerkennung finden, so scheint der auf ihn bezügliche Theil der
Einwendungen von selbst fortzufallen, nachdem Coll. Mayer durch ein Mitglied
der Facultät hat erklären lassen, dass er gar nicht wünsche, bei der jetzigen Gelegenheit an Stelle eines zu berufenden Geometer's Ordinarius zu werden, und dass
er jedenfalls in der Berufung eines Geometers auf die vacante Stelle keinerlei Zurücksetzung erblicken werde ..." [A 6, 693, Bl. 33, 33v].

Lie verfolgte ernsthaft die Absicht, Kleins Intentionen in Leipzig fortzuführen,
was ihm allerdings nicht in jedem Fall gelang. Klein entwickelte noch Pläne und
Ideen für die Gestaltung der Mathematik in Leipzig, als er bereits in Göttingen
wirkte. Er sorgte sich um das Fortkommen jüngerer Leipziger Talente wie Friedrich Engel (Brief 161) und Georg Scheffers (Briefe 150, 152), die unter der Leitung von Lie tätig waren. Die Briefe zwischen Klein und Mayer zeigen jedoch, daß
Kleins Leipzig betreffende Wünsche in zunehmendem Maße weniger wohlwollend
aufgenommen wurden (Briefe 151, 166). Hier sind jene Differenzen zu berücksichtigen, die zwischen Lie und Klein entstanden waren, wie auch Spannungen mit
Carl Neumann, die sich bereits während Kleins Leipziger Zeit angebahnt hatten.
Letztere betrafen insbesondere unterschiedliche Ansichten über die wissenschaftli-
che Arbeitsweise auf dem Gebiet der Funktionentheorie (vgl. auch Brief 110,
Anm. 1). Die Korrespondenz läßt die vermittelnde Rolle Adolph Mayers in diesen
Konfliktsituationen erkennen.

6. Die „Mathematischen Annalen"

In diesem Abschnitt soll auf vier Aspekte näher eingegangen werden: auf die
Bindung der Zeitschrift an den Verlag B. G. Teubner, auf die Zusammensetzung
der Redaktion der „Mathematischen Annalen" und deren Entwicklung, auf die
Verteilung der Arbeit innerhalb der Redaktion und auf allgemeine Grundsätze,
welche die Redaktionstätigkeit bestimmten.

Die Firma B.G. TEUBNER, die seit 1811 besteht, hatte Mitte des 19. Jahrhunderts mathematische Literatur in ihr Editionsprogramm aufgenommen, und in der Folgezeit gingen von OSKAR SCHLÖMILCH wesentliche Impulse für diesen neuen Verlagszweig aus [103]. SCHLÖMILCH, der die Publikation verschiedener mathematischer Bücher bei TEUBNER bewirkte, begründete mit der „Zeitschrift für Mathematik und Physik" 1856 auch die erste mathematische Zeitschrift dieses Verlages. In harter Kritik an den bestehenden Journalen von CRELLE („Journal für die reine und angewandte Mathematik", 1826) und GRUNERT („Archiv der Mathematik und Physik", 1841) hatte SCHLÖMILCH erläutert, wie notwendig eine neue Zeitschrift sei [103, Faksimile, S. 282/283]. Jedoch blieb auch seine „Zeitschrift für Mathematik und Physik" nicht lange ohne Kritik. CARL NEUMANN schrieb am 10. Juni 1868 an den Verlag B.G. TEUBNER, um seine Unzufriedenheit mit dem Niveau und dem Tempo der publizierten mathematischen Zeitschriftenaufsätze auszudrücken: „Im Interesse der Wissenschaft ist es, falls man nicht etwa ein neues Journal begründen will, unumgänglich notwendig, daß jene schon vorhandenen Journale (oder wenigstens <u>eines</u> derselben) einer geeigneten Reform unterworfen werden. Eine solche Reform müßte dahin gehen, daß die Redaction des Journals in Bezug auf die ihr übersandten Artikel eine <u>sorgfältige</u> und gleichzeitig auch eine <u>schnelle</u> Kritik übt. ... Versuche zu einer derartigen Reform stoßen bei dem Crelle-Borchardt'schen Journal auf nicht zu beseitigende Schwierigkeiten. Es fragt sich aber, ob eine solche Reform nicht vielleicht ausführbar wäre, bei dem von Ihnen verlegten Schlömilch'schen Journal" [103, S. 300/301].

Dieser Brief gab den Impuls zur Gründung der „Mathematischen Annalen", gemeinsam herausgegeben von A. CLEBSCH und C. NEUMANN. Dabei bleibt unklar, ob SCHLÖMILCH eine entsprechende Reform ablehnte oder ob der Verlag unabhängig davon NEUMANNS Vorschlag für ein neues Journal aufgriff. Die Korrespondenz zwischen KLEIN und MAYER deutet jedenfalls verschiedentliche Differenzen mit SCHLÖMILCH an, der mehrfach Artikel mit geringem Niveau an die Annalen verwies (Briefe 50, 51, 59, 68).

Die „Mathematischen Annalen" entwickelten sich relativ schnell zum Sprachrohr der Schule von CLEBSCH, gedacht auch als ein Gegengewicht zum Crelle-Journal, welches von der Berliner mathematischen Schule beherrscht wurde. Nach CLEBSCHS plötzlichem Tod traten dessen Schüler KLEIN und GORDAN sowie A. MAYER und K. VON DER MÜHLL – als Leipziger Kollegen von C. NEUMANN – der Redaktion bei. Dies erfolgte auf Wunsch von NEUMANN, der die Herausgeberschaft dann ab Bd. 10 (1876) KLEIN und MAYER überließ. Die redaktionelle Zusammensetzung blieb bis 1887 ungeändert.

Im November 1887 suchte KLEIN nach einem Ausweg, um sich weitgehend von geschäftlichen Arbeiten zu entlasten. Er beriet sich in Briefen mit A. MAYER (Briefe 127ff.), A. BRILL, P. GORDAN und M. NOETHER, welchen seiner Schüler er zur Mitarbeit heranziehen sollte. Zur Diskussion standen F. LINDEMANN, A. HARNACK und W. DYCK. Seinem wissenschaftlich wohl bedeutendsten Schüler A. HURWITZ erklärte KLEIN, warum die Wahl nicht auf ihn fiel, bedenkend, daß zwischen HURWITZ und DYCK zeitweise eine gewisse Rivalität bestand [A 8, Hurwitz, Nr. 192]. Der Briefwechsel zeigt, daß MAYER den organisatorisch gut veranlagten DYCK bevorzugte, während er LINDEMANN als zu vornehm und zu bequem für die anstehenden Aufgaben einschätzte (Brief 128). Dagegen vertrat GORDAN zunächst die Ansicht, den wissenschaftlich veranlagten Kandidaten zu wählen, d. h. an erste Stelle Lindemann, dann Harnack; erst an letzter Stelle rangierte bei ihm Dyck (Brief 130). Gordan hatte am 22. November 1887 an Klein geschrieben: „Dyck ist zuletzt zu nennen; gegen seine Thatkraft ist nichts einzuwenden, wohl aber gegen seinen Mangel an Kenntnissen und Leistungen" [A 9, IX Nr. 452]. Auch A. Brill begrüßte in einem Brief vom 19. November 1887 Lindemann als Kandidaten und betonte dabei: „Deinen Entschluß, von den vorwiegend geschäftlichen Arbeiten der Redaction zurückzutreten, begrüsse ich im Interesse Deiner Gesundheit. Für diese Zeitschrift selbst fürchte ich von der Ausführung derselben solange nicht, als Du Deinen Einfluss auf den Charakter der Zeitschrift, die Art der Mitarbeiter und namentlich die Auswahl der Redacteure nicht aufgibst" [A 9, VIII].

Damit traf Brill die eigentlichen Absichten Kleins recht genau. Klein wollte die Oberleitung wahren, ohne in ein enges Schema gepreßt zu sein (vgl. Brief 135). Dabei blieb die Mitherausgeberschaft Dycks die beste Variante. Dyck war relativ leicht lenkbar und entlastete Klein zunehmend von organisatorischen Aufgaben. Die in Erlangen lehrenden Clebsch-Schüler P. Gordan und M. Noether sorgten dafür, daß diese Stellung Kleins auch äußerlich sichtbar wurde. Das belegt ein Brief, den Max Noether am 14. Januar 1888 an Klein richtete: „Deinen Brief wegen der Annalen habe ich erhalten und auch Dyck kurz darüber gesprochen ... Nur habe ich Dyck gegenüber den Wunsch geäußert, daß er auch nach außen hin ersichtlicher mache, daß Du die leitende Stelle in der Redaction einnimmst, indem Dein Name an die Spitze der 3 Namen zu stehen kommt. Würde die Ordnung alphabetisch sein, mit Dyck beginnen, so ist eine falsche Auffassung von vielen Seiten her unvermeidlich, und wird auf die Dauer der Sache schaden" [A 9, IX Nr. 94]. Klein antwortete Noether am 31. Januar 1888: „Ich bin ... Dir und Gordan für das Eintreten in der Titelfrage zu Dank verpflichtet. Selbst hatte ich in dieser Hinsicht keinen Vorschlag machen wollen, weil es zu misslich ist für das eigene Interesse einzutreten, selbst da wo es die Rücksicht auf das Allgemeine verlangt. Ich hatte gehofft, dass man in Leipzig auch ohne mein Zuthun das Richtige treffen würde, was ja nun nicht der Fall war, so dass der Besuch von Dyck in Erlangen sehr wesentlich gewesen ist. Ich habe den Gordan'schen Titel acceptirt" [A 9, XII Nr. 613].

Die Frage der besseren wissenschaftlichen Befähigung der Redaktion war mit der Hinzunahme von Dyck als Herausgeber jedoch nicht ausreichend gelöst worden. Zwar bezog die Redaktion seit Beginn ihrer Tätigkeit zur Begutachtung von Arbeiten auch Mathematiker ein, die nicht der Redaction angehörten (Briefe 59, 157), aber das konnte keine Dauerlösung sein. Um dieses Problem zu bewältigen, sollte die Redaktion 1892 verstärkt werden. Gedacht war an die redaktionelle Mitarbeit von Max Noether, Heinrich Weber und Sophus Lie (vgl. Briefe 170–177). Bereits am 9. Dezember 1892 hatte Dyck an Klein geschrieben: „Nöther + Pringsheim z. B. arbeiten viel mehr für uns als etwa Von der Mühll + Neumann – der letztere hat doch wenigstens historische Berechtigung" [A 9, VIII Nr. 691]. Schon mit Beginn seiner Redaktionstätigkeit hatte Klein Unterstützung bei M. Noether gesucht und im Dezember 1872 bei ihm angefragt: „Gibt es Verallgemeinerungen der Jacobi-Plückerschen Sätze über Schnittpunctsysteme, welche, bei allgemeiner Annahme der festen Curve die beweglichen schneidenden mit festen mehrfachen Puncten versehen denken? Ein Aufsatz darüber ist mir für die Annalen zugeschickt; ich erprobe da zum ersten Male die Freude eines quasi verantwortlichen

Redacteur's" [A 9, XII, Nr. 558]. Und im Januar 1873 bat KLEIN NOETHER, eine Arbeit von WEYR auf ihre Richtigkeit zu prüfen, „... was ich selbst nur durch unverhältnissmässigen Zeitaufwand würde erfahren können ..." [A 9, XII Nr. 562]. Die Aufnahme von NOETHER in die Annalen-Redaktion entsprach somit der schon lange gewährten Hilfe.

H. WEBER war 1892 auf den Lehrstuhl von H. A. SCHWARZ nach Göttingen berufen worden, obwohl KLEIN lieber seinen Schüler A. HURWITZ auf diese Stelle gebracht hätte. Dennoch verband KLEIN mit H. WEBER ein gutes Einvernehmen (vgl. Brief 169), was er mit dessen Aufnahme in die Redaktion unterstrich.

Doch SOPHUS LIE konnte nicht gewonnen werden, da dieser in der Redaktionstätigkeit eine Herabsetzung erblickte und als verantwortlicher Herausgeber fungieren wollte (vgl. Abschnitt 3.). Daher wurde die Redaktion nur durch M. NOETHER und H. WEBER ab Band 42 (1893) ergänzt; die Herausgeber blieben die gleichen. MAYER, der eigentlich zurücktreten wollte (Brief 170), wurde von KLEIN gebeten, seine Funktion beizubehalten (Brief 176).

Damit war das Problem, eine Redaktion zu berufen, die alle neueren Forschungen überschaute, aber noch immer nicht in vollem Maße gelöst. Alle Redaktionsmitglieder gehörten der älteren Generation an. KLEIN trachtete deshalb danach, einen jüngeren Wissenschaftler zu gewinnen, und in DAVID HILBERT hatte er das geeignete wissenschaftliche Talent erkannt. Bereits seit 1889 zog er ihn wiederholt zu gutachterlicher Tätigkeit heran [27, S. 45]. Es dauerte allerdings drei Jahre, bis er seine Mitredakteure von der notwendigen Aufnahme HILBERTS überzeugen konnte; seit Sommer 1894 versuchte KLEIN, eine entsprechende Übereinkunft zu erzielen. Am 13. September 1894 schrieb er an M. NOETHER: „... Unabhängig davon beabsichtigen wir, Hilbert aufzufordern, mit in die Annalenredaction zu treten. Eine vertrauliche Anfrage bei ihm hat ergeben, dass er eine dahin gehende Proposition annehmen würde, andererseits hat sich bereits Gordan, bei dem ich am ehesten eine Ablehnung für möglich hielt, im Princip einverstanden erklärt. Ich brauche den Sinn des Vorschlags ja kaum besonders darzulegen. Wir alle sind nicht mehr ganz jung und arbeiten nachgerade mehr retrospectiv. Andererseits ragt unter den Jüngeren Hilbert unverkennbar immer mehr hervor. Ich will doch hinzufügen, dass er eben wieder in den Göttinger Nachrichten eine vorzügliche Arbeit über Idealtheorie veröffentlicht hat, durch die sich Dedekind aus seiner Ruhe aufgeschreckt fühlt" [A 9, XII Nr. 642].

Die Zustimmung GORDANS war jedoch nicht ungeteilt. ANNA KLEIN schrieb über die Ansichten von GORDAN und DYCK an ihren Mann: „... Das wichtigste ist aber, daß er [gemeint ist Dyck] für die Annalen durchaus mit Hilbert einverstanden ist, u. daß Gordan und A. Mayer es auch sind, die aber den Gegenvorschlag machen auch noch den Brill hinzuzunehmen. Das wird Dir wohl schlecht passen, Du kannst nun schon überlegen. Und Dyck schreibt gar noch von A. Voß. Die ganze Clebschiade" [A 9, X Nr. 244]. Diese einseitige Orientierung lehnte KLEIN ab. Er schrieb an HILBERT: „... Weber und ich wollen die Annalen möglichst Schritt halten lassen mit den modernen Fortschritten der Mathematik, indem wir das Neue, wo immer es sich bietet, willkommen heißen. Dementgegen stehen einige Mathematiker, deren Mitarbeit für das Emporkommen der Annalen wesentlich gewesen und mit denen uns langjährige persönliche Beziehung verbindet, mit der umgekehrten, vielleicht ihnen selbst nicht mehr bewußten Tendenz, die Annalen als Organ einer beschränkten Schule festzuhalten" [27, S. 110 f.].

Klein erreichte Hilberts Aufnahme in die Redaktion erst ab Band 50 (1898), ohne weitere Zugeständnisse eingehen zu müssen. Am 26. Juni 1897 hatte er aus diesem Grunde sowohl an Mayer (Brief 182) als auch an Dyck geschrieben: „Betreffend Hilbert's Beitritt zur Annalenredaction habe ich jetzt von Gordan, Nöther und Weber Zustimmung bekommen; Gordan schreibt: die Aufnahme werde den Annalen zur Ehre und zum Nutzen gereichen. Ich bitte nun noch Mayer, Neumann und Von der Mühll in der geeigneten Weise zu verständigen" [A 11]. Klein strebte danach, die Einigung noch vor dem Mathematiker-Kongreß in Zürich 1897 herbeizuführen, denn seine Tätigkeit war stets auch von internationalen Erwägungen geprägt: „Es sollte, meine ich, dort [in Zürich] für die Annalen einen guten Eindruck machen, wenn ersichtlich wird, dass wir uns gegen den jüngeren Nachwuchs nicht absperren sondern im Gegenteil ihn zur aktiven Mitverantwortung heranziehen" [A 11].

Es dauerte nur wenige Jahre, bis sich Klein entschloß, im Rahmen der Neugestaltung der gesamten, bei B. G. Teubner verlegten mathematischen Zeitschriften (vgl. [109]) Hilbert in die führende Position des Herausgebers der Annalen zu bringen. Dabei erwog er seinen eigenen Rücktritt und legte Mayer denselben nahe (Brief 185). Ab Band 55 (1902) trat A. Mayer in den Kreis der Mitwirkenden zurück, und Hilbert übernahm dessen Funktion als einer der Herausgeber neben Klein und Dyck. Warum Klein selbst Herausgeber blieb, verdeutlicht ein Brief vom 21. Februar 1901, den M. Noether an Klein richtete: „G.[ordan], und, ich kann nicht leugnen, auch ich, sind, nachdem Dyck wegen allzuvielen Beschäftigungen für die Annalen doch nicht leitend und maßgebend in Betracht kommen kann, nicht ganz sicher, ob eine Redactionsleitung Hilbert – Dyck nicht vielleicht einseitig ausschlagen könnte. H.[ilbert] ist zwar für eine Verjüngung richtig, vielleicht unentbehrlich. Aber er hat sich auch in den Angelegenheiten der D.M.V. ziemlich einseitig hartnäckig, fast persönlich, gezeigt. Du wirst ihn vielleicht nach dieser Richtung hin noch genauer beurtheilen können. Die nur-wissenschaftl.[ichen] Interessen können ja auch etwas eingenommen machen; und es gibt Köpfe, die sich nicht überzeugen lassen. Es paßt mir nicht gerade Alles, was er in die jüngsten Hefte der Annalen ... aufgenommen hat. – Unter diesen Umständen möchten wir in erster Linie <u>Dich</u> bitten, jedenfalls noch einige Zeit in der Hauptredaction zu bleiben, und, wenn Hilbert statt Mayer eintreten sollte, die <u>Leitung</u> zunächst noch festzuhalten. Gordan wünscht sogar eine Art Gegengewicht gegen zu starkes Vorherrschen von H.[ilbert]'s Richtung" [A 9, XI Nr. 128].

Hier zeigt sich, daß Noether und Gordan noch immer große Bedenken gegenüber Hilbert hegten. Die Ursachen lagen wohl vor allem darin, daß sie modernen Gebieten der Mathematik nicht mehr ausreichend zu folgen vermochten und ihnen deshalb nicht aufgeschlossen genug gegenüberstanden. Mit Hilbert, der als Vertreter der modernen Mathematik par excellence zu bezeichnen ist, gelang es den Annalen, der Vielzahl der entstehenden neueren Richtungen gerecht zu werden.

Das bedeutet jedoch nicht, daß Klein von seiner Rolle als Oberhaupt der Zeitschrift zurücktrat. Die Auswahl der Redakteure blieb weiterhin vor allem in seiner Hand. Einerseits suchte er immer wieder aufs Neue, organisatorisch begabte Wissenschaftler für die geschäftliche Arbeit zu gewinnen, wie Otto Blumenthal, der ab Band **62** (1906) als vierter Herausgeber hinzutrat. Andererseits ging das Bemühen dahin, neue wissenschaftliche Richtungen durch die Aufnahme junger Forscher zu fördern. Nach A. MAYERS Tod traten ab Band **66** (1909) OTTO HÖLDER und HERMANN MINKOWSKI an dessen Stelle. Letzterem blieb wegen seines frühen Todes allerdings nur eine kurze Zeit der Mitarbeit. Als 1912/13 auf die Redaktionstätigkeit von K. VON DER MÜHLL, P. GORDAN und H. WEBER verzichtet werden mußte, wurden der Niederländer L. E. J. BROUWER und C. CARATHÉODORY ab Band **75** (1914) aufgenommen. Danksagungen an KLEIN, z. B. BROUWERS vom 10. Juli 1914 [A 9, VIII], zeugen von der führenden Rolle KLEINS auch zu jener Zeit, als er bereits emeritiert war.

Noch 1920, als die „Mathematischen Annalen" mit Band **81** an den Verlag JULIUS SPRINGER übergingen und ALBERT EINSTEIN an Stelle von DYCK Herausgeber wurde, blieb KLEINS Direktion erhalten. Er erläuterte in einem Brief vom 28. April 1920 an EINSTEIN seine Vorstellungen sowie die konkrete Arbeit mit den „Annalenzirkularen": „Diese ‚Zirkulare' sind herkömmlicherweise das Mittel, um zwischen den verschiedenen Mitgliedern der Annalenredaktion einen gewissen inneren Zusammenhang aufrechtzuerhalten ... Wir haben ja alle die Wiederannäherung der Annalen an die Physik lebhaft begrüsst, dürfen aber nicht verkennen, dass dabei eine grosse innere Schwierigkeit vorliegt. Die heutige physikalische Produktion, wie sie sich z. B. in der Physikalischen Zeitschrift darstellt, leidet an einer Unrast, welche mit der für mathematische Arbeiten notwendigen Vertiefung schwer verträglich ist. Ich würde Ihnen besonders dankbar sein, wenn Sie sich demgegenüber für das Zustandekommen für die Annalen geeigneter Arbeiten einsetzen" [A 9].

KLEIN blieb bis zum Band **92** (1924) einer der Herausgeber neben HILBERT, EINSTEIN und BLUMENTHAL. Ab Band **93** (1924) trat C. CARATHÉODORY an seine Stelle, und KLEIN wurde noch bis Band **94** (1925) im Kreis der Mitwirkenden genannt.

Die Darlegungen über die Zusammensetzung der Redaktion während der Zeit, in welcher MAYER und KLEIN tätig waren, zeigen schon, wie die Arbeit in der Redaktion im wesentlichen verteilt war. Dabei vollzog sich natürlich eine Entwicklung. KLEIN leistete jedoch von Anfang an – von MAYER neidlos anerkannt (Brief 65) – die Hauptarbeit, und entsprechend war auch die Aufteilung des Honorars (vgl. Briefe 62, 125). Eine Art Oberredaktion behielt sich KLEIN bereits seit 1880 vor (Brief 71). Eine Form der Arbeitsteilung, die sich bis 1883 herausgebildet hatte, kommt in einem Brief zum Ausdruck, den KLEIN an ERNST BERTHEAU schrieb. KLEIN teilte darin mit, daß A. MAYER das Archiv der Annalen verwaltet, GORDAN der „Finanzmann" sei und er selbst „... führe die nöthigen Correspondenzen ..." [A 9, VII L, Bl. 45] (Brief 135).

Während die Mehrzahl der Redakteure für ein bestimmtes mathematisches Gebiet verantwortlich zeichnete, versuchte KLEIN, sich selbst aus dieser Einteilung herauszunehmen (Brief 140), und als M. NOETHER der Redaktion beitrat, kam es deshalb mit ihm zu Differenzen (Brief 178). KLEIN hatte NOETHER bereits vor diesem Brief an MAYER seine Position erläutert: „Ich befürworte im Allgemeinen lieber Verständigung von Fall zu Fall. Was ist <u>mein</u> Gebiet? Ich habe gar keines, welches bestimmt umgränzt wäre, kann aber gerade darum unter Umständen nützlich eingreifen, z. B. Pochhammer gegenüber, als er C. Jordan + Nekrassof nicht kannte ..." [A 9, XII Nr. 628]. Acht Tage später, am 28. November 1893, setzte er seine Erläuterungen fort, die er inzwischen mit H. WEBER abgestimmt hatte: „Wir sind in der <u>Sache</u> Deiner Auffassung gar nicht so fern und widerstehen nur der starren <u>formalen</u> Regelung. Wir machen in dieser Hinsicht geltend, dass erstens die verschiedenen Redacteure ganz verschieden stehen und dass zweitens jede einlaufende Arbeit individuell behandelt sein will. Es handelt sich da sozusagen um ein Maximumproblem; es kommt darauf an, die Fähigkeiten der verschiedenen Redacteure jeweils möglichst zur vollen Wirkung gelangen zu lassen. Ich selbst habe bei der Richtung meiner Studien nachgerade wenig Geschicklichkeit, Arbeiten im Einzelnen zu kritisieren (sofern ich sie nicht unter meinen Augen habe ausführen lassen), dagegen habe ich einen gewissen allgemeinen Ueberblick, ein Gefühl dafür, wo ein Fortschritt sich ermöglicht, und ausserdem viel persönliche Beziehungen …" [A 9, XII Nr. 629].

Unter der Direktion von Klein handelte die Redaktion der „Mathematischen Annalen" nach drei prinzipiellen Grundsätzen, die in der Korrespondenz zwischen Klein und Mayer deutlich hervortreten. Ein erster solcher Grundsatz bestand darin, Einseitigkeiten zu vermeiden und die Zeitschrift nach allen Seiten hin offen zu halten. Kleins Bemühen um Vielseitigkeit drückte sich in der Wahl der Redakteure und Autoren aus, wobei er versuchte, möglichst alle verschiedenen mathematischen Schulen einzubeziehen. Ein Brief Kleins an den preußischen Ministerialdirektor Friedrich Althoff zeigt, daß dieser Grundsatz keine spontane Erwägung war, sondern ganz bewußt verfolgt wurde. Klein schrieb am 28. Juni 1886 über die „Mathematischen Annalen": „Man hat dieselbe ursprünglich gern als ein Unternehmen aufgefasst, in welchem eine eng begränzte Schule ihre spezifischen Anschauungen niederzulegen beabsichtigte. Die Entwicklung der Jahre hat diese Auffassung gründlich widerlegt. Es ist uns gelungen, die grosse Mehrzahl der deutschen Mathematiker und der angesehensten Mathematiker des Auslandes zu Mitarbeitern heranzuziehen, und es kann wohl keinem Zweifel unterliegen, dass wir in den jetzt erschienenen 27 Bänden (von denen jeder so viel umfasst, wie zwei Bände des Crelle'schen Journals) mehr Stoff gebracht haben, als irgend eine andere mathematische Zeitschrift in demselben Zeitraume (1868–86) …" [A 2].

Ausdruck der inhaltlichen Breite, die Klein den Annalen zu geben trachtete, ist auch die Tatsache, daß er versuchte, Anwendungsgebiete zu berücksichtigen, insbesondere für Techniker interessante Beiträge zu publizieren. Die Quellen belegen, daß dies nicht erst in den 90er Jahren geschah, sondern bereits 1878, als er an der TH München wirkte. Ein Brief von L. Burmester, TH Dresden, vom 5. Juni 1878 gibt darüber Auskunft: „Die Kundgabe Ihrer Ansicht, daß es erspriesslich sein würde, wenn auch die Annalen Abhandlungen bringen, welche den theoretischen Technikern die Anwendung der neueren Fortschritte der Mathematik zeigen hat mich freudig überrascht. Auch ich bin der Meinung, daß die Techniker das Studium der neueren Forschungen der Mathematiker dann nicht mehr so sehr verschmähen werden, wenn es gelingt die Spitzen der Theorie mit Praxis in Berührung zu bringen und somit den wissenschaftlichen Werth der Forschungen noch durch den praktischen Werth zu erhöhen. Ich habe bisher angenommen, daß die Annalen principiell rein theoretische Abhandlungen begehren und daher hatte ich mir auch vorgenommen Ihnen einen Aufsatz rein theoretischer Natur zu schicken …" [A 9, VIII].

Dieses frühe Bemühen um die Anwendungen auf technischem Gebiet hatte zu diesem Zeitpunkt allerdings kaum Erfolg. Der erwähnte Burmester beteiligte sich mit zwei Beiträgen an den „Mathematischen Annalen", die der algebraischen bzw. der projektiven Geometrie gewidmet waren [11], [12]. Erst in den 90er Jahren gelang es KLEIN, entsprechende anwendungsorientierte Arbeiten zu forcieren. Durch eine Reform der „Zeitschrift für Mathematik und Physik" schuf er 1901 ein spezielles Organ für „angewandte Mathematik" (vgl. [109]).

Das Bestreben, möglichst die bedeutendsten Autoren der verschiedensten mathematischen Schulen zu gewinnen, dabei zugleich junge Talente zu fördern, kann als ein zweiter Grundsatz der Redaktionstätigkeit hervorgehoben werden. Eindrucksvolles Beispiel ist die bewußte Förderung der Publikationen von GEORG CANTOR, der auf Veranlassung von LEOPOLD KRONECKER beim Crelle-Journal Schwierigkeiten hatte (vgl. [92] und Briefe 48, 64, 80, 97). Auf einige Autoren wurde aber auch ganz bewußt Rücksicht genommen, wurden Zugeständnisse eingeräumt, um sie nicht als Mitarbeiter für die Annalen zu verlieren. Das betraf insbesondere A. PRINGSHEIM (Brief 33) und PAUL DU BOIS-REYMOND (Briefe 54, 85, 96). Beide publizierten auch im Crelle-Journal, hatten jedoch ein unterschiedliches Verhältnis zu den Berliner Mathematikern. Während PRINGSHEIM auf eine schlechte Beurteilung durch WEIERSTRASS aufmerksam machte [A 7, A. Pringsheim H. 1885 (11)], deutete PAUL DU BOIS-REYMOND Differenzen mit KRONECKER an, während er zu L. FUCHS gute Beziehungen besaß [A 7, H. 1887 (12) Bl. 8–9v]. KLEIN versuchte, von bestehenden Kontroversen zu profitieren. So veranlaßte er zum Beispiel Mathematiker der Berliner Schule, ihre Arbeiten in den Annalen zu publizieren. Dabei ist zu berücksichtigen, daß zwei Hauptvertreter der Berliner Schule, WEIERSTRASS und KRONECKER, selbst seit Jahren völlig zerstritten waren (vgl. [5]). KLEIN bat sowohl den Weierstraß-Schüler H. A. SCHWARZ (Brief 115) als auch KRONECKER um eine entsprechende Zusammenarbeit. Bei beiden traf er jedoch auf Ablehnung. Über das Verhältnis zu SCHWARZ gibt die vorliegende Korrespondenz Auskunft (Brief 117), hinsichtlich der Beziehungen zu KRONECKER ist ein Brief DYCKS an KLEIN vom 10. Januar 1892 aufschlußreich: „Halten Sie es nicht für richtig, daß auch die Annalen einen Nekrolog auf Kronecker bringen? Freilich war er niemals Mitarbeiter, auch nicht auf ihr persönliches Anerbieten hin; aber ich glaube, daß Kroneckers Bedeutung doch verlangt, daß wir ihn durch einen Nekrolog ehren" [A 9, VIII Nr. 721]. Die Annalen druckten schließlich einen Nekrolog nach, den HEINRICH WEBER für den Jahresbericht der Deutschen Mathematiker-Vereinigung verfaßt hatte [112].

In diesem Zusammenhang ist bemerkenswert, daß KLEIN andere mathematische Zeitschriften wie das Crelle-Journal und die von G. MITTAG-LEFFLER in Stockholm herausgegebene „Acta Mathematica" zwar als Konkurrenzunternehmen betrachtete (Brief 120) (vgl. [109, T. II, S. 45]), seinen Schülern aber empfahl, nicht einseitig zu bleiben und auch in den anderen Journalen zu publizieren. Ein Brief vom 15. Januar 1888 an A. HURWITZ gibt Aufschluß über KLEINS diesbezügliche Haltung: „… Dass Sie ab und zu in Mittag-Leffler publiciren, scheint mir unter allgemeinen Gesichtspuncten sogar wünschenswerth: wir setzen uns, wenn wir uns auf die Annalen beschränken, gar so leicht auf den Isolirschemel (ich würde selbst in Mittag-Leffler und Kronecker gedruckt haben, wenn ich nicht an beiden Stellen zurückgewiesen worden wäre). Aber Ihre Hauptarbeiten möchte ich in der That gerne für die Annalen haben bez. behalten" [A 8, Hurwitz, Nr. 192].

Auf eine internationale Autorenschaft, die er zunächst 1883 durch das Organ

Mittag-Lefflers bedroht sah, legte Klein großen Wert. Seine allgemeine Ansicht drückte er am 26. April 1894 in einem Brief an M. Noether aus: „… es ist Gefahr, dass wir auf ein zu enges Niveau heruntersinken, wenn wir die internationale Beziehung nicht immer wieder neu beleben" [A 9, XII Nr. 593]. Die vorliegende Korrespondenz belegt die engen Beziehungen zu italienischen Mathematikern, insbesondere zu Brioschi (Briefe 30, 36) und Cremona (Brief 17) sowie das spätere Bemühen, Peano als Autor zu gewinnen (Briefe 125, 126, 148). Brioschis Arbeiten übersetzte Klein für die Annalen selbst aus dem Italienischen ins Deutsche (Brief 31). Ausgehend von seinem Studienaufenthalt 1870 in Paris versuchte Klein, die Kontakte zu den französischen Mathematikern zu bewahren, indem er u.a. dem von G. Darboux seit 1870 herausgegebenen Referateorgan „Bulletin des sciences mathématiques et astronomiques" zuarbeitete (Briefe 14, 16, 31, 32). Klein bemühte sich auch, die sich nicht einfach gestaltenden Beziehungen immer wieder durch Studienaufenthalte seiner Schüler aufrechtzuerhalten bzw. neu zu knüpfen: mit entsprechenden Aufträgen reisten u. a. F. Lindemann 1876 (Briefe 19, 20), D. Hilbert 1886 [27, S. 3], H. Burkhardt 1892 [A 9, VIII]. 1887 reiste Klein erstmals wieder selbst nach Paris; sein Studienaufenthalt dort lag 17 Jahre zurück. Ähnlich bemühte sich Klein um Arbeiten britischer Autoren wie Arthur Cayley (Brief 22), um den Schweden Victor Bäcklund, der bereits in Erlangen bei ihm studiert hatte (Briefe 14, 21, 26), um die Publikation der Arbeiten seines norwegischen Studienfreundes S. Lie, die er in der ersten Zeit selbst redigierte und stets mit besonderer Aufmerksamkeit bedachte (Brief 47). Maßgebliche Beachtung fanden die Forschungen von Mathematikern, die auf dem Territorium des damaligen Rußlands wirkten (Briefe 52, 57, 60). Der Zeitschriftenaustausch mit ausländischen mathematischen Gesellschaften wurde bewußt gefördert (Brief 157), wobei in der vorliegenden Korrespondenz vor allem die Beziehungen zur Moskauer Mathematischen Gesellschaft (Briefe 158–160) sowie das Verhältnis zum Circolo Mathematico di Palermo (Briefe 137, 157) erwähnt werden. Mit Hilfe des russischen Mathematikers M. A. Tichomandritzky verschaffte sich Klein eine Übersicht über die russischen, polnischen, ungarischen und böhmischen Journale [A 9, XII, Nr. 21–27].

Als ein Zeichen der Anerkennung erhielten die langjährigen Mitarbeiter der Annalen seit 1880 ein Freiexemplar der Zeitschrift (Brief 65). Dazu gehörten auch ausländische Wissenschaftler wie S. Lie, der Österreicher O. Stolz und der Däne H. G. Zeuthen. Zehn Jahre später wurde über die Vergabe der Freiexemplare erneut beraten (Brief 157).

Als ein dritter Grundsatz kann, von Klein selbst formuliert, folgender genannt werden: „Wir haben uns … als Redaction auf dem streng wissenschaftlichen Standpuncte gehalten, gute Arbeiten heranzuziehen, schlechte abzuweisen …" [A 2]. Aus dem Briefwechsel Kleins mit vielen Mathematikern geht hervor, daß er oftmals Beiträge an Autoren zurücksandte, damit die Ausführungen überarbeitet werden, die neueste Literatur berücksichtigt werde u. ä. Um unausgereifte, mangelhafte Arbeiten weitgehend zurückzuhalten, empfahl Klein einigen Autoren, ihre Ergebnisse in einer ersten Fassung zunächst in anderen Publikationsorganen zu veröffentlichen (Brief 80), umfangreiche Darstellungen zu kürzen und wichtigere Arbeiten bevorzugt zu behandeln (vgl. auch [109, T. II, S. 46f.]). Aus bestimmten wissenschaftspolitischen Erwägungen heraus ließ Klein aber Ausnahmen gelten.

Das betraf u. a. Arbeiten von Gymnasiallehrern, die er gern im Interesse eines guten Verhältnisses von höherer Schule und Universität förderte. Aus einem Schreiben an WALTHER DYCK vom 28. Juni 1899 geht KLEINS Ansicht hervor: „... ich möchte, dass die Gymnasiallehrerkreise Vertrauen zu uns gewinnen, soll heissen, dass sie von unserer Fürsorge für ihre Arbeiten und Mühen überzeugt sein sollen. Andererseits sehe ich das Missliche der Publication nur zu sehr ein. Wenn Sie also irgendeinen Weg sehen, das Ms. noch hinterher zurückzuschicken, ohne der lehrerfreundlichen Politik, die ich bezeichnete, die Spitze abzubrechen, so thun Sie es ja ... Mein Entgegenkommen gegen die Bedürfnisse der Gymnasiallehrer hat mir die Annalen betr.[effend] bisher nur eine Reihe schwieriger Briefe eingetragen" [A 11].

Das markanteste Beispiel für das Nichterkennen eines neuen mathematischen Ansatzes war wohl die Beurteilung einer Arbeit von GOTTLOB FREGE. KLEIN schrieb diesem am 14. August 1881: „... Nach ruhiger Ueberlegung glaube ich Ihr Manuscript ‚Boole's rechnende Logik und die Begriffsschrift' als für unsere Annale nicht geeignet zurückschicken zu sollen. Nicht, als wenn ich das Interesse für solche Untersuchungen nicht theilte, die mir im Gegenteil sehr werthvoll scheinen. Aber die Untersuchung greift doch zu weit über den eigentlichen Bereich der Annalen hinaus, sie bezieht sich zudem auf Publicationen, die nicht in Jedes Händen sind. Ich würde es für richtig halten, wenn Sie dieselben in einer philosophischen Zeitschrift publicirten. –" [A 8, H. 1972 (9) F. Klein].

Um das angestrebte hohe wissenschaftliche Niveau zu erreichen, orientierte die Redaktion die Autoren darauf, die Literatur möglichst vollständig zu verwenden. Sie lehnte den Druck von Dissertationen im allgemeinen ab (Briefe 42, 51, 157), gestattete jedoch einige Ausnahmen: bei der Arbeit von F. ENGEL (Briefe 101, 102) [22], bei Schülern KLEINS (vgl. Anmerkung 5 zu Brief 157) und aus Rücksicht gegenüber einigen leicht empfindlichen älteren Autoren wie S. LIE (Brief 157). Die Annalen-Redaktion war außerdem bestrebt, Auseinandersetzungen zwischen ihren Autoren möglichst zu vermeiden, wenn das aus fachlichen Gründen auch nicht immer gelang. KLEIN war besonders bemüht, die Autoren um einen sachlichen Ton zu bitten und verurteilte die unangemessene Art und Weise der Kritikführung, welche der Leipziger Chemiker HERMANN KOLBE in dem von ihm herausgegebenen „Journal für praktische Chemie" betrieb (Brief 75).

Diese bewußt gestaltete Redaktionstätigkeit war eine maßgebliche Basis dafür, daß die „Mathematischen Annalen" in dieser Zeit zu den angesehensten mathematischen Zeitschriften gehörten.

7. Zu den Forschungsschwerpunkten der „Mathematischen Annalen" 1869 bis 1901

Mit der Übernahme der Herausgeberschaft der Annalen durch HILBERT brach eine neue Ära in der Geschichte dieser Zeitschrift an. Diese zeichnete sich durch eine rasche Zunahme von Beiträgen neuerer Forschungsgebiete der Mathematik

aus: Topologie, Mengenlehre, moderne Algebra, Integralgleichungen, Funktional-
analysis, mathematische Logik usw.

Die von KLEIN und MAYER betreuten Arbeiten der Annalen betreffen aber andere
Bereiche als diese sogenannte „moderne Mathematik“. Die folgenden Ausführungen konzentrieren sich auf wesentliche Aspekte derjenigen Beiträge, die im
19. Jahrhundert in den Annalen erschienen.

Die nachfolgende Tabelle nennt die Hauptautoren der „Mathematischen Annalen“ während des Zeitraums von 1869 bis 1901. Sie umfaßt die Namen jener
64 Mathematiker, die Arbeiten mit einer Gesamtzahl von nicht weniger als
200 Seiten in den Annalen veröffentlicht haben, sowie eine Einordnung ihrer Abhandlungen in zehn Arbeitsgebiete. Diese Übersicht stützt sich auf den Register-
band zu den ersten fünfzig Bänden, der von ARNOLD SOMMERFELD zusammengestellt wurde [105]. Dieses Bändchen war uns äußerst nützlich, obwohl die
Gliederung, die SOMMERFELD dort zugrunde legte, z. T. überholt ist. Wir haben daher eine neue Einteilung vorgenommen.

Betrachten wir nun vier dieser zehn Arbeitsgebiete näher, wobei wir auf ihre je-
weilige Bedeutung für das Emporkommen der Annalen eingehen und daneben die
jeweils wichtigsten Persönlichkeiten bzw. ihre Arbeiten erwähnen. Die weitaus bedeutendsten dieser Gebiete waren die komplexe Analysis und die algebraische
Geometrie. Während das erste, als Hauptforschungsgebiet der Mathematik des
19. Jahrhunderts überhaupt, naturgemäß einen hervorragenden Platz einnahm,
wurde das zweite Gebiet vor allem durch das Erbe ALFRED CLEBSCHS ein Schwerpunkt für die „Mathematischen Annalen“.

1863 veröffentlichte CLEBSCH im Crelle-Journal seine Abhandlung „Ueber die
Anwendung der Abel’schen Functionen in der Geometrie“ [16], die SHAFAREVICH
als „Zeugnis der Geburt der algebraischen Geometrie“ bezeichnet hat [104, S. 136].
Das neue hieran war die Anwendung transzendenter Begriffe, die CLEBSCH von der

Mathematische Annalen. Bd. 1–53 (1869–1901)

Name	GZ	ZT	Al	GT	RA	DGl	KA	ML/GG	AG	DG	AM	Va
A. V. BÄCKLUND	10	–	–	–	–	6	–	–	–	3	1	–
L. BIANCHI	6	–	–	–	–	–	5	–	–	1	–	–
P. DU BOIS-REYMOND	25	–	–	–	21	3	1	–	–	–	–	–
A. BRILL	33	1	6	–	–	–	4	–	21	–	1	–
H. BURKHARDT	8	–	–	1	–	–	7	–	–	–	–	–
G. CANTOR	15	–	–	–	6	–	–	9	–	–	–	–
A. CAYLEY	23	–	5	3	1	1	6	1	5	–	1	–
A. CLEBSCH	26	–	7	1	–	–	3	–	14	–	1	–
W. DYCK	7	–	–	2	–	–	3	2	–	–	–	–
F. ENRIQUES	5	–	–	–	–	–	–	–	4	–	–	1
R. FRICKE	13	–	–	1	–	–	12	–	–	–	–	–
A. VON GALL	10	–	10	–	–	–	–	–	–	–	–	–
J. GIERSTER	8	3	–	–	–	–	5	–	–	–	–	–
P. GORDAN	35	1	23	8	–	–	–	–	3	–	–	–
A. HARNACK	21	–	1	–	8	1	4	2	5	–	–	–
W. HESS	8	–	–	–	–	–	–	–	–	–	8	–
D. HILBERT	18	4	11	–	–	–	–	2	1	–	–	–
O. HÖLDER	10	–	–	6	3	–	1	–	–	–	–	–
J. HORN	12	–	–	–	–	11	1	–	–	–	–	–
A. HURWITZ	31	7	2	1	–	–	14	–	7	–	–	–

Name	GZ	ZT	Al	GT	RA	DGl	KA	ML/GG	AG	DG	AM	Va
L. Kiepert	4	–	–	–	–	–	4	–	–	–	–	–
W. Killing	9	–	–	6	–	–	–	3	–	–	–	–
F. Klein	67	1	2	7	1	6	18	13	13	3	1	2
A. Kneser	14	3	–	–	1	3	4	–	3	–	–	–
J. König	15	–	4	3	2	3	2	–	–	–	1	–
L. Königsberger	27	1	–	1	1	6	16	–	–	1	1	–
A. Korkine	6	3	–	–	1	–	–	–	–	1	1	–
M. Krause	24	1	–	–	–	–	22	–	–	–	–	1
A. Krazer	6	–	–	–	–	–	6	–	–	–	–	–
S. Lie	13	–	–	3	–	3	–	–	2	5	–	–
R. von Lilienthal	9	–	–	–	–	1	–	–	1	7	–	–
F. Lindemann	7	1	1	–	1	–	2	1	–	–	1	–
F. London	6	–	–	–	1	–	–	–	5	–	–	–
J. Lüroth	13	1	2	–	1	–	–	3	5	1	–	–
A. Markoff	12	2	1	–	4	–	4	–	–	–	1	–
A. Mayer	17	–	–	–	–	14	–	–	–	1	2	–
F. Meyer	14	–	7	–	1	–	–	–	5	–	1	–
P. A. Nekrassoff	5	–	1	–	1	–	2	–	–	–	1	–
E. Netto	11	–	4	5	–	–	–	–	1	–	1	–
C. Neumann	35	–	–	–	3	–	5	–	–	1	26	–
M. Noether	36	–	–	1	–	–	9	–	22	–	–	4
M. Pasch	13	–	3	–	–	–	2	6	2	–	–	–
G. Pick	11	–	–	–	–	1	10	–	–	–	–	–
L. Pochhammer	16	–	–	–	3	10	3	–	–	–	–	–
A. Pringsheim	24	–	–	–	16	–	8	–	–	–	–	–
E. Ritter	6	–	–	–	–	–	6	–	–	–	–	–
K. Rohn	9	–	–	–	–	–	1	1	7	–	–	–
F. Schilling	4	–	–	–	–	–	3	1	–	–	–	–
O. Schlesinger	7	–	1	–	–	–	–	–	6	–	–	–
A. Schoenflies	10	–	–	3	1	–	–	2	3	–	1	–
H. Schröter	9	–	–	–	–	–	–	2	7	–	–	–
H. Schubert	15	–	–	–	–	–	–	–	15	–	–	–
F. Schur	19	–	–	3	–	–	–	3	9	3	1	–
C. Segre	9	–	1	–	–	–	–	1	7	–	–	–
P. Stäckel	14	–	–	–	–	1	2	–	1	4	3	3
O. Staude	11	–	–	–	–	–	2	–	8	1	–	–
O. Stolz	15	–	–	–	5	–	–	7	3	–	–	–
E. Stroh	10	–	10	–	–	–	–	–	–	–	–	–
E. Study	10	–	1	–	1	–	–	1	6	–	1	–
R. Sturm	26	–	–	–	–	–	–	1	24	1	–	–
A. Voss	34	–	1	–	1	6	–	–	17	7	1	1
H. Weber	18	6	–	2	–	–	4	–	–	–	4	2
E. Wiltheiss	11	1	3	–	–	–	7	–	–	–	–	–
H. G. Zeuthen	18	–	–	–	–	–	–	–	16	–	1	1

GZ: Gesamtzahl der Arbeiten des jeweiligen Autors
ZT: Zahlentheorie
Al: Algebra
GT: Gruppentheorie
RA: Reelle Analysis
DGl: Differentialgleichungen
KA: Komplexe Analysis
ML/GG: Mengenlehre/Grundlagen der Geometrie
AG: Algebraische Geometrie
DG: Differentialgeometrie
AM: Angewandte Mathematik
Va: Varia

Riemannschen Theorie der Abelschen Funktionen übernommen hatte, auf rein geometrische Strukturen, wie z.B. die Anwendung von Abels Theorem, um Anzahl und Art der Schnittpunkte, Wendepunkte und Berührungskurven einer oder mehrerer algebraischer Kurven zu bestimmen (vgl. [9]). Anders als Riemann definierte Clebsch das Geschlecht p einer algebraischen Kurve vom Grade n als die Anzahl der linear unabhängigen holomorphen Differentiale, d. h. Abelschen Differentiale 1. Gattung, auf die zur Kurve entsprechenden Riemannschen Fläche. Ausgehend davon gewann Clebsch die Formel: $p = 1/2(n-1)\,(n-2) - d - r$, wobei d die Anzahl der Doppelpunkte ist und r die Anzahl der Rückkehrpunkte. Außerdem zeigte er, daß dieses p eine Invariante gegenüber birationalen Transformationen der ganzen Ebene ist (vgl. [59, S. 165–168, 175–177]).

Drei Jahre später erschien das Buch von Clebsch und Gordan „Die Theorie der Abelschen Funktionen" [17], in dem Clebsch einen algebraischen Beweis der Invarianz des Geschlechts publizierte. Dieses Buch wurde der Ausgangspunkt für viele spätere Arbeiten von Clebschs Schule, vor allem für die Arbeiten Alexander von Brills und Max Noethers, welche die von Clebsch angewandten transzendenten Methoden durch rein algebraisch-geometrische ersetzt haben. Deren gemeinsame Arbeit „Ueber die algebraischen Funktionen und ihre Anwendung in der Geometrie" ist im Band 7 der Annalen erschienen [8]; vgl. auch [58, S. 62–68]. Hier wurde das Konzept von Invarianten gegenüber birationalen Transformationen vorangestellt und all das, was mit der Periodizität der Abelschen Integrale zu tun hat, beiseite gelassen. Den wichtigen Riemann-Rochschen Satz z. B., der Aufschluß über die Anzahl v der linear unabhängigen meromorphen Funktionen mit m vorgegebenen einfachen Polen auf einer Riemannschen Fläche vom Geschlecht p gibt ($v = m - p + t + 1$, wobei t die Anzahl der linear unabhängigen Abelschen Differentiale 1. Gattung bedeutet, die in den m Punkten Nullstellen besitzen), haben Brill und Noether mit rein algebraischen Methoden herausgearbeitet.

Wie Erhard Scholz bemerkte, gaben diese Arbeiten Anlaß zum Entstehen einer neuen Teildisziplin – der birationalen Theorie der Kurven – betrieben von Cayley, Halphen, Zeuthen, Cremona, Segre, Bertini u. a. [102, S. 359–362]. Durch die Leistungen dieser Mathematiker, insbesondere der Vertreter der italienischen Schule, galten die neuen birationalen Methoden gegen Ende des Jahrhunderts als der bevorzugte Zweig der algebraischen Geometrie, in der früher fast ausschließlich projektive Methoden dominiert hatten.

Clebsch selbst gab hervorragende Impulse zu dieser neuen Entwicklung (vgl. [58]). Seine bedeutsamsten Arbeiten publizierte er jedoch im Crelle-Journal, während die wichtigsten in den Annalen erschienenen Abhandlungen über algebraische Geometrie aus der Feder von Max Noether stammen. Das berühmte Noethersche Theorem tauchte zum ersten Mal in einer kurzen Abhandlung im Band 6 auf [85]. Dort werden die später nach ihm benannten „Noetherschen Bedingungen" aufgestellt, welche notwendig und hinreichend dafür sind, daß sich die Gleichung einer algebraischen Kurve $f = 0$, die durch den Schnittpunkt zweier solcher Kurven $g = 0$, $h = 0$ hindurchgeht, als eine Summe der Form $f = Ag + Bh$ setzen läßt, wobei $A = 0$, $B = 0$ ebenfalls Gleichungen von algebraischen Kurven sind (vgl. auch [58, S. 109–118]).

In diesem Zusammenhang sollte auch eine wichtige Arbeit von Axel Harnack erwähnt werden: sein Aufsatz „Ueber die Vieltheiligkeit der ebenen algebraischen

Kurven", der in Band 10 erschienen ist [34]. Dort zeigte HARNACK, daß eine reelle ebene Kurve vom Geschlecht p nie mehr als $p + 1$ getrennt verlaufende reelle Züge enthält und für jedes p Kurven mit $p + 1$ Zügen wirklich existieren. Durch diesen berühmten Satz wurde HILBERT später veranlaßt, sein 16. Problem aufzustellen, welches nach der gegenseitigen Lage dieser $p + 1$ Züge fragt (vgl. [1, S. 62–63, 233–249]). Außer den vielen Arbeiten über algebraische Geometrie von BRILL und NOETHER wurden die Annalenbände durch zahlreiche Abhandlungen von HERMANN SCHUBERT, RUDOLF STURM und H. ZEUTHEN bereichert. Man kann diese fünf Mathematiker als Spezialisten bezeichnen, während CLEBSCH, KLEIN und AUREL VOSS, die anderen Hauptautoren dieses Gebietes, vielseitiger veranlagt waren. Die bevorzugte Stellung der algebraischen Geometrie ist eines der auffallendsten Merkmale der „Mathematischen Annalen" vor allem in ihrer Entstehungszeit. Mehr als ein Drittel der 408 Abhandlungen der Bände 1 bis 10 waren dieser Thematik gewidmet. Zwischen 1876 und 1888 betrug der Anteil von Arbeiten über algebraische Geometrie etwa ein Viertel, doch danach ging er stark zurück: für die Bände 31 bis 40 betrug er nur ein Sechstel und für die Bände 41 bis 50 knapp ein Achtel der gesamten Produktion.

Wenn man die Verteilung der Arbeiten zur komplexen Analysis verfolgt, tritt ein ganz anderer Trend hervor. Am Anfang betrug ihr Anteil weniger als 15 %, aber beginnend mit dem 10. Band stieg er auf 25 % und blieb bei dieser Größenordnung bis zum Ende des 19. Jahrhunderts (vgl. [105, S. 201]). Zu einzelnen Spezialgebieten des breiten Arbeitsfeldes der komplexen Analysis publizierten in den Annalen drei Autoren: MARTIN KRAUSE, GEORG PICK und ROBERT FRICKE. KRAUSE hatte bei KÖNIGSBERGER in Heidelberg studiert und arbeitete vornehmlich auf dem seit JACOBIS Untersuchungen klassischen Gebiet der hyperelliptischen und Abelschen Funktionen. Obwohl heute weniger bekannt als die meisten Hauptautoren der Annalen, bewerteten ihn KLEIN und MAYER als den produktivsten Schüler LEO KÖNIGSBERGERS, und daher haben sie seine Arbeiten oft gefördert. Der aus Österreich stammende PICK veröffentlichte Mitte der achtziger Jahre einige Untersuchungen über die Gleichungen der komplexen Multiplikation. Dieser Gegenstand war erstmals von HEINRICH WEBER systematisch behandelt worden. FRICKE ist vor allem als enger Mitarbeiter FELIX KLEINS und Mitverfasser der beiden umfangreichen Werke über elliptische Modulfunktionen bzw. automorphe Funktionen bekannt geworden. Er publizierte jedoch auch selbständig eine große Zahl von Arbeiten über diese Themen.

Wesentliche Beiträge zum Gebiet der komplexen Analysis in den Annalen leisteten außerdem KLEIN, LEO KÖNIGSBERGER und ADOLF HURWITZ, die insgesamt jedoch weniger speziell orientiert waren als die drei oben genannten Mathematiker. Der berühmte Wettbewerb zwischen KLEIN und HENRI POINCARÉ bezüglich der Entwicklung der automorphen Funktionen (vgl. Briefe 84, 86 und [32]) führte zur Veröffentlichung von zwei wichtigen Abhandlungen in den Annalen. Die erste Annalen-Publikation POINCARÉS war durch KLEIN veranlaßt worden und stellte eine Zusammenfassung jener meist ohne Beweise angegebenen Ergebnisse dar, die POINCARÉ bereits in den „Comptes Rendus" mitgeteilt hatte. Diese Arbeit mit dem Titel „Sur les fonctions uniformes qui se reproduisent par des substitutions linéairs" erschien im Frühjahr 1882 im 19. Band der Annalen [89]. Im Herbst 1882 verfaßte KLEIN die Abhandlung „Neue Beiträge zur Riemannschen Funktionentheorie", die im Band 21 publiziert wurde [53]. Hierin gab er, allerdings ohne strengen Beweis, das sogenannte „Fundamentaltheorem" an, welches seine früheren Uniformisierungssätze, das „Grenzkreistheorem" und das durch Fricke bezeichnete „Rückkehrschnittheorem", umschloß. Diese Untersuchungen Kleins regten Walther Dyck zu den beiden Aufsätzen „Gruppentheoretische Studien" [21] an, deren Bedeutung für die nachfolgende Entwicklung der kombinatorischen Gruppentheorie erst vor kurzem Magnus und Chandler hervorgehoben haben [76, S. 5–11].

Eine damit verwandte Arbeit von Hurwitz, die auch viel Aufsehen erregt hat, wurde 1891 unter dem Titel „Ueber Riemann'sche Flächen mit gegebenen Verzweigungspunkten" in den Annalen publiziert [43]. Ihre Hauptaufgabe bestand darin, die Anzahl N von n-blättrigen Riemannschen Flächen zu bestimmen, welche an w gegebenen Stellen in vorgeschriebener Weise verzweigt sind. In seiner berühmten Abhandlung von 1857 hat Riemann die Formel $2p + 2n - 2 = w$ aufgestellt [95]. Aus dieser Gleichung und daraus, daß das Geschlecht p nicht negativ sein kann, folgt, daß für $w = 2, 4, 6, \ldots, 2n - 4$ die Anzahl N verschwinden muß. Für den Fall $w = 2n - 2$ muß also $p = 0$ gelten, und N stellt die Anzahl der n-blättrigen Riemannschen Flächen mit gegebenen *einfachen* Verzweigungspunkten dar. Daraus leitete Hurwitz die für $n > 2$ gültige Formel

$$N = \frac{(2n - 2)!}{(n - 1)!} \, n^{n - 4}$$

ab (für $n = 2$ gilt die Formel nicht; es ist dann $N = 1$). Durch komplizierte topologische Erwägungen gelang es ihm auch, einen expliziten Ausdruck für die Fälle $n = 3, 4, 5, 6$ und für allgemeines p aufzustellen. W. Magnus erkannte, daß der Begriff der Zopfgruppe in dieser Arbeit von Hurwitz erstmals implizit enthalten ist [76, S. 39 f.].

Ein drittes, weniger bearbeitetes, aber trotzdem sehr wichtiges Gebiet war für die „Mathematischen Annalen" die Invariantentheorie. Ihre Bedeutung ist ebenfalls auf Clebsch zurückzuführen, der zusammen mit Siegfried Aronhold ein symbolisches Kalkül für die Berechnung algebraischer Invarianten fand, das bis zu Hilberts revolutionären Arbeiten gegen Ende der achtziger Jahre das Feld vollkommen beherrschte. Bis zu diesem Zeitraum galt Paul Gordan als „König der Invariantentheorie", und zwar schon seit 1868, als er einen Beweis dafür gegeben hatte, daß jede Kovariante und Invariante einer gegebenen binären Form eine ganze rationale Funktion einer endlichen Anzahl solcher Kovarianten und Invarianten ist [29]. Cayley hatte das Problem im Jahre 1856 formuliert, es auch für den Fall $n = 4$ erledigt, aber fälschlicherweise geglaubt, daß es im allgemeinen unlösbar sei. In seinem Aufsatz „Die simultanen Systeme binärer Formen", der 1870 im zweiten Band der Annalen erschien [30], vereinfachte Gordan die Methode, welche er bei seinem berühmten Theorem anwendete, indem er das neue Verfahren der Übereinanderschiebung auf die simultanen Kovarianten und Invarianten ausdehnte. Aber zwanzig Jahre später blieben alle seine Versuche, eine Erweiterung dieser Methoden auf höhere Formen zu finden, ohne Erfolg. Gordan war jedoch nicht der einzige, der sich mit dieser Problematik beschäftigte. Während der siebziger und achtziger Jahre veröffentlichten die Annalen eine Reihe von Arbeiten über Invariantentheorie der Autoren Cayley, Gall, Stroh und Hilbert.

Viele Zeitgenossen sahen in HILBERT zunächst einen Spezialisten auf dem Gebiet der Invariantentheorie. 1890 erschien sein Aufsatz „Ueber die Theorie der algebraischen Formen" [39], den KLEIN als „die wichtigste Arbeit über allgemeine Algebra, welche die Annalen seither veröffentlichten" [27, S. 62] bezeichnete. HILBERT zeigte darin, daß die aus einer algebraischen Form mit beliebig vielen Variablen entstehenden Kovarianten und Invarianten sich immer als ganze rationale Funktionen eines endlichen Basissystem solcher Kovarianten darstellen lassen. GORDAN, der in einem Brief an KLEIN schrieb, daß er mit dieser Arbeit von HILBERT „sehr unzufrieden" [27, S. 65] sei, erklärte außerdem, daß HILBERT „Theologie" anstatt Mathematik triebe [56, Bd. 1, S. 330]. Das Urteil über HILBERTS Leistungen fiel aber am Ende anders aus. MINKOWSKI, der wie KLEIN vom Wert der Ergebnisse HILBERTS überzeugt war, schrieb im Februar 1892 die folgenden Zeilen an seinen Freund DAVID HILBERT:

„Dass es nur eine Frage der Zeit sein konnte, wann Du die alten Invariantenfragen soweit erledigt haben würdest, dass kaum noch das Tüpfelchen auf dem i fehlt, war mir eigentlich schon lange nicht zweifelhaft. Dass es aber damit so schnell geht, und alles so überraschend einfach gelingt, hat mich aufrichtig gefreut, und beglückwünsche ich Dich dazu. Jetzt, wo Du in Deinem letzten Satze sogar das rauchlose Pulver gefunden hast, nachdem Theorem I nur noch vor Gordans Augen Dampf gab, ist es wirklich an der Zeit, dass die Burgen der Raubritter Stroh, Gordan, Stephanos und wie sie alle heissen mögen, welche die einzelreisenden Invarianten überfielen und in's Burgverliess sperrten, dem Erdboden gleich gemacht werden, auf die Gefahr hin, dass aus diesen Ruinen niemals wieder neues Leben spriesst. Wärst Du nicht so sehr radical, und könntest Du Deine Arbeitskraft nicht noch viel ergiebiger verwenden, so würdest Du eine Wohltat den Mathematikern erweisen, wenn Du einmal eine Zusammenstellung desjenigen Materials auf diesen Gebieten machtest, auf welches man bauen kann. So aber wirst Du wahrscheinlich auf Deinen Kerschensteiner [K. gab die Arbeiten von Gordan heraus und machte sie damit zugänglicher] warten, und bei dem werden wohl noch viele Kerschensteine übrig bleiben" [100, S. 45].

HILBERT umging jedoch diese zuletzt genannte Gefahr, indem er ein Jahr später seine Abhandlung „Ueber die vollen Invariantensysteme" erscheinen ließ [40], welche alle Zweifel bezüglich der Existenz einer endlichen Basis von Kovarianten für Formen mit beliebig vielen Veränderlichen vollkommen beseitigte.

Das vierte und letzte Gebiet, welches in diesem Zusammenhang hervorgehoben werden soll, ist die Gruppentheorie. Wir haben schon zwei Arbeiten von DYCK und von HURWITZ erwähnt, die Probleme aus der kombinatorischen Gruppentheorie behandeln. Man darf hier natürlich auch die zahlreichen Arbeiten FELIX KLEINS nicht vergessen, die zum Aufbau der Theorie der diskreten Gruppen wesentlich beigetragen haben und welche im Abschnitt 8. ausführlicher diskutiert werden sollen. Auf dem Gebiet der kontinuierlichen Gruppen veröffentlichte SOPHUS LIE 1880 einen langen Aufsatz im 16. Band der Annalen [68]. Diese Arbeit war die einzige zur genannten Thematik, die LIE in den Annalen erscheinen ließ. Die Ausarbeitung des großen Werkes „Theorie der Transformationsgruppen" gemeinsam mit ENGEL war zweifellos nur einer der Gründe, warum LIE nie wieder eine gruppentheoretische Abhandlung in den Annalen publizierte. Ein zweiter Grund lag darin, daß kurz nach LIES Übersiedlung nach Leipzig WILHELM KILLING eine Reihe längerer Arbeiten über kontinuierliche Gruppen in den Annalen veröffentlichte (vgl. Abschnitt 3.). Diese trugen den Titel „Die Zusammensetzung der stetigen endlichen Transformationsgruppen" und sind in den Jahren 1888 bis 1890 erschienen [46]. Zum Inhalt und zur Bedeutung dieser Werke verweisen wir auf die ausführliche Studie [36]; zu Killings früheren Arbeiten vgl. [35].

Wir haben nun über die vier wichtigsten Forschungsschwerpunkte der „Mathematischen Annalen" im Zeitraum von 1869 bis 1901 berichtet. Daneben unterstützten natürlich auch zahlreiche Vertreter anderer mathematischer Disziplinen die Annalen. Carl Neumann z. B. vertrat mit seinen Beiträgen zur analytischen Mechanik, Elektrodynamik und vor allem zur Potentialtheorie die angewandte Mathematik. Hauptgegenstand des Werkes seines Leipziger Kollegen Adolph Mayer waren die Variationsrechnung und damit verwandte Probleme der Mechanik und der Theorie der partiellen Differentialgleichungen erster Ordnung. Auf dem Gebiet der reellen Analysis arbeiteten Paul du Bois-Reymond und Alfred Pringsheim, während Georg Cantor mehrere fundamentale Aufsätze zur Mengenlehre in den „Mathematischen Annalen" publizierte [14]. Das Verdienst dieser Autoren soll besonders hervorgehoben werden, weil durch ihre Arbeiten die Annalen allmählich jene notwendige Breite erhielten, welche sie bald als die führende mathematische Zeitschrift auswies.

Bedeutendster Konkurrent der „Mathematischen Annalen" war Crelles „Journal für die reine und angewandte Mathematik"; neben der seit 1882 bestehenden „Acta Mathematica". Die folgende Tabelle enthält die Namen jener Forscher, die im Zeitraum von 1869 bis 1901 mindestens fünf Arbeiten im Crelle-Journal publiziert haben:

Journal für die reine und angewandte Mathematik.
Bd. 70–123 (1869–1901)

Name	GZ	Name	GZ	Name	GZ
P. Baltzer	5	L. Kiepert	12	M. A. Stern	13
P. du Bois-Reymond	13	A. Kneser	8	L. Stickelberger	6
C. W. Borchardt	8	L. Königsberger	34	R. Sturm	17
G. Cantor	5	L. Kronecker	35	J. J. Sylvester	7
F. Caspary	11	G. Landsberg	8	L. W. Thomé	26
A. Cayley	22	R. Lipschitz	18	H. Weber	12
G. Frobenius	39	F. Mertens	13	J. Weingarten	7
L. Fuchs	24	A. Milinowski	9		
S. Gundelfinger	12	H. Minkowski	5		
G. Günther	10	E. Netto	18		
M. Hamburger	16	M. Pasch	9		
G. Hauck	7	L. Pochhammer	15		
J. N. Hazzidakis	10	F. E. Prym	7		
L. Heffter	7	Th. Reye	25		
E. Heine	6	J. Rosanes	10		
H. V. Helmholtz	6	C. Runge	5		
K. Hensel	25	L. Schläfli	5		
O. Hermes	5	L. Schlesinger	11		
C. Hermite	24	F. Schottky	14		
O. Hesse	5	H. Schröter	9		
G. Holzmüller	5	H. A. Schwarz	9		
J. Horn	8	P. Stäckel	11		
A. Hurwitz	5	W. Stahl	14		

FELIX KLEIN hatte schon im Brief 24 vom 7. Januar 1877 an A. MAYER ange-deutet, daß LEO KÖNIGSBERGER ihm mitgeteilt habe, die „Mathematischen Anna-len" stünden bereits über dem Crelle-Journal. Rein quantitativ hat SOMMERFELD belegt, daß die Annalen in ihren ersten 50 Bänden fast doppelt so viel Stoff brach-ten wie das Crelle-Journal im gleichen Zeitraum [105, S. 202].

Gewiß gab es einige bedeutende Mathematiker, die sich mehr oder weniger un-parteiisch in bezug auf die Rivalität zwischen beiden Zeitschriften verhielten: KÖ-NIGSBERGER, DU BOIS-REYMOND, STURM, HEINRICH WEBER und andere. Viel auffal-lender aber ist die große Anzahl jener, die ihre Arbeiten ausschließlich in der einen oder in der anderen Zeitschrift veröffentlichten. Von den obengenannten 53 Wis-senschaftlern gehören nur 15 auch zu den Hauptautoren der „Mathematischen An-nalen", d.h., von den 102 Forschern, die insgesamt in unseren zwei Tabellen erfaßt worden sind, nahmen nur 15 in beiden Zeitschriften einen wesentlichen Rang ein. Tatsächlich war es weit verbreitet, daß die Mathematiker ihre Werke *nur* an eines der beiden Journale schickten. Solche bedeutenden Wissenschaftler wie KRONEK-KER, FUCHS, FROBENIUS, SCHWARZ, SCHOTTKY und HENSEL haben z.B. nie den Anna-len auch nur eine Abhandlung angeboten.

Zum Schluß möchten wir zwei Arbeiten erwähnen, die zwar nicht zu den Haupt-gebieten der Annalen gehören, sich jedoch durch ihre Berühmtheit auszeichnen. Die erste, geschrieben von FERDINAND LINDEMANN, erschien 1882 in Band 20 unter dem Titel „Über die Zahl π" [74]. Hierin bewies LINDEMANN den längst vermuteten Satz, daß π eine transzendente Zahl ist. Seine Argumentation war allerdings ziem-lich umständlich, ungeachtet einiger Verbesserungen von WEIERSTRASS und CAN-TOR. Das Beweisverfahren stützte sich im wesentlichen auf eine von HERMITE ver-wendete Methode, mit der dieser die Transzendenz der Zahl e gezeigt hatte. Viele Mathematiker haben diesem Ergebnis von LINDEMANN große Aufmerksamkeit ge-schenkt. LINDEMANN selbst war so entzückt von seinem Erfolg, daß er kurz danach sogar davon überzeugt war, er besäße einen Beweis des Fermatschen Satzes. „Sie wären vielleicht zu berühmt geworden", mußte ihm sein ehemaliger Lehrer FELIX KLEIN in einem Brief vom 5. April 1883 mitteilen, nachdem sich die Lücke in sei-ner Argumentation herausgestellt hatte. Etwa zehn Jahre später gaben GORDAN, HURWITZ und schließlich HILBERT wesentlich vereinfachte Beweise für die Trans-zendenz von π und e; alle drei sind 1893 im Band 43 der Annalen veröffentlicht worden [31], [44], [41]. In demselben Jahr, während des siebenten seiner berühmten in Evanston (USA) gehaltenen Vorträge, stellte KLEIN fest: „The problem has thus been reduced to such simple terms that the proofs for the transcendency of e and π should henceforth be introduced into university teaching everywhere" [50, S. 53].

GEORG CANTORS sechsteilige Arbeit „Ueber unendliche lineare Punktmannichfal-tigkeiten" wurde von KLEIN und MAYER in die Annalen aufgenommen und erschien im Zeitraum von 1879 bis 1884 [14] (vgl. Brief 48). Sie stellt die Grundlage der all-gemeinen Mengenlehre CANTORS dar, welche auch durch den Einsatz von HILBERT, MINKOWSKI, HURWITZ, SCHOENFLIES und anderer Mitarbeiter der „Mathematischen Annalen" zunehmend einen zentralen Platz innerhalb der modernen Mathematik einnahm. Etwa zehn Jahre später veröffentlichte CANTOR in den Annalen eine zwei-teilige Darstellung „Beiträge zur Begründung der transfiniten Mengenlehre", von deren Bedeutung ERNST ZERMELO schrieb, daß „hier die Grundbegriffe und Ideen, nachdem sie sich im Laufe von Jahrzehnten allmählich entwickelt haben, ihre endgültige Fassung erhalten, und viele Hauptsätze der ‚allgemeinen' Mengenlehre finden erst hier ihre klassische Begründung" [13, S. 351].

Bezüglich der großen sechsteiligen Abhandlung Cantors sollte unterstrichen werden, daß sie wegen ihrer vielen philosophischen Betrachtungen und infolge des Fehlens sicherer Beweise doch erheblich vom Standard der damaligen Mathematik abwich. Deshalb hatte Fraenkel völlig Recht, als er zurückblickend auf dieses Werk die folgende Meinung äußerte:

„Die Redaktion der Mathematischen Annalen hat eine kühne Tat vollbracht, sich aber auch ein unvergängliches Verdienst erworben, indem sie die Spalten ihrer Zeitschrift diesen Ideen öffnete, die damals die mathematische und philosophische Welt vor den Kopf stießen und noch über ein Jahrzehnt einen bitteren Kampf um ihre Anerkennung zu führen hatten" [25, S. 200].

8. Mathematische Arbeiten Felix Kleins

In den 70er und 80er Jahren teilte Klein in Briefen an Mayer mehrfach Ergebnisse seiner mathematischen Forschungen mit. Die Theorie der Ikosaedergleichung und verwandte Fragen stellten einen Schwerpunkt dieser Arbeiten dar. Zur selben Zeit beschäftigte sich auch Francesco Brioschi mit Untersuchungen über algebraische Gleichungen fünften Grades. Später schrieb Klein, daß ihm seine Korrespondenz mit Brioschi während dieser entscheidenden Jahre viele Anregungen gegeben habe, und er setzte fort: „Es war ein schöner Erfolg dieser persönlichen Beziehungen, daß Brioschi in Bd. 13 der Math. Annalen eine zusammenfassende Darstellung seiner eigenen früheren Untersuchungen über Gleichungen fünften Grades veröffentlichte ..." [52, Bd. 2, S. 257]. Über die Vorbereitung dieser Abhandlung von Francesco Brioschi [10], die im Dezember 1877 erschien, wird man durch die vorliegende Korrespondenz (Briefe 30, 31, 36) bestens unterrichtet.

Wie Klein selbst gelegentlich bemerkte, sind seine wissenschaftlichen Arbeiten aus den Jahren von 1875 bis 1882 durch die Verschmelzung zweier fundamentaler Theorien gekennzeichnet: die Riemannsche Theorie der algebraischen Funktionen und die Galoissche Gleichungstheorie. Als Ausgangspunkt betrachtete Klein die lineare Transformation

$$z \to \frac{az + b}{cz + d}$$

der komplexen Variablen z als Transformation der Riemannschen Zahlenkugel. Beschreibt man in diese Zahlenkugel einen Platonischen Körper ein, so läßt sich eine finite Gruppe von linearen Transformationen erzeugen, deren Elemente diejenigen Bewegungen der regulären Körper sind, welche ihn in sich überführen. Zum Tetraeder gehört eine Gruppe von zwölf Elementen, zum Oktaeder bzw. Würfel eine mit vierundzwanzig Elementen und zum Ikosaeder bzw. Dodekaeder eine mit je sechzig Elementen. Die hier vorhandene Übereinstimmung ist allerdings nicht zufällig, sondern sie beruht darauf, daß Oktaeder und Würfel bzw. Ikosaeder und

Dodekaeder Polarfiguren sind (das Tetraeder hat einen Gegentetraeder als Polarfigur).

Zu diesen fünf Körpern fügte KLEIN die sogenannten „Dieder" hinzu. Solch eine Figur besteht aus einem doppelt belegten ebenen regulären n-Eck vom Rauminhalt Null, das KLEIN als in die Äquatorebene der Riemannschen Zahlenkugel einbeschrieben auffaßte. Zu jedem Dieder mit n Ecken ($n \geqq 3$) gehört eine Gruppe mit $2n$ Elementen, denn es gibt n Drehungen um die Hauptachse und ebenso viele Spiegelungen um Linien der Äquatorebene, die diese Figur in sich selbst überführen. Zuletzt reihte KLEIN die zyklischen Gruppen in sein Schema ein, indem er sie als Drehungen mit fester Äquatorebene auffaßte, erzeugt durch eine Drehung vom Winkel $2\pi/n$. Durch diese geometrische Betrachtungsweise konnte er fast mühelos beweisen, daß die obige Liste alle möglichen endlichen Gruppen von linearen Transformationen erfaßt. Diesen Beweis stellte er mit dem Aufsatz „Ueber binäre Formen mit linearen Transformationen in sich", welchen er im Juni 1875 kurz nach seiner Übersiedlung nach München geschrieben hat, dem mathematischen Publikum vor.

Von maßgeblichem Wert für die nächsten Arbeiten KLEINS wurde die Ikosaedergruppe, welche enge Beziehungen zur Theorie der algebraischen Gleichungen fünften Grades besitzt. KLEIN verwendete ein sehr schönes Argument um zu zeigen, daß die Ikosaedergruppe einfach ist. Diese G_{60} ist nämlich mit der alternierenden Gruppe A_5 isomorph. Um das zu bestätigen, betrachtete KLEIN die Mittelpunkte der 30 Kanten des Ikosaeders als die Eckpunkte von fünf Oktaedern. Unter den 60 Drehungen der Ikosaedergruppe werden dann diese fünf Oktaeder miteinander vertauscht, und daraus ergibt sich, daß diese G_{60} zur Gruppe A_5 der geraden Vertauschungen von fünf Symbolen isomorph sein muß.

KLEIN studierte ferner die erweiterte Ikosaedergruppe. Sie besteht aus 120 Elementen, nämlich aus den 60 Drehungen der G_{60}, erweitert um die Spiegelungen, welche jeden Punkt der Kugel auf den entgegengesetzten Punkt abbilden. Dabei ist zu bemerken, daß diese G_{120} offenbar eine ganz andere Struktur als die symmetrische Gruppe S_5 besitzt, trotz des Umstandes, daß beide die A_5 als ausgezeichnete Untergruppe enthalten. Die erweiterte Ikosaedergruppe läßt sich als Produkt $G_{60} \times G_2$ schreiben, während andererseits S_5 bekanntlich keine ausgezeichnete Untergruppe der Ordnung zwei enthält.

Die Bedeutung der Ikosaedergruppe liegt vor allem darin, daß sie die Galoissche Gruppe einer Normalgleichung 60. Grades ist, der sogenannten Ikosaedergleichung. Nimmt man eine beliebige Wurzel ζ_0 dieser Ikosaedergleichung zusammen mit der adjungierten Größe ε, wobei $\varepsilon = e^{2\pi i/5}$ ist, dann können alle anderen Wurzeln durch Transformationen der Gruppe G_{60} erzeugt werden. Dabei lassen sich alle 60 Wurzeln in ζ_0 und ε rational ausdrücken. In der Sprache der Galoisschen Theorie ist die Ikosaedergleichung im Rationalitätsbereich von ε eine Galoissche Gleichung, deren Gruppe mit der Ikosaedergruppe isomorph ist.

Seit NIELS HENRIK ABEL und EVARISTE GALOIS hatte die Theorie der allgemeinen algebraischen Gleichung 5. Grades in den Forschungen vieler Mathematiker einen zentralen Platz eingenommen. Gegen Ende der 50er Jahre zeigten CHARLES HERMITE, BRIOSCHI und KRONECKER, wie man diese Gleichung so umformen kann, daß sie durch elliptische Modulfunktionen lösbar wird. KRONECKER ging noch weiter: im Jahre 1861 gab er ohne Beweis an, daß bei der Behandlung dieser Gleichung –

wie auch bei anderen höheren Grades – die Adjunktion akzessorischer Irrationalitäten (d. h. solcher Größen, welche nicht rational durch die Wurzeln der Gleichung ausdrückbar sind) nicht zu vermeiden ist. Im Falle der Gleichung 5. Grades braucht man eigentlich nur eine Irrationalität zu adjungieren.

Den Beweis dieses Satzes von Kronecker konnte Klein mit Paul Gordans Hilfe im Herbst 1876 finden. Er veröffentlichte ihn zusammen mit verwandten Ergebnissen in seiner ausführlichen Arbeit „Weitere Untersuchungen über das Ikosaeder" im Band 12 der „Mathematischen Annalen". Dabei zeigte er, daß die allgemeine Gleichung 5. Grades keine rationalen Resolventen mit nur einem Parameter hat. Durch Verwendung einer geeigneten Tschirnhaus-Transformation brachte Klein die ursprüngliche Gleichung auf die Form:

$$y^5 + 5ay^2 + 5by + c = 0 \, .$$

Dabei müssen zwei Bedingungen erfüllt werden, nämlich, daß die Wurzelsumme und die Wurzelquadratsumme gleichzeitig verschwinden. Klein nannte dies die Hauptgleichung 5. Grades. Davon ausgehend konnte er zeigen, daß sich die fünf Wurzeln der Hauptgleichung explizit durch die akzessorische Irrationalität der Ikosaedergleichung darstellen lassen.

Die Verbindung zwischen diesen rein algebraischen Gedankengängen und der Riemannschen Funktionentheorie gelang Klein nun folgendermaßen. Er betrachtete die Theorie der Ikosaedergleichung als einen besonderen Fall der Theorie der Schwarzschen s-Funktionen. Solch eine s-Funktion oder „Dreiecksfunktion" $s\,(\lambda, \mu, \nu; z)$ hängt von drei Parametern λ, μ, ν ab. H. A. Schwarz hatte sie 1872 in einer Arbeit, die im Crelleschen Journal veröffentlicht worden ist, eingeführt. Beginnend mit einer konformen Abbildung der oberen z_1-Kugel auf ein Kreisbogendreieck in der z_2-Kugel, verfolgte Schwarz den weiteren Verlauf von z_2 durch die Verwendung des „Spiegelungsprinzips". In dem besonderen Fall $s\,(\lambda, \mu, \nu; z_1) = s\,(1/3, 1/2, 1/5; z_1)$ liefert diese Konstruktion ein Netz von 120 abwechselnd schraffierten bzw. nicht schraffierten Dreiecken auf der z_2-Kugel. Dies entspricht genau derjenigen Zerlegung der umbeschriebenen Kugel des Ikosaeders in Dreiecke, die sich ergibt, wenn man die Diskontinuitätsbereiche unter denjenigen 120 symmetrischen Bewegungen betrachtet, welche das Ikosaeder mit sich selbst zur Deckung bringen. Folglich wird durch diese mehrdeutige Funktion $s\,(1/3, 1/2, 1/5; z_1)$ jeder Punkt der z_1-Kugel auf 60 Punkte der z_2-Kugel abgebildet: die obere Halbebene auf jedes der schraffierten Dreiecke, die untere Halbebene auf jedes der 60 unschraffierten Dreiecke. Es folgt daher, daß $s^{-1}\,(z_2)$ eine eindeutige rationale Funktion R_{60} vom 60. Grade ist, bei der je 3, 2 oder 5 Dreieckpaare auf der z_2-Kugel zusammenstoßen. Damit erhält man eine 60blättrige Riemannsche Fläche mit Verzweigungspunkten der Ordnungen 3, 2, 5 an den Stellen 0, 1, ∞. Diese Punkte entsprechen jeweils dreifachen, zweifachen und fünffachen Wurzeln der Funktion R_{60}.

Hiermit hatte Klein den Anschluß zur Funktionentheorie erreicht, auf den er sich bei seinen weiteren Untersuchungen vielfach stützen konnte. Er stellte die Funktion R_{60} in der folgenden Form dar:

$$z_1 : z_1 - 1 : 1 = \varphi_{20}^3 : \psi_{30}^2 : \chi_{12}^5 \, ,$$

wobei φ, ψ, χ Polynome angegebenen Grades in z_2 sind. Diese Polynome hatte

Schwarz zwar schon berechnet, aber Klein erreichte eine einfachere Darstellung und zeigte ihren inneren Zusammenhang mit der Theorie der algebraischen Formen. Zuerst bestimmte er die Grundform f, welche – gleich Null gesetzt – die 12 Ecken des Ikosaeders darstellt. Nach einem bekannten Verfahren aus der Invariantentheorie erhält man dann aus f die zwei Kovarianten H und T:

$$H = \frac{1}{121} \begin{vmatrix} f_{11} & f_{12} \\ f_{21} & f_{22} \end{vmatrix}, \qquad T = \frac{1}{20} \begin{vmatrix} f_1 & f_2 \\ H_1 & H_2 \end{vmatrix}.$$

Die Form f ist vom 12. Grade; deshalb muß die Hessesche Form H vom 20. Grade sein, während die Funktionaldeterminante T notwendig vom 30. Grade ist. Klein entdeckte nun ein ganz elegantes geometrisches Argument, um zu beweisen, daß H und T identisch mit φ bzw. ψ sind. Im allgemeinen wird bei den Transformationen der Gruppe G_{60} ein Punkt auf der z_2-Kugel 60 verschiedene Stellen annehmen. Klein bemerkte aber, daß es ausgezeichnete Punktmengen gibt, für welche dieses Verhalten nicht zutrifft, z. B. die 20 Eckpunkte des polaren Pentagondodekaeders und die 30 Kantenmittelpunkte. Diese Erwägungen führten ihn unmittelbar zu der Erkenntnis, daß die Formen H und T notwendig mit den Formen φ und ψ übereinstimmen. Er konnte daher diese letzteren explizit ausrechnen und bekam daraus die Ikosaedergleichung in der Form:

$$z : z - 1 : 1 = H^3 : -T^2 : 1728 f^5$$

oder

$$H^3 + T^2 - 1728 f^5 = 0.$$

Seine gleichungstheoretischen Arbeiten haben Klein naturgemäß auf das Gebiet der elliptischen Modulfunktionen geführt. Diese sind in der oberen Halbebene definierte meromorphe Funktionen, die gegenüber den Transformationen der Modulgruppe PSL(2, $\mathbb{Z}$) invariant sind;

$$\mathrm{PSL}(2,\,\mathbb{Z}) = \left\{ z \to \frac{az + b}{cz + d},\ a,\, b,\, c,\, d \in \mathbb{Z},\ ad - bc = 1 \right\}.$$

Gauss und Riemann hatten diese Funktionen bereits studiert, und Dedekind inter-

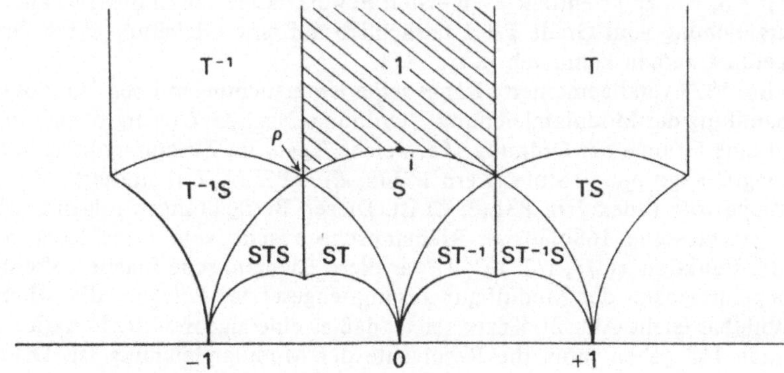

pretierte sie 1877 im Zusammenhang mit der berühmten Modulfigur (siehe Abb. 1). Klein war es aber, der die gruppentheoretische Bedeutung dieser Behandlungsweise verdeutlichte. Er wurde durch seine Beschäftigung mit der Gleichung sechsten Grades, welche auf Vorschlag Brioschis Jacobische Gleichung genannt wurde, auf dieses Gebiet geführt. Diese Gleichung hatte Kronecker schon 1858 verwendet, um zu zeigen, daß die allgemeine Gleichung fünften Grades mittels elliptischer Funktionen und elliptischer Modulfunktionen lösbar ist.

Wie die Theorie der Ikosaedergleichung, so ordnet sich auch die Theorie der elliptischen Modulfunktionen unter den Begriff der Schwarzschen Dreiecksfunktion ein, und zwar kommt in diesem Fall die Funktion $s(1/3, 1/2, 0; J)$ in Betracht. Hier ist J die absolute Invariante $\left(J = \dfrac{g_2^3}{\Delta} \text{ mit } \Delta = g_2^3 - 27 g_3^2\right)$, wodurch alle Modulfunktionen rational darstellbar sind. Dabei sind

$$g_2 = ae - 4bd + 3c^2 \quad \text{und}$$
$$g_3 = ace + 2bcd - ad^2 - b^2 e - c^3$$

Invarianten einer binären Form vierten Grades

$$f_4 = ax_1^4 + 4b_1 x_1^3 x_2 + 6c x_1^2 x_2^2 + 4d x_1 x_2^3 + e x_2^4.$$

J ist eine eindeutige Funktion des Orbitraums der Modulfigur. J nimmt übrigens die Werte $J(\varrho) = 0$, $J(i) = 1$ und $J(\infty) = \infty$ an, wobei $\varrho = \dfrac{-1 + i\sqrt{3}}{2}$ ist.

Die absolute Invariante J wurde zuerst von Dedekind aufgestellt, der sie als val(ω) (Valenz) bezeichnete, und gewann danach durch Kleins Arbeiten fundamentale Bedeutung. Die bereits erwähnte Korrespondenz zwischen Klein und Brioschi begann mit einem Brief vom 6. April 1877, worin Klein mitteilte, daß die besondere Form der Jacobischen Gleichung sechsten Grades, welche Kronecker bei seinen Untersuchungen von 1858 benutzt hatte, im wesentlichen von der absoluten Invariante J abhängt [52, Bd. 3, S. 10–12].

Galois hatte schon 1832 den Satz ausgesprochen, daß die Gruppe der Modulargleichung p-ter Ordnung vom Grade $p + 1$, wobei p Primzahl ist, identisch mit der Gruppe PSL$(2, \mathbb{Z}/p\,\mathbb{Z})$ ist. Diese Gruppe ist von der Ordnung $p(p^2 - 1)/2$. Galois behauptete ferner, daß sie für $p > 3$ einfach ist und eine Untergruppe vom Index p nur für $p = 5$, 7 oder 11 enthält. Den ersten Beweis dafür, daß in diesen Fällen die Modulargleichung vom Grade $p + 1$ tatsächlich auf eine Gleichung p-ten Grades zurückgeführt werden kann, gab Betti 1853.

Im Jahre 1878 verallgemeinerte Klein seine Untersuchungen über das Ikosaeder zur Behandlung der Modulargleichung 7. Ordnung. Nach Galois ergibt sich in diesem Fall eine Gruppe der Ordnung 168, welche Klein im Zusammenhang mit der Hauptkongruenzgruppe 7. Stufe (Kern PSL$(2, \mathbb{Z}) \rightarrow$ PSL$(2, \mathbb{Z}_7)$) studierte, die eine Untergruppe vom Index 7 in PSL$(2, \mathbb{Z})$ ist. Diesen Betrachtungen folgend, erhielt er eine geschlossene 168blättrige Riemannsche Fläche vom Geschlecht $p = 3$. Durch die Funktion $s(1/3, 1/2, 1/7; J)$ war diese Riemannsche Fläche auf ein aus 168 Doppeldreiecken der Modulfigur zusammengesetztes Polygon, die „Hauptfigur", abbildbar (siehe Abb. 2). Klein zeigte, daß es eine algebraische Funktion $z(J)$ vom Grade 168 geben muß, die Resolvente der Modulargleichung ist. Die Rie-

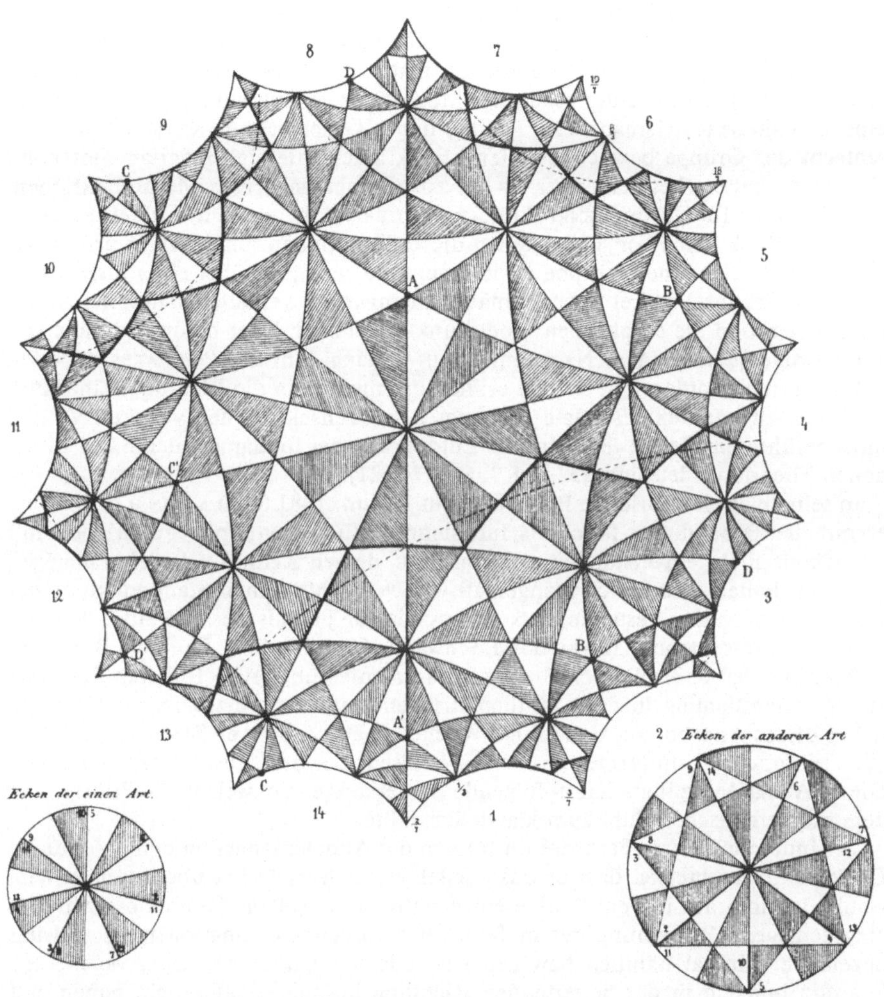

mannsche Fläche interpretierte er als algebraische Kurve 4. Ordnung, deren geometrische Eigenschaften – Bitangenten, Wendepunkte usw. – er von der Hauptfigur ablesen konnte.

Sein Erfolg bei der Behandlung der Modulargleichung für den Fall $p = 7$ wie auch für $p = 11$ veranlaßte KLEIN, ein neues gruppentheoretisch-geometrisches Programm der elliptischen Modulfunktionen aufzustellen. Der Ausgangspunkt hierfür war die Untersuchung der sogenannten Hauptkongruenzgruppe n-ter Stufe (Kern $(\mathrm{PSL}(2, \mathbb{Z}) \to \mathrm{PSL}(2, \mathbb{Z}_n))$. Im Zusammenhang damit betrachtete er die durch die Gruppenoperation bewirkten Randidentifikationen eines Fundamentalpolygons, das aus gewissen Doppeldreiecken der Modulfigur gebaut wurde. Daraus entsteht eine geschlossene Riemannsche Fläche, deren Geschlecht p Klein als das Geschlecht der Gruppe bezeichnete. Jene Funktionen, die sich invariant unter der Gruppe verhalten, betrachtete er als die zur Gruppe gehörigen Modulfunktionen.

Im Februar 1881 legte Henri Poincaré erstmals Arbeiten zum Gebiet der automorphen Funktionen vor. Den Namen dieser Funktionen führte Klein erst später ein. Es sind solche meromorphe Funktionen, die sich gegenüber einer diskontinuierlichen Gruppe linearer Transformationen invariant verhalten. Die elliptischen Funktionen und die elliptischen Modulfunktionen sind daher besondere Fälle von automorphen Funktionen. Nachdem Klein Anfang Juni auf Poincarés Arbeiten aufmerksam geworden war, schrieb er ihm, um mehr über die Richtung seiner Forschungen zu erfahren. Es folgte ein reger Briefwechsel, der den weiteren Verlauf ihres berühmten Wettbewerbs um die Entdeckung der fundamentalen Sätze dieser neuen Theorie verdeutlicht [52, Bd. 3, S. 587–621].

In seinem zweiten Brief an Poincaré vom 19. Juni 1881 teilte Klein u. a. mit, daß er mit der Benennung „fonctions fuchsiennes" für automorphe Funktionen mit Grenzkreis nicht einverstanden sei. Poincaré, dessen Kenntnis der einschlägigen Literatur damals erstaunlich mangelhaft war, versuchte seinen Standpunkt zu verteidigen, mußte aber gestehen, daß „il est clair que j'aurais pris une autre denomination si j'avais connu le travail de M. Schwarz" [52, Bd. 3, 594]. In einem Brief vom 4. Dezember bat Klein Poincaré, eine Zusammenfassung seiner früheren Resultate zur Veröffentlichung in den „Mathematischen Annalen" einzureichen. Poincaré nahm dieses Angebot an, und einige Wochen später sandte er Klein seine Arbeit „Sur les fonctions uniformes qui se reproduisent par des substitutions linéaires". Dieser Abhandlung fügte Klein folgende Bemerkungen an, welche die Priorität vor dem mathematischen Publikum klarstellen sollte:

„… Indem ich Herrn Poincaré im Namen der Annalenredaction den besonderen Dank dafür ausspreche, dass er uns vorstehenden Aufsatz hat überlassen wollen, glaube ich ihm nur in dem Punkte entgegentreten zu sollen, dass ich die von ihm vorgeschlagene Benennung der in Betracht kommenden Functionen als verfrüht bezeichne. Einmal nämlich bewegen sich alle die Untersuchungen, welche Hr. Schwarz und ich in der betreffenden Richtung bislang veröffentlicht haben, auf dem Gebiete der ‚fonctions fuchsiennes‘, über die Hr. Fuchs selbst nirgends publicirt hat. Andererseits habe ich über die allgemeineren Functionen, welche Hr. Poincaré mit meinem Namen in Verbindung bringt, von mir aus bisher nichts drukken lassen; ich habe nur gelegentlich Herrn Poincaré auf die Existenz dieser Functionen aufmerksam gemacht. … alle die hier in Frage kommenden Untersuchungen, und zwar sowohl diejenigen, welche ein geometrisches Gepräge besitzen, als auch die mehr analytischen, die sich auf die Lösungen linearer Differentialgleichungen beziehen, [gehen] auf Riemann'sche Ideenbildungen zurück … Der Zusammenhang ist ein so enger, dass man behaupten kann, es handele sich bei Untersuchungen im Sinne des Hrn. Poincaré geradezu um die weitere Durchführung des allgemeinen functionentheoretischen Programm's, welches Riemann in seiner Doctordissertation aufgestellt hat" [88, S. 104–105].

So lieb es ihm auch gewesen wäre, Poincaré konnte diese Herausforderung nicht einfach ignorieren. Deshalb bat er Klein um die Möglichkeit, seinen Standpunkt rechtfertigen zu können. Einige Tage später schickte er ihm einen Brief zur Erklärung, der im Band 20 der Annalen gedruckt wurde. Inzwischen hatte aber Fuchs schon eine Note in den „Göttinger Nachrichten" veröffentlicht, in welcher er versuchte, Kleins Ausführungen zu widerlegen. Klein bemerkte hierzu in einem Brief an Poincaré, daß er die Argumentation von Fuchs als „ganz verfehlt bezeichnen muß" [52, Bd. 3, S. 608]. Poincaré seinerseits wollte eigentlich nichts mehr von dieser Affäre hören und begrüßte daher Kleins Entschluß, die Sache nicht weiter zu betreiben, mit dem Zitat aus Goethes „Faust": „Name ist Schall und Rauch" [52, Bd. 3, S. 611].

Im Brief an Mayer vom 29. März 1882 berichtete Klein von seiner Entdeckung des sogenannten Grenzkreistheorems (Brief 84). Die dort erwähnte Funktion $\eta(J)$ ist dieselbe wie die obige $s(1/3, 1/2, 0; J)$. Kleins Verallgemeinerung, die er aus der „Hauptfigur" abgeleitet hat, kann man folgendermaßen ausdrücken: Gegeben seien n Stellen $a_1, a_2, \ldots, a_n$ der z-Ebene mit den Verzweigungsordnungen $e_1, e_2, \ldots, e_n$. Dann gibt es eine und im wesentlichen nur eine eindeutig-umkehrbare Funktion $s(1/e_1, \ldots, 1/e_n; z)$, welche die zugehörige Riemannsche Fläche schlicht auf einen Fundamentalbereich F der s-Ebene abbildet. Die inverse Funktion $z(s)$ ist nur innerhalb eines Kreises der s-Ebene definiert, welcher als Grenzbild des Fundamentalbereiches F durch die Transformationen der zugehörigen Gruppe entsteht. Durch $z(s)$ wird die Riemannsche Fläche uniformisiert (vgl. [52, Bd. 3, S. 627–629], [59, S. 252–254]).

Viele Jahre später hat Klein die Entdeckung dieses Theorems folgendermaßen geschildert:

„Entsprechend der damaligen Anschauung der Ärzte faßte ich den Entschluß, Ostern 1882 wieder an die Nordsee zu gehen, und zwar nach Norderney ... Ich habe es dort aber nur acht Tage lang ausgehalten, denn die Existenz war zu kümmerlich, da heftige Stürme jedes Ausgehen unmöglich machten und sich bei mir starkes Asthma einstellte. Ich beschloß, schleunigst in meine Heimat Düsseldorf überzusiedeln. In der letzten Nacht vom 22.–23. März, die ich wegen Asthma auf dem Sofa sitzend zubrachte, stand plötzlich um $2\frac{1}{2}$ Uhr das Zentraltheorem, wie es durch die Figur des 14Ecks ... ⌊die ‚Hauptfigur'⌋ eigentlich schon vorgebildet war, vor mir. Am folgenden Vormittag in dem Postwagen ... durchdachte ich das, was ich gefunden hatte, noch einmal bis in alle Einzelheiten. Jetzt wußte ich, daß ich ein großes Theorem hatte" [56, Bd. 1, S. 379].

Dieser Wettbewerb mit Poincaré erforderte allerdings große psychische Anstrengungen von Klein, und er mußte einen hohen Preis für seinen Versuch bezahlen, mit dem französischen Mathematiker Schritt zu halten. Im November 1882 war Klein aus gesundheitlichen Gründen gezwungen, seine Lehrtätigkeit einzustellen. Kurz zuvor hatte er seine lange Abhandlung „Neue Beiträge zur Riemannschen Funktionentheorie" beendet, welche viel Kraft gekostet hatte. Erst nach einer langen Genesungsperiode konnte er sich wieder der wissenschaftlichen Arbeit widmen.

Die produktivste Zeit mathematischer Forschung lag jedoch bereits hinter ihm. Er richtete nun sein Augenmerk verstärkt auf die Ausarbeitung von Spezialvorlesungen in sogenannten autographierten Vorlesungsheften zur Mathematik (vgl.

auch [58]). Seit 1892 legte er das Hauptgewicht seiner Tätigkeit ganz bewußt auf Fragen der Organisation des mathematisch-naturwissenschaftlichen Unterrichts an der Universität Göttingen. Abgestimmt mit dem preußischen Kultusministerium und mit Vertretern aus Technik und Industrie (vgl. auch [77]) initiierte und unterstützte er vor allem Maßnahmen, welche die Anwendungen der Mathematik fördern sollten. Dabei wurde er auch zum maßgeblichen Initiator einer Unterrichtsreform, die um die Jahrhundertwende internationalen Charakter annahm.

Sophus Lie

A. Hurwitz

MATHEMATISCHE ANNALEN.

BEGRÜNDET 1868 DURCH

ALFRED CLEBSCH UND CARL NEUMANN.

Unter Mitwirkung der Herren

PAUL GORDAN, CARL NEUMANN, MAX NOETHER,
KARL VONDERMÜHLL, HEINRICH WEBER

gegenwärtig herausgegeben

von

Felix Klein
in Göttingen

Walther Dyck
in München

Adolph Mayer
in Leipzig.

42. Band.

LEIPZIG,

DRUCK UND VERLAG VON B. G. TEUBNER.

1893.

Korrespondenz Felix Klein – Adolph Mayer
Auswahl aus den Jahren 1871–1907

1. F. Klein an A. Mayer

Göttingen, 19. 10. 1871

Geehrter Herr Doctor!

Vielleicht erinnern Sie sich, daß wir vergangene Ostern davon sprachen, wie wünschenswerth es sei, in nicht zu ferner Zeit eine Mathematikerversammlung [1]) zu Stande zu bringen. Seitdem habe ich mich etwas umgehört und den Eindruck gewonnen, daß eine Versammlung im nächsten Frühjahr, etwa zur Pfingstzeit von vielen Seiten mit Vergnügen begrüßt werden würde. Clebsch, der übrigens dieser Tage nach Leipzig kommt, ist auch ganz für den Plan eingenommen. Ich möchte nun mit gegenwärtigem Briefe an Sie die Anfrage richten: ob Sie gesonnen wären, ev. die Sache mit in die Hand zu nehmen. Ich habe in gleichem Sinne an Noether in Heidelberg geschrieben, den ich persönlich genau kenne. Wir drei: Sie, Noether und ich würden dann ev. ein Comite "behufs Abhaltung einer Mathematikerversammlung" bilden. Als bester Ort für eine solche Versammlung scheint mir Thüringen, etwa, wie Clebsch meint, Koesen. Als ein Hauptprincip möchte ich vorschlagen, so lange, wie zu erwarten steht, die Zahl der Theilnehmer nicht zu beträchtlich ist: Möglichst wenig Schematismus. - Doch würde man über solcher Dinge ja noch lange hin und her correspondiren können, da bis Pfingsten noch geraume Zeit ist.

Ich würde mich sehr freuen, wenn Sie den Gedanken einer solchen Versammlung aufgreifen und bereits jetzt in Ihrem Kreis verbreiten wollten. - ...

Also in der Hoffnung, daß im nächsten Jahre die Versammlung zu Stande kommt und mit den besten Grüßen

Ihr ergebenster

Felix Klein

Ps. Darf ich bitten, mich Neumann bestens zu empfehlen!

D. ob.

---

[1]) Vgl. Abschnitt 4. der Einleitung.

2. F. Klein an A. Mayer

Göttingen, 5. 11. 1871

Werther Herr College!

Von Noether erhielt ich endlich diese Tage einen Brief, der dahin geht, daß er allerdings mit Vergnügen an den Vorbereitungen zu einer Mathematikerversammlung Theil nehmen würde, daß er aber augenblicklich durch häusliche Verhältnisse (verschiedenes Unwohlsein etc.) gehindert wäre. Im Nothfalle schlägt er Lueroth als Ersatzmann vor. Ich glaube kaum, daß die hindernde Abhaltung so lange dauern wird, daß sie wirklich störend für das Zustandekommen der Versammlung sein kann, und betrachte also Noether, trotz seines Vorbehaltes, mit Ihnen und mit mir zusammen als "Actions-Comité".

Mit Ihrem Vorschlage, Eisenach statt Kösen zu wählen, bin ich sehr einverstanden. Auch Noether stimmt mit der Wahl Eisenach überein. Gleichfalls wird von Noether und mir der von Neumann formulierte Vorschlag: nur ja keine Vorträge zu halten, mit Freuden begrüßt. Wir könnten also wohl das Wesen der Versammlung dahin präzisiren: dieselbe findet in den Pfingstferien in Eisenach statt, und bezweckt, durch ungezwungenen Verkehr, die Mathematiker, die sie besuchen, in Verbindung zu bringen.

Noether macht einen weiteren Vorschlag, den ich sehr gut finde, nämlich womöglich noch einen vierten Mathematiker in das Comité zu ziehen, der zu dem Berliner Kreise gehört. Noether selbst ist in Berlin nicht bekannt; ich kenne wohl Thomé, von dem ich aber nicht weiß, ob er sich einem solchen Comité anschließen würde. Andererseits habe ich an Cantor [1]) in Halle gedacht. Es würde auch schön sein, wenn man Ohrtmann und F. Mueller, die Herausgeber der Fortschritte, für das Unternehmen interessiren könnte. Ich stehe mit Ohrtmann etwas in Verbindung und denke ihm zu schreiben, so wie wir über die Frage, ob Cantor oder irgend sonst Jemand sich der Sache anschließt, klar sind. Man würde sich nämlich bei der Versammlung der für die "Fortschritte" nöthigen Referate etwas bemühen können. Die Idee der Fortschritte scheint mir recht gut, die Ausführung bisher aber noch vielfach mangelhaft.

Letzten Montag war Rosanes hier, der versprach, wenn möglich Theil zu nehmen; durch ihn werden wohl Schroeter und Pasch davon hören. [2]) - Minnigerode, der sich auch anschließt, will Weihnachten die Leipziger Reise ausführen; er hat mich nicht gerade beauftragt, dies zu schreiben, aber er äußerte sich so, daß ich es für sicher halte.

Darf ich bitten, den Gruß von Neumann bestens zu erwidern?

Mit herzlichen Grüßen
Ihr
Felix Klein

[1]) GEORG CANTOR lehnte die Mitarbeit ab, vgl. Brief 4.

[2]) Von den hier erwähnten Mathematikern nahm nur MORITZ PASCH an der Versammlung 1873 in Göttingen teil, während JACOB ROSANES und HEINRICH SCHROETER der Einladung nicht folgten.

3. F. Klein an A. Mayer

Göttingen, 30. 11. 1871

Werther Herr College!

Ihren Brief vom 11. Nov./ember/ hatte ich noch nicht beantwortet, weil ich an Cantor [1]) in dem bewußten Sinn geschrieben hatte, dieser aber noch kein Lebenszeichen von sich gegeben hat. Diese Verzögerung kann zufällig sein, sie kann aber auch - und dies möchte ich vermuthen - mit der Absicht, die man, wie ich vor kurzem erfuhr, in Berlin hatte, Ostern in Berlin eine Mathematikerversammlung zu Stande zu bringen, zusammenhängen. Ich erfuhr von dieser Absicht durch Noether, der sie von Koenigsberger hörte, welchem sie Dubois [2]), der Herbst in Berlin war, erzählt hatte. Ich habe Noether geantwortet, daß mir dieser (nur sehr unbestimmt vorgetragenen) Absicht gegenüber Abwarten das Allergeeignetste scheine, um so mehr, als ich bereits in unserem Sinne an Cantor geschrieben und dieser also reagieren müsse, wodurch sich die Situation von selbst klären würde. - Ich hatte erwartet, daß diese Reaction schneller erfolgte; da das nicht ist, beeile ich mich, Ihnen von dem Stand der Sache zu erzählen, um so mehr, als Ihnen vielleicht (wie ich aus einer Notiz von Neumann schließe, die dieser an Clebsch schickte) das ganze Berliner Project unbekannt geblieben war.

Mit den besten Grüßen
Ihr Felix Klein

[1]) KLEIN hatte am 12. November 1871 an CANTOR geschrieben. Die Antwort traf am 1. Dezember bei KLEIN ein.

[2]) Damit war PAUL DU BOIS-REYMOND gemeint.

4. F. Klein an A. Mayer

Göttingen, 1. 12. 1871

Werther Herr College!

Gestern schrieb ich Ihnen, daß Cantor nicht reagire; natürlich erhalte
ich heute die fragl./iche7 Antwort. Ich lasse den Cantorschen Brief
hier in Copie [1]) folgen; Sie erfahren daraus: einmal, daß er mit der
Sache nichts zu thun haben will, zweitens, daß es mit einem bestimmten
Projecte, Ostern eine allgemeinere Versammlung in Berlin zu Stande zu
bringen, wohl nichts ist. Also sind wir nach dieser Seite vollständig
frei und ungehindert, und halten, denke ich, an unserem ursprünglichen
Plane fest. Hiermit wären überhaupt wohl die Präliminarverhandlungen
abgeschlossen, und es würde sich nun allmählich darum handeln, über
die Form des Circular's etc. die Meinungen auszutauschen, wozu ja aber
noch sehr viel Zeit ist.

Mit bestem Gruße

Ihr Felix Klein

[1]) KLEINs handschriftliche Abschrift des CANTOR-Briefes befindet sich
bei diesem Brief an A. MAYER.

5. F. Klein an A. Mayer

Göttingen, 8. 12. 1871

Werther Herr College!

Hinsichtlich unseres gemeinsamen Projectes habe ich heute nichts Wesentliches mitzutheilen, da wir uns ja in der Periode des Abwartens
befinden. Ich hatte nur einen Brief von Ohrtmann, in welchem er sich
mit ganzer Sache für unser Project erklärt. Er macht nur einige Abän-
derungsvorschläge, über die man allerdings würde nachdenken können.
Eisenach, meint er, sei zur Zeit (Pfingsten) von Touristen über-
schwemmt. Er schlägt, der Wohnungen wegen, eine Universitätsstadt,
Goettingen oder Jena zum Orte vor. Dann meint er, der Mangel alles Officiellen sei doch wohl nicht zu befürworten, obwohl auch er nicht für
Vorträge sei. - Offenbar hängt diese Frage wesentlich mit der Zahl der
zu erwartenden Theilnehmer zusammen.

Kommen nur 10 Mann, so ist jede officielle Einrichtung wie ein Bureau
etc. lächerlich; kommen aber, wie Ohrtmann meint, 50, so ist die Sache

wesentlich anders.

- Alles in Allem scheint es je länger je mehr wünschenswerth, daß wir
in den Osterferien persönliche Conferenzen halten; ein Gedanke, den
ich hier wenigstens ausgesprochen haben möchte. Dazu wird sich ja wohl
einmal Gelegenheit finden; entweder komme ich nach Leipzig, oder Sie
besuchen uns hier in Göttingen?

Doch die eigentliche Sache, wegen deren ich augenblicklich schreibe,
ist ganz anderer Art. Sie werden wohl schon das 4te Heft 1871 von Darboux's Bulletin [1]) zu Gesicht bekommen haben mit dem Aufsatz von J. A.
Serret über das Princip der kleinsten Wirkung. So viel ich nach einer
flüchtigen Vergleichung sehen kann, sind das dieselben Sachen, und Resultate, wie Sie sie unter anderen in Ihrer Habilitationsschrift gegeben haben. Ich würde dies kurz an Darboux mitgetheilt haben (mit dem
ich öfter correspondire, obwohl ich unschuldig daran bin, daß er Ihnen
den einen Aufsatz zugeschickt hat), wenn ich nicht fürchten müßte, daß
Darboux nicht selbst eine bez. Reclamation machen kann, da J. A. Serret
ein großer Mann ist, der im Redactions-Comité des Bulletin sitzt. Würden Sie sich unter solchen Umständen nicht in einer directen Reclamation an Darboux wenden können, die Sie ihn bitten, in sein Bulletin
aufzunehmen? Wenn dies unter angenehmer Form geschieht, wird Darboux
eine solche Reclamation sogar willkommen sein können (es sieht ganz so
aus, als wäre ihm der Serret'sche Aufsatz octroyirt); auch wäre es eine Gelegenheit, um die Geschichte der zweiten Variation etwas zu skiz-
ziren. Ich sprach Clebsch hiervon; er schien persönlich dabei interessirt, da Serret außer Euler und Lagrange überhaupt Niemanden, geschwei-
ge denn Clebsch, citirt. - Haben nicht übrigens auch Thomson-Tait in
ihrer theoretischen Physik [2]) neue Sachen, die in dieser Richtung liegen?

Mit besten Grüßen

Ihr Felix Klein

---

[1]) Zu GASTON DARBOUX, bedeutender Vertreter der Differentialgeometrie
in Frankreich, hatte KLEIN seit seinem Studienaufenthalt 1870 in
Paris engen Kontakt. DARBOUX gab seit 1870 das "Bulletin des sciences mathématiques et astronomiques" (Paris) heraus. Der Beitrag von
J.-A. SERRET heißt: Mémoire sur le principe de la moindre action.
2(1871), 97 - 124, 244 - 246.

[2]) THOMSON, W.; TAIT, P.: Treatise on Natural Philosophy. Oxford 1867.
Das Buch erschien 1871 auf Veranlassung von Helmholtz in deutscher
Übersetzung. KLEIN verwendete es für seine Vorlesungsreihe "Wechsel-
wirkung der Naturkräfte", die er im WS 1871/72 als Privatdozent an
der Universität Göttingen hielt. Er schrieb später über dieses Buch:
"Als Ganzes gesehen bedeutet der Thomson-Tait ein äußerst gedanken-
reiches Werk, welches, immer auf die konkrete Erfassung der wirklichen Bewegungsvorgänge abzielend, dem Typus der Kirchhoffschen Mechanik genau entgegengesetzt ist" [56, Bd. 1, S. 237 f.].

6. F. Klein an A. Mayer

Göttingen, 26. 6. 1872

Lieber Professor!

Das Sommersemester geht nun bald zu Ende und man fängt an, Reisepläne
für den Herbst zu machen. Da ist dann zunächst die Naturforscherversammlung in Leipzig, die von hier aus gut mitzunehmen wäre, weil sie
nach Zeit und Ort bequem liegt. Ich möchte dieselbe deshalb jedenfalls
besuchen, um so mehr, als man sich bei dieser Gelegenheit über ein Programm zu unserer nächstjährigen Mathematikerversammlung würde einigen
können. Wohl mit in Rücksicht auf diesen Punkt scheint auch Clebsch
nicht übel Lust zu haben, mitzureisen; es würde das dem Projecte einen
erfreulichen Aufschwung geben. Sie würden uns sehr verbinden, wenn Sie
uns Auskunft geben könnten, wo und wie wir uns zu melden haben etc.
Würde Neumann dort sein, der Ostern davon plauderte, für die Versamm-
lungszeit wegzureisen? ... Ich begreife vollständig, daß Sie in Leipzig die Versammlungen nun bald leid sind; aber wenn wir Anderen nicht
nach Leipzig kämen, wie sollte man sich treffen? Daß Jemand von Leipzig zu Besuch hierher gekommen wäre, dürfte kaum in den letzten Jahren
geschehen sein, trotzdem es doch so schön wäre, auch einmal hier die
gemeinsamen Interessen besprechen zu können. Darum müssen Sie schon zu
gut halten, wenn wir Sie wiederholt belästigen; wir wünschen nichts
mehr, als uns Ihnen gelegentlich dankbar erweisen zu können.

Als ich das letzte Mal von Leipzig abreiste, war mir die Zeit nun doch
zu kurz geworden, um Ihren Vater aufsuchen und ihm meinen Dank aussprechen zu können für den schönen Mittag, den wir in seinem Hause ver-
brachten. Darf ich bitten, mich ihm, wie Ihrer Frau Gemahlin, so wie
Neumann und v. d. Muehll, falls Sie sie sehen sollten, bestens empfehlen zu wollen? Mit den besten Grüßen und in der Hoffnung, Sie in nicht
zu ferner Zeit in Ihrer neuen Häuslichkeit besuchen zu können.

Ihr Felix Klein

7. F. Klein an A. Mayer

Göttingen, 28. 8. 1872

Verehrter Freund!

Als ich eben, um Ihnen zu schreiben, nach Ihrem letzten Briefe suchte,
entdeckte ich mit Schrecken, daß derselbe schon ganze 2 Monate alt ist.

Die Verzögerung in meiner Antwort ist eine wahrlich unbeabsichtigte.
Im Juli war ich wesentlich von gesellschaftlichen Interessen in Anspruch genommen gewesen; ich arrangirte Landpartieen etc. und dachte
wenig an mathematische Gegenstände, so daß ich auch nur auf ausdrückliche Erinnerung von Clebsch wegen der Naturforscherversammlung
schrieb. Dann kam eine freilich nicht lange aber für mich sehr aufge-
regte Zeit. Sie werden bereits gehört haben, daß ich nach Erlangen an
die Pfaff'sche Stelle [1]) komme; ich habe mich freilich nicht lange zu
besinnen gehabt, ob ich, einmal vorgeschlagen, die Stelle annahm, denn
das verstand sich von selbst; aber die Sache kam so unverhofft, daß
ich zunächst an nichts Anderes denken konnte und das Beste war, was
ich denn auch gethan habe, daß ich meine Vorlesungen früh schloß und
mit einem Bekannten [2]) zusammen, der doch schon lange gedrängt hatte,
eine Tour nach Tirol machte, von der ich nun wieder zurückgekommen bin.
Ich fand hier Briefe von Ohrtmann und Kiepert [3]) vor, die beide die Mathematikerversammlung berühren, und es ist eben deßwegen, daß ich heute schreiben möchte. Es wird nämlich nachgerade nöthig, das zu thun,
was man bei der Naturforscherversammlung durch das allerdings gerecht-
fertigte Nicht-Erscheinen versäumt hat: die Vorberathung für die Mathematikerversammlung zum Abschlusse zu bringen und die bez. Einladungen etc. wenigstens dem Modus nach festzustellen. Ohrtmann präparirt
zu dem Zwecke eine Comité-Versammlung im Laufe des September; die Wahl
des Ortes und Festsetzung der Zeit läßt er mir frei; da habe ich ihm
denn in einem Briefe, den ich eben jetzt schrieb, als Ort Goettingen,
als Zeit den 22. September, einen Sonntag, vorgeschlagen. Maßgebend
war dabei der Umstand, daß Clebsch von hier nicht fort kann und doch
gern an den Berathungen wenigstens im Allgemeinen participiren würde.
Sollte es Ihnen passen, zu der Zeit herüber zu kommen, so würden Sie
auch Lie hier finden, der den 8. September circa hier eintrifft und
einige Wochen bleiben will. [4]) Es würde mir sehr interessant sein, Ihren Unterhaltungen über partielle Gleichungen anwohnen zu können, da
ich dann auch hoffen dürfte, allmählich etwas darüber zu erfahren. Ich
habe Ohrtmann und Kiepert gegenüber eine Reihe Vorschläge und Fragen
formuliert, mehr um zur Meinungsäußerung zu reizen, als um einer Feststellung vorzugreifen. Also etwa die folgenden

1) Der Zweck der Versammlung ist rein wissenschaftlich, nicht pädagogi-
   scher Art.
2) Die Form ist die bewußte anspruchslose ohne Vorträge etc. aber mit
   einem ausgearbeiteten Programm, welches eben die Vorversammlung
   festzusetzen hat.
3) Die Einladung erfolgt durch ein nunmehr aufzusetzendes Circular. Sie
   ist an Alle Universitäts- und Polytechnikenlehrer zu schicken; aber

welcher Modus ist bei den Gymnasiallehrern einzuhalten?

4) Die Absendung der Einladungen erfolgt um Weihnachten; Antwort ist
   bis Ende Februar erforderlich etc. etc.

5) Jedes Comité Mitglied wird gebeten, darüber nachzudenken, was sonst
   noch berathen werden muß oder unternommen werden kann.

Clebsch und ich würden uns gleichmäßig freuen, wenn Sie zum 22ten hierher kommen möchten; Sie kennen Göttingen noch nicht, es wird Sie hoffentlich nicht gereuen, uns hier aufzusuchen. - Darf ich noch bitten,
mich Ihrer Frau Gemahlin bestens empfehlen zu wollen. Namentlich auch
v. d. Muehll wollen Sie von mir grüßen, falls Sie ihn sehen, und ihm
den math./ematischen/ Inhalt dieser Zeilen mittheilen; vielleicht daß
er auch Lust hat, herüber zu kommen.

Ihr ergebenster

Felix Klein

---

[1]) Die Universität Erlangen war im Sommer 1872 ohne mathematischen
     Lehrbetrieb geblieben. Der Ordinarius HERMANN HANKEL hatte einen Ruf
     nach Tübingen angenommen; der Extraordinarius HANS PFAFF war ver
     storben. KLEIN erhielt auf Empfehlung von CLEBSCH sowie des Physi-
     kers EUGEN VON LOMMEL, KLEINs späterem Schwager, eine ordentliche
     Professur.

[2]) KLEIN reiste mit seinem schottischen Freund ROBERTSON SMITH aus
     Aberdeen (vgl. Brief KLEINs vom 28. Juli 1872 an OTTO STOLZ in [7]).

[3]) Mit LUDWIG KIEPERT war KLEIN seit seinem Studienaufenthalt in Ber-
     lin 1869 eng befreundet. KIEPERT war einer der wenigen, die er in
     Briefen duzte. Mit seiner Hilfe drang KLEIN in die Weierstraßsche
     Theorie der elliptischen Funktionen ein. Für beide war diese Theo-
     rie Ausgangspunkt für die Beschäftigung mit der Theorie der Glei-
     chungen fünften Grades in den Jahren 1877/78, vgl. [52, Bd. 2, S.
     257].

[4]) Vgl. Abschnitt 3. der Einleitung.

8. F. Klein an A. Mayer

Göttingen, 14. 9. 1872

Verehrter Freund!

Ihre freundlichen Zeilen, die uns Ihre Hierherkunft in sichere Aussicht
stellen, zusammen mit den Zusendungen betr. partielle Differentialgleichungen habe ich erhalten, als ich, selbst eben in Göttingen angekom-
men, mit dem auch soeben eingetroffenen Lie die ersten Unterhaltungen
hatte. Selbstverständlich haben wir seitdem, namentlich Lie und Clebsch,
viel über die Sache gesprochen und es beginnt etwas Klarheit in das
Verhältnis der beiderseitigen Arbeiten hinein zu kommen, so daß man
hoffen darf, bei Ihrer Anwesenheit werden Sie und Lie sich gegenseitig

verstehen.[1]) Wie mir Lie sagt, stimmen die 4 ersten Paragraphen Ihrer
Abhandlung nach Ihrem Inhalte mit den Betrachtungen, von denen er auch
ausgeht, identisch. [2]) Von da divergiren die Methoden. Während Sie eine Schwierigkeit direct überwinden, welche auch Lie entgegen getreten
war, und nun eine Methode haben, die auch auf das Pfaff'sche Problem
anwendbar ist, führt Lie einen neuen Gedanken ein, der das Entsprechende leistet, sofern es sich nur darum handelt, partielle Gleichungen
oder Systeme solcher zu lösen. -

Lie hat übrigens bis jetzt keine ausführliche Darstellung seiner Theorie gegeben, da er die letzten Sommermonate unpäßlich war: eine solche
will er jetzt vorbereiten und kommt dazu Ihr Hiersein sehr gelegen.
Doch Alles Nähere mündlich. Außer Ohrtmann u. Mueller kommt noch Brill
zum 22ten hierher, wir haben also eine kleine Mathematikerversammlung.
Ihrer Frau Gemahlin darf ich noch bitten freundliche Antwort auf ihre
Grüße bestellen zu wollen.

                                                             Ihr

                                                        Felix Klein

---

[1]) Mit der besprochenen "Sache" sind die Arbeiten von LIE und MAYER
     über partielle Differentialgleichungen 1. Ordnung gemeint, vgl. Ab-
     schnitt 3. der Einleitung.
[2]) Die Mayersche Arbeit (vgl. [79]) war am 30. August 1872 veröffent-
     licht worden.

9. F. Klein an A. Mayer

                                              Göttingen, 25. 12. 1872
Lieber Freund!

Neumann wird Ihnen wohl gelegentlich erzählt haben, daß ich in den Neu-
jahrstagen nach Leipzig zu kommen gedenke, um dort noch mancherlei auf
Clebsch Bezügliches zu ordnen und zu besprechen. [1]) Ich denke am 1. Januar von hier abzureisen, wo ich seit Sonntag bin, um dann am 4. weiter
nach Erlangen zu fahren. Während dieser Zeit möchte ich mit Ihnen aber
noch ein anderes Geschäft ordnen, das auf die Mathematikerversammlung
Bezug hat. Es hat sich eine auf den ersten Blick ziemlich gefährliche
Meinungsverschiedenheit darüber erhoben, ob nicht die aufgestellte Na-
menliste viel zu weit gegriffen und daher in hohem Maße zu reduciren
sei. Es standen Brill, Kiepert, Noether, denen ich im Allgemeinen beitrat, gegen Ohrtmann, Mueller, Lampe. [2]) Es ist mir nun nach ziemlich
mühsamer Correspondenz gelungen, auf den Vorschlag eine Verständigung
zu erzielen: "Daß eine Reduction Statt findet, daß dieselbe von mir aus-

geht und ich die Verantwortung dafür trage." Ich habe mich dazu aber
nur unter der Bedingung bereit erklärt, daß die übrigen Comité-Mitglieder, also Sie, Schubert [3]) und die Hiesigen, wenn nicht die Sache gut
heißen, so sie wenigstens zulassen. Nachdem das von den hier Anwesenden (bloß Riecke [4])) geschehen ist, habe ich soeben an Schubert geschrieben. Sie hoffe ich in der Angelegenheit ausführlicher sprechen
und mich Ihrer Hülfe womöglich bedienen zu können. Ich habe nämlich
Schubert gebeten, die Antwort für mich an Ihre Adresse gelangen zu lassen; ich habe ferner an Ohrtmann geschrieben, er möge die damalige Liste an Sie in der Zeit meiner Anwesenheit noch einmal schicken. Ich
kann dann, wenn Sie und Schubert mit der Reduction überhaupt einverstanden sind, gleich dort die Reduction ausführen und würde Sie in dem
Falle bitten, mir dabei mit Rath beizustehen. Denn es ist im Grunde eine äußerst unangenehme Sache, in der ich vorgehe, weil ich muß, in
der ich aber nicht vorsichtig genug sein zu können glaube.

Also auf baldiges Wiedersehen! Mit den besten Grüßen

Ihr

Felix Klein

---

[1]) Vgl. Abschnitt 1. der Einleitung.

[2]) Berliner Mathematiker, die um das "Jahrbuch über die Fortschritte
der Mathematik" gruppiert waren.

[3]) Mit HERMANN CÄSAR HANNIBAL SCHUBERT, der 1870 in Halle promoviert
hatte, 1872 Gymnasiallehrer in Hildesheim wurde und seit 1876 ständig am Johanneum in Hamburg wirkte, war KLEIN seit seiner Göttinger
Zeit eng befreundet. Auf SCHUBERTs Rat begann A. HURWITZ 1877 sein
Studium bei KLEIN an der Technischen Hochschule in München, wo dieser gerade über Zahlentheorie las, vgl. Brief 26.

[4]) Mit dem Physiker EDUARD RIECKE war KLEIN seit seiner Privatdozenten-
zeit in Göttingen 1871/72 befreundet. Gemeinsam beteiligten sie sich
an einem wissenschaftlichen Kränzchen "Die Eskimos". RIECKE hatte
maßgeblichen Anteil daran, daß KLEIN 1886 den Ruf an die Universität Göttingen erhielt.

10. F. Klein an A. Mayer

Göttingen, 28. 12. 1872

Lieber Freund!

Das freundliche Anerbieten, das Sie mir bez. der Wohnung machen, nehme
ich mit vielem Danke an, um so mehr, als ich die letzten Leipziger Er-
innerungen noch lebhaft im Gedächtnisse habe. Gordan ist seit gestern
hier, und ich habe ihn beredet, daß er mit nach Leipzig kommt; bestellen Sie bitte für uns Beide Zimmer in der Stadt Dresden, ev. im Hôtel
de Prusse. Dadurch daß Gordan mit kommt sind Alle, die Neumann aufge-

fordert hatte, in die Annalenredaction einzutreten, an einem Orte. Ich
hoffe, wir werden diesen und manchen anderen Gegenstand wo nicht erledigen so doch ein Stück fördern. Hier werden wir bis Mittwoch gerade
fertig; später denken wir auch Sie vermöge der nun von uns gefaßten Beschlüsse zu belästigen. Wir haben nämlich bereits gestern laut Proto-
koll festgesetzt, daß Ihnen die Papiere, welche sich in Clebsch's Nach-
lasse bez. der Hamilton'schen Theorie fanden (es ist darunter ein aus-
geführtes Vorlesungsheft), zur Begutachtung unterbreitet werden sollen,
damit Sie darüber entscheiden, ob die Publication der bez. Clebsch'-
schen Vorlesung noch neben Jacobi's Dynamik am Platze ist. [1]) Doch über
alle diese Dinge Näheres mündlich. - Die Krisis, welche unserer Versammlung drohte, scheint ja glücklich überstanden! Den Norweger habe
ich hier noch nicht getroffen, habe ihn aber bei meiner Anwesenheit im
November kennen lernen /kennengelernt/. Da er sich besonders mit mathematischer Physik beschäftigen wollte, so rieth ich ihm damals Leipzig
oder Heidelberg an, was ja merkwürdig genau mit Ihrem Vorschlage stimmt,
- oder vielmehr nicht, wie ich eben in Ihrem Briefe sehe, da Sie Koe-
nigsberg nennen.

Mit herzlichem Gruß

Ihr Felix Klein

---

[1]) A. CLEBSCH hatte C. G. J. JACOBI's "Nova methodus aequationes diff.
     part. primi ordinis inter numerum variabil. quemcunque proposit. in-
     tegrandi" (Crelle-Journal 60(1862)) sowie JACOBIs "Vorlesungen über
     Dynamik", Berlin 1866, herausgegeben. - Die Vorlesungen von CLEBSCH
     über Geometrie wurden von FERDINAND LINDEMANN bearbeitet und heraus-
     gegeben [18], (vgl. Brief 16).

11. F. Klein an A. Mayer

Erlangen, 25. 1. 1873

Lieber Mayer!

Ich schreibe Ihnen heute wegen der drei gemeinsamen Angelegenheiten:
der Biographie, der Annalen, der Versammlung.

Nach langem Hinundher-Ueberlegen habe ich jetzt angefangen, an der Biographie zu schreiben, indem ich versuche, die unter sich sehr verschiedenen Einzelreferate in ein zusammenhängendes Ganzes zu verarbeiten. Da
math./ematische/ Physik noch fehlt, so bin ich (nach der Zufügung einer
Einleitung) zunächst an Ihr Referat gekommen. Ich möchte in Bezug auf
dasselbe an Sie folgende spezielle Fragen [1]) richten:

1. Wie stellen sich zu der von Clebsch erreichten Einsicht in die Reduction der 2. Variation und in die Zahl der Constanten Ihre Arbeit,

die Arbeit von Lipschitz [2]) und die von Stern [3])?

2. Was ist über die von Clebsch besorgte Herausgabe von Jacobi's Dynamik zu sagen? [4]) Bildet dieselbe resp. der Nova Methodus nicht die Veranlassung zu den Arbeiten über das Pfaff'sche Problem?

3. Der Satz, daß jedes Clebsch'sche System simultaner linearer part/ieller/ Diff/erential/-gleichungen 1. O./rdnung/ in ein Jacobisches übergeführt werden kann, ist wohl, wie ich meine, daß Lie mir erzählte, schon vor Clebsch von Bour abgeleitet worden?

4. Wie hoch taxieren Sie den Werth der von Clebsch in diesen Richtungen erreichten Dinge gegenüber dem, was die ersten Forscher, wie Jacobi, prästabilirt haben? -

Im Allgemeinen habe ich Ihr Referat bei meinem jetzigen Concepte mit Ausnahme der zuzufügenden Uebergangsphrasen beinahe ungeändert eingefügt, nur glaubte ich den ganzen Ton etwas herabstimmen zu sollen: wenn in Ihrem Referate bereits lauter Superlative stehen, wie sollen wir uns dann weiterhin in der Geometrie ausdrücken? -

Bezüglich der Annalen darf ich vielleicht folgende Fragen an Sie richten, die eigentlich für Neumann bestimmt sind und die ich nur hierher setze, weil ich annehme, daß Sie Neumann ohnehin binnen Kurzem sehen.

Neumann schrieb mir, daß er die Regelung des Tauschverkehr's übernehmen würde. Auch habe ich schon ein Heft der Nouvelles Annales [5]) erhalten. Soll ich nun die Annalenhefte, die mir Teubner bereits geschickt hat, wieder an Teubner zurückschicken oder direct an die Redaction der Nouvelles Annales bez. /.../ Annali [6]) gehen lassen?

Die Arbeit von Weyr [7]) über Schnittpunctsysteme halte ich wohl für die Aufnahme geeignet; ich werde sie aber erst in 8 - 14 Tagen schicken können, da ich sie, um ganz sicher zu gehen, an Noether geschickt habe. So wie ich sie mit entsprechendem Bescheide zurückerhalte, soll sie in reglementsmäßiger Weise sofort nach Leipzig geschickt werden. -

Bezüglich der Versammlung scheint es nothwendig, noch an diejenigen Herren, die uns besonders wichtig scheinen, persönlich zu schreiben.
Auf Grund von Vorschlägen von Kiepert, Noether möchte ich Sie bitten, an Richelot, Heine, Aronhold die bez. Mittheilungen zu richten, während Kiepert - die Berliner
Noether - Fuchs, Schwarz, Hesse
Brill - Christoffel, Reye, Weber
ich - Lipschitz, Fiedler, Graßmann, Schlaefli
übernommen haben. Scheint Ihnen diese Liste noch der Ergänzung bedürftig. Schreibt Neumann oder sonst Jemand an Schroeter?

Mit Brill bin ich wegen der mit der Versammlung zu verbindenden Modell-

ausstellung in Correspondenz getreten; in Leipzig ist wohl Nichts von
Modellen etc. aufzuspüren?

Daß Zeuthen [8]) zur Versammlung kommen will, erzählte ich Ihnen wohl
schon; ich habe auch noch Cremona [9]) und Darboux davon brieflich in
Kenntniß gesetzt, allerdings kaum in der Voraussetzung, daß irgend Je-
man von Italien oder Frankreich wirklich kommt. [10]) /.../

                                                          Ihr Felix Klein

---

[1]) Zur Beantwortung der Fragen vgl. [60].

[2]) RUDOLPH LIPSCHITZ, der seit 1864 als o. Professor der Mathematik an
     der Universität Bonn wirkte, war FELIX KLEINs Doktorvater.

[3]) FELIX KLEIN wurde 1886 der Nachfolger von MORITZ STERN an der Uni-
     versität Göttingen.

[4]) Vgl. Brief 10, Anm. 1.

[5]) Nouvelles Annales de mathématiques, Paris, gegründet 1842.

[6]) Annali di matematica pura ed applicata. Serie 1, 1(1858) - 7(1865),
     Serie 2: 1(1867) - 26(1897).

[7]) EDUARD WEYR promovierte 1873 an der Universität Göttingen. In den
     "Mathematischen Annalen" erschienen insgesamt vier Arbeiten von ihm,
     in Bd. 3 und 4 (1870/71), die vor dieser Zeit lagen.

[8]) H. ZEUTHEN redigierte seit 1871 die "Tidsskrift for Mathematik", Ko-
     penhagen. Er nahm an der Versammlung im April 1873 in Göttingen teil.

[9]) LUIGI CREMONA war seit 1866 Professor der Mathematik in Mailand, ab
     1873 in Rom; vor allem auf dem Gebiet der höheren Geometrie tätig.
     KLEIN hatte CREMONA am 30. Dezember 1869 seine Dissertation ge-
     schickt. Gemäß einer Bitte KLEINs half CREMONA, die geometrischen
     Leistungen von CLEBSCH für die wissenschaftliche Biographie zu be-
     werten.

[10]) Es nahm nur der Italiener PAOLO PACI teil, der 1869 in Pisa promo-
     viert hatte und 1874 eine Professur für Mathematik in Parma erhielt.

12. F. Klein an A. Mayer

                                                    Erlangen, 8. 3. 1873

Lieber Mayer!

In Eile ein paar Worte zur Versammlung.

Brill und Ohrtmann in Uebereinstimmung mit den anderen Berlinern schlu-
gen insofern eine Aenderung des Programm's unserer Osterversammlung
vor, als sie eine officielle Sitzung, in der gewisse Fragen, wie ev.
Wiederholung der Versammlung, behandelt werden würden, für nothwendig
erachten. Als Präsidenten einer solchen Versammlung bringen sie einen
älteren Herren, der nicht dem Comité anzugehören brauche, etwa Stern
in Vorschlag.

Ich möchte Sie bitten, Ihre Meinung über diese Preposition möglichst

rasch an Brill senden zu wollen. Da die Ferien angefangen haben und
hier wirklich gar nichts los ist, reise ich nämlich dieser Tage von
hier fort, zunächst nach Düsseldorf [1]), und denke unterwegs den Donnerstag und Freitag in Darmstadt [2]) zu sein. Wenn bis dahin die Ansichten der verschiedenen Comité-Mitglieder eingelaufen sind, so würden
wir in Darmstadt auf Grund derselben nähere Prepositionen formulieren
können.

Besten Gruß von Ihrem

F. Klein

Ps. Ich persönlich bin dem Vorschlage nicht abgeneigt, denke mir überhaupt den Verlauf der Sache etwa so:

15. Abends. Empfang in Burhenne.

      Kurze Rede. (ohne der Redefreiheit der Gäste Schranken set-
      zen zu wollen)

16. Vormittags. Im Museum die nun vorgeschlagene Sitzung.

      Mittagessen.

      Spaziergang. Gemeinsamer Abend

17. Ausflug nach dem Hanstein.

d.Ob.

[1]) In Düsseldorf lebten KLEINs Eltern.

[2]) In Darmstadt besuchte KLEIN A. BRILL, der an der TH Darmstadt als
Professor wirkte. Sie stimmten gemeinsam das Programm für die Mathematikerversammlung ab.

13. F. Klein an A. Mayer

München, 30. 8. 1876

Lieber Freund!

Ich setze voraus, daß Sie jetzt wieder zurück sind und schreibe Ihnen
also wieder und schicke verschiedene Sachen. Vor allen Dingen wollte
ich dieselben los sein; es thut Nichts, wenn sie eine Zeit lang bei
Ihnen liegen bleiben.

Zunächst muß ich Ihnen heute erzählen, daß wir am 6ten August einen Bu-
ben [1]) bekommen haben; Mutter und Kind geht es wohl. Dann bin ich 8 Tage, um mich auszuspannen, im Gebirge gewesen und dann eine Zeit lang
unwohl gewesen, so daß eben die Dinge, die ich Ihnen nun schicke und
die schon vor den Ferien hätten fertig werden sollen, bis jetzt verzögert wurden.

Es sind 3 Sachen:

   1) Ein Abzug meiner Erlanger Note

   2) Auszug aus einem Briefe Brioschi's

   3) Zweiter Aufsatz über Abel'sche Integrale. [2])

Mit 1) und 2) hat es sich so. Es war nicht meine ursprüngliche Absicht,
die Erlanger Note abdrucken zu lassen. Vielmehr wollte ich sie erst
ausarbeiten (was ich jetzt in der That beginnen werde). Da erhielt ich
den Brief Brioschi's mit der Bitte des Autor's, ihn zu publiciren. Ohne
meine Note ist aber der Brief unverständlich. Daher scheint es mir
jetzt am besten, vorab die Note abzudrucken und den Brief gleich dahinter. Es wäre mir angenehm, wenn das vielleicht noch im ersten Hefte des
11$\underline{^{ten}}$ Bds geschehen könnte. Beide Mittheilungen sind kurz und meine eigene trägt ja auch ein früheres Datum. (Also etwa am Ende des Heftes.)

Was sodann den Aufsatz über Abel'sche Integrale angeht, so kann der etwas warten, bis er im natürlichen Laufe der Dinge zum Druck kommt. Im
Ganzen 6 Figuren liegen bei; ich bin neugierig, ob Figur 5 nicht etwas
zu complicirt ist; ich habe verschiedentlich versucht, sie zu verein-
fachen, aber es zeigte sich als unmöglich.

Sonst im Augenblicke nichts Neues. Von Darboux habe ich auch noch keine
Antwort.

                   Mit herzlichem Gruße

                            Ihr

                            Felix Klein

---

[1]) Es war das erste Kind FELIX KLEINs: Sohn OTTO. Außerdem gebar ihm
    seine Frau Anna drei Töchter LUISE, SOPHIE, ELISABETH.

[2]) Die Arbeit "Über lineare Differentialgleichungen" hatte KLEIN am 26.
    Juni 1876 in den "Erlanger Sitzungsberichten" vorgelegt. Sie wurde
    gemeinsam mit "Extrait d'une lettre de M. F. Brioschi à M. F. Klein"
    im Heft 1 des Bandes 11(1876) der Annalen publiziert. Die an dritter
    Stelle erwähnte Arbeit KLEINs "Ueber den Verlauf der Abel'schen In-
    tegrale bei den Curven vierten Grades. (Zweiter Aufsatz)" erschien
    im Heft 3 des Bandes 11(1876), 293 - 305.

14. F. Klein an A. Mayer

                            München, 5. 9. 1876

Lieber Freund!

Es hat mich sehr gefreut, wieder einmal Nachricht von Ihnen zu erhalten
(so sehr ich bedauere, daß Sie nicht über München gekommen sind), eine
solche regelmäßige Correspondenz, wie wir sie führten, wird zum gemüthlichen Bedürfnisse. Ich antworte sowohl um Ihnen mitzutheilen, daß ich

bereits vor einigen Tagen Ihnen zwei Zusendungen machte, die Sie auf
dem Lande vielleicht erst später erhalten: einen recommandirten Brief
und ein Packet mit den alten Manuskripten von Bd. X. Daß es vernünftiger sei, mit der Absendung dieser Dinge an Sie zu warten, bis ich erst
wieder Nachricht von Ihnen hätte, habe ich mir freilich gesagt. Aber
ich lebe zur Zeit hier so einsam - kein Mensch ist hier in München und
meine Frau ist doch noch sehr behindert, Ausflüge oder dergl. zu machen
- daß es mir ein Vergnügen ist, etwas wirklich fertig zu machen und
auf die Post zu bringen. So begrüße ich auch den Fortgang des Druckes
mit Freude. Von Darboux habe ich noch keine Antwort, es ist wirklich
recht schlecht mit ihm zu verkehren; da will ich denn das Referat über
Bäcklund [1]) demnächst nun machen. Unterdessen bin ich in die Gegenstände vertieft von denen meine letzte Erlanger Note handelte; aber was
daraus wird, ob nur eine Ausarbeitung, ob eine Weiterführung, kann ich
auch nicht übersehen.

Mit herzlichem Gruße

Ihr

Felix Klein

---

[1]) Der schwedische Mathematiker A. V. BÄCKLUND hatte bei KLEIN in Erlangen studiert und publizierte in den "Mathematischen Annalen" seit
1876. Das Referat bezog sich auf die Arbeit "Über Flächentransforma-
tionen", Bd. $\underline{9}$(1876), 297 - 320.

15. F. Klein an A. Mayer

München, 10. 9. 1876

Lieber Freund!

Mit dem Annalen-Circular ist es wohl am Besten, bis ersten Oktober zu
warten, da G.⌊ordan⌋ vermuthlich noch nicht in Erlangen ist und doch
dann erst wieder die eigentliche gemeinsame Arbeit beginnen kann. Dagegen wäre es mir lieb, wenn Sie mir persönlich mittheilten, welches
Material noch liegt. Ich weiß im Augenblicke nur von Stolz, Lüroth,
Bäcklund und meinen Geschichten, dann natürlich Bertini und den Neumann'schen Noten (oder hat Dubois nicht zurückgezogen?). Die Anordnung
könnte man dann etwa so treffen:

Herstowski. [1]) - Bertini. - Stolz. [2]) -
    1. Heft {Lüroth. - Erlanger Note. - Brief von Brioschi
    2. Heft. {Neumann - Bäcklund - Meine C_6. - [3])

Es ist mir nämlich angenehmer, wenn meine Note mit Brioschi's Brief
erst nach Stolz <u>und</u> Lüroth kommt, falls dadurch ihr Erscheinen im er-

sten Hefte nicht unmöglich gemacht wird; denn es sieht so schlecht aus,
wenn man sich auf Kosten anderer Autoren vordrängt. Stolz hatte mir übrigens noch einen kleinen Zusatz zu seiner Arbeit in Aussicht gestellt;
bis jetzt habe ich ihn noch nicht erhalten; aber das ist ja kein Grund,
deshalb die Arbeit zurückzustellen.

Von Material, das in Aussicht steht, könnte ich nur Schubert II und
Lie's versprochene Abhandlung nennen. Inzwischen habe ich von Lie auch
seit unendlicher Zeit nichts mehr gehört - von seinen Familienverhält-
nissen einmal gar Nichts, denn über so untergeordnete Dinge schreibt
er nicht. Gestern war Taufe bei Brill's und schon vergangenen Mittwoch
bei uns. Seitdem ist denn verschiedener Besucht etc. abgereist und das
Hauswesen nimmt mehr seinen geregelten Gang. Für Ihre Glückwünsche meinen besten Dank; meine Frau und der Sprößling befinden sich wohl und
lassen unbekannterweise grüßen.

Ihr

F. Klein

----

[1]) HERSTOWSKI, F. (Breslau): Zur Theorie der Jacobi'schen Thetafunctionen. Mathematische Annalen 11(1877), 1 - 29. Die Anregung zu dieser
   Arbeit hatte H. durch HEINRICH SCHROETER im mathematischen Seminar
   der Universität Breslau empfangen.

[2]) STOLZ half KLEIN als Kritiker und Kenner der Literatur von LOBA-
   ČEVSKIJ, JOHANN BOLYAI und CH. VON STAUDT bei der Ausarbeitung seiner Aufsätze zur nichteuklidischen Geometrie. Vgl. [52, Bd. 1, S.
   52 und 241].

[3]) KLEIN und MAYER tauschten in ihrer Korrespondenz häufig ihre Ansichten über die Reihenfolge der Beiträge aus. Die hier vorgeschlagene
   Reihenfolge wurde (mit Ausnahme von Heft 2) weitgehend realisiert,
   vgl. Bd. 11(1877) der "Mathematischen Annalen" und Brief 18.

16. F. Klein an A. Mayer

München, 25. 9. 1876

Lieber Freund!

Ich habe so lange Nichts geschrieben, weil ich gar Nichts zu melden
hatte. Das ist auch heute kaum besser aber ich möchte doch ein Lebenszeichen geben. Vor allen Dingen habe ich mich gewundert, daß der Bogen
2 (Herstowski) so lange hat auf sich warten lassen. Am Clebsch-Lindemann [1]) wurde inzwischen eifrig gedruckt, wir sind jetzt bis auf Kleinigkeiten fertig. Ich bin neugierig, was Sie zu den Differentialgleichungen sagen: Lindemann und ich haben da das Beste zusammengestellt,
was wir in der Richtung wußten, aber es sieht doch recht matt aus und
ist eigentlich nicht mehr als ein Vorsatz. - Ich habe jetzt auch Dar-

boux's Bulletin mit den Referaten zu sehen bekommen (er schickt es mir
schändlicherweise noch immer nicht zu, trotzdem das die einzige Bedingung war, an die ich meine Mitwirkung knüpfte). Darauf hin habe ich
denn nur den 10ten Bd. etwas angesehen und auch schon an Schubert und
Zeuthen geschrieben, die aber beide erst nach einiger Zeit Berichte
senden können. Wir werden auch gut thun, noch zu warten; sonst möchte
ich Sie bitten Dubois, (Hermite?), Neumann, Schläfli, Züge zu übernehmen.

Schubert ist mit seiner zweiten Arbeit halb fertig, und auch Lie wird
ja jetzt wohl bald schicken, da er in seinem neuesten "Resumé", [2]
welches ich eben erhalte, bereits ein betr. Citat macht.

Besten Gruß von

Ihrem F. Klein

[1] Vgl. [18].

[2] LIE teilte mehrmals Zusammenfassungen mathematischer Ergebnisse in
Briefen an KLEIN mit.

17. F. Klein an A. Mayer

München, 1. 10. 1876

Lieber Freund!

Vorgestern war Cremona auf der Durchreise hier, in Begleitung von Jung.
Wir haben Viel und gut gesprochen und ich hoffe, es sollen unsere italienischen Beziehungen nun wieder lebhafter werden. Jung stellt eine
Arbeit über symmetrische Functionen in Aussicht, [1] doch werde ich sie,
wenn sie kommt, erst Gordan vorlegen. Gordan erwarte ich nun hier die
kommende Woche; er wird, zunächst des Examen's wegen, den ganzen Monat
hier bleiben. Ich hoffe ordentlich mit ihm zu arbeiten, wenn wir vielleicht auch Nichts druckfertig machen. [2] Es ist ein wahres Unglück:
wenn ich so, wie diese Ferien, nur auf mich angewiesen dahinlebe, dann
bringe ich gar Nichts Gescheidtes fertig und langweile mich eigentlich
sehr. Ich habe wissenschaftlichen Verkehr und zwischendurch praktische
Arbeit durchaus nothwendig und sehne mich darum schon seit langer Zeit
nach dem Semester. - Ueber die homogenen Berührungstransformationen
weiß ich Nichts zu sagen, als daß ich mich auch über ihre Einführung
wunderte; ich bin aber zur Zeit dem ganzen Gedankengange sehr fern und
sehe auch kaum eine Möglichkeit vor mir, in der nächsten Zeit wieder
hinein zu kommen. Dagegen bin ich der Aufgabe auf der Spur: bei den
gewöhnlichen linearen Differentialgleichungen dritter und vielleicht

dann auch höherer Ordnung die Fälle mit algebraischen Integralen zu
finden. [3])

/.../

Mit herzlichem Gruß

Ihr

F. Klein

---

[1]) GIUSEPPE JUNG wirkte seit 1874 als o. Professor der graphischen Sta-
tik und seit 1876 als Professor für Geometrie der Lage am höheren
technischen Institut in Mailand. In den "Mathematischen Annalen" erschien keine Arbeit von ihm.

[2]) Obwohl KLEIN und GORDAN nichts gemeinsam publizierten, hatten sie
in der Tat ein fruchtbares wissenschaftliches Verhältnis. Darauf
verwies KLEIN im Vorwort seines Buches [49].

[3]) Zur Geschichte dieser Differentialgleichungen vgl. [32].

18. F. Klein an A. Mayer

München, 28. 10. 1876

Lieber Freund!

Eben habe ich die neue Correctur gelesen. Diese Stolz'sche Arbeit [1])
ist so geschrieben, daß man sie beim bloßen Ueberlesen gar nicht versteht; außerdem hat er nach Wunsch selbst das Manuskript und meine Correctur ist also wohl doppelt mangelhaft. Hoffentlich ersetzt St./olz7
das durch Gewissenhaftigkeit von seiner Seite. - Die geometrische Arbeit, welche Sie mir zukommen ließen, werde ich wohl wieder an den Autor zurückbefördern, sollte ich deßhalb nicht mehr schreiben, so nehmen Sie an, daß es geschehen ist. - Am meisten hat mich in Ihrem Briefe natürlich interessiert die Nachricht über Scheibner. [2]) Neben Harnack würde ich Lindemann nennen, der den Sommer in England war und den
Winter in Paris und Berlin zubringt, um sich dann Ostern zu habilitiren. Aber er ist, da er von hier ein Reisestipendium erhielt, gebun-
den, das in Würzburg zu thun. - Auch Königsberger sucht einen Geometer, wie ich hörte.

Sie werden die Lie'sche Arbeit [3]) inzwischen schon erhalten haben. Behalten Sie sie nur bitte, resp. befördern Sie sie in die Druckerei,
ich bin im Augenblicke doch nicht in der Lage, sie zu lesen, da ich
ganz in die hypergeometrische Reihe vertieft bin.

Ist es nicht vielleicht correcter, wenn man Brioschi's Brief vor meine
Note setzt? Wenn es sich noch machen läßt, möchte ich Sie darum bitten.

Ich bin jetzt wieder bei besserer Disposition und da darf ich wohl

nachträglich erzählen, daß ich neulich, als ich Ihnen schrieb, krank
war und mit Zahnweh und Fieber im Bett lag.

Mit bestem Gruß

Ihr

F. Klein

---

[1]) STOLZ, O.: Allgemeine Theorie der Asymptoten der algebraischen Kurven. Mathematische Annalen 11(1876), 41 - 83.

[2]) W. SCHEIBNER hatte ein Schreiben an das Sächsische Kultusministerium in Dresden gerichtet, um eine Professur für Geometrie bzw. zunächst eine entsprechende Privatdozentur an der Universität Leipzig
   einzurichten, vgl. Abschnitt 5. der Einleitung.

[3]) LIE, S.: Allgemeine Theorie der partiellen Differentialgleichungen
   erster Ordnung. (Zweite Abhandlung). Mathematische Annalen 11(1877),
   464 - 557.

19. F. Klein an A. Mayer

München, 4. 11. 1876

Lieber Freund!

Da Sie doch jetzt mit dem Factor [1]) sprachen, können Sie ihm nicht
dringend an's Herz legen, daß er rascher druckt? Es ist doch nicht in
Ordnung, daß wir jetzt schon 5 Monate hinter der Einsendung zurück sind,
und ich habe so sehr viel neues Material in nächster Zukunft, daß wir
uns schon eilen dürfen. Brill wird bald wieder los legen; von Gordan
berichtete ich schon; ich selbst lasse wohl bald etwas über Ikosaeder
und Gleichungen fünften Grades [2]) vom Stapel, wo ich in der letzten
Zeit sehr gut vorwärtsgekommen bin; Brioschi, mit dem ich in lebhafter
Correspondenz bin, gibt uns wohl auch Etwas etc. etc. Durch Lindemann
suche ich erneute Verbindungen mit Paris anzuknüpfen u. so fort. /.../

Mit herzlichem Gruße

Ihr

F. Klein

---

[1]) Der zuständige Faktor des Teubner-Verlages war von 1865 bis 1886
   LEOPOLD LASKA. Er wird in weiteren Briefen auch namentlich erwähnt,
   vgl. auch [103, S. 515].

[2]) Vgl. Abschnitt 8. der Einleitung.

20. F. Klein an A. Mayer

München, 12. 11. 1876

Lieber Freund!

Daß es jetzt mit den Annalen schneller vorwärts gehen soll, ist mir in
der That sehr nach Wunsch. Ich habe denn auch die beiden Bogen möglichst rasch absolvirt und mir nur vom zweiten noch Revision ausgebe-
ten, da bei dem Brioschi'schen Briefe Allerlei verkehrt war. Inzwischen
erhielt ich von B./rioschi/ geradezu eine Aufforderung betr. Cooperation der Annali und Annalen. (Den Brief lege ich hier bei, mit der Bitte, ihn mir recht bald wieder zuzuschicken, da ich die Formeln studiren will). Ich habe B./rioschi/ geantwortet, daß ich sehr erfreut über
den Vorschlag sei, daß ich aber speciellere Angaben von ihm erwarte.
Es würde uns namentlich angenehm sein, von ihm und seinen Freunden ab
und zu kurze Zusammenstellungen zu erhalten über die Gegenstände, die
sie in den Annali publiciren. - Ueberlegen Sie doch die Sache bitte
auch, vielleicht erfinden Sie einen bestimmten Modus regelmäßiger Cooperation. Es müssen übrigens früher zwischen Clebsch und Brioschi ähnliche Verabredungen bestanden haben; vielleicht weiß Neumann davon.

Ich habe endlich auch von Darboux einen Brief bekommen mit dem Referate
über Bäcklund. Da Lindemann inzwischen nach Paris gereist ist, so hoffe
ich, die dortigen Beziehungen etwas lebhafter gestalten zu können. [1])

Neues Material habe ich noch keines, aber, wie ich schrieb, Mancherlei
in naher Aussicht. Ich selbst habe eben eine neue Arbeit über das Ikosaeder (mit dem ich noch viel zu machen hoffe) an die Erlanger Societät
gesandt. [2]) Die werde ich noch umgestalten und ausarbeiten; sie soll
gut werden aber wohl kaum sehr ausgiebig.

Die Reihenfolge, wie Sie sie für Heft 2 vorschlagen, ist mir ganz recht.
Ob meine Abel'schen zu Anfang oder hinten stehen, ist mir ganz gleich,
wenn sie nur in Heft 2 kommen. - Die Gordan'sche Arbeit kann kaum vor
Mitte - Ende December fertig sein; ähnlich taxire ich Brill, dessen Untersuchungen (über Curven 4. Ordnung) ziemlich ausgedehnt sein dürften.

Mit dem Semesteranfang bin ich zunächst ganz zufrieden; ich bin nachgerade doch mehr in den hiesigen Verhältnissen zu Hause, als es lange
Zeit gelingen wollte.

Herzlichen Gruß

von Ihrem

F. Klein

[1]) Vgl. Abschnitt 6. der Einleitung.

[2]) KLEIN, F.: Weitere Untersuchungen über das Ikosaeder I. Berichte
der Physikalisch-medicinischen Societät Erlangen (1876/77).

21. F. Klein an A. Mayer

München, 23. 11. 1876

Lieber Freund!

/...7

Anbei nun die Arbeit von Schubert, zu der ich weiter Nichts zu bemerken habe, als daß ich sie möglichst in Heft 3 untergebracht sehen möchte. Dann bekomme ich eben einen Brief von Bäcklund, in dem er wegen
Aufnahme einer Arbeit über Differentialgleichungen anfragt. Ich will
ihm antworten, daß wir seine Arbeiten immer sehr gern aufnehmen, daß
er aber versuchen soll, minder abstract zu schreiben. - Vielleicht daß
uns auch Darboux eine Note über die Nicht-Existenz eigentlicher Oscula-
tionsformationen zuschickt; ich habe ihn darum gebeten. [1])

Sonntag und Montag war ich mit Gordan in Eichstädt zusammen. [2]) Meine
Arbeit über Gleichungen fünften Grades gehe gut. [3]) Ich bin in einigen
Punkten über Kronecker hinaus. Aber wann ich darüber für die Annalen
etwas fertig haben werde, wann andererseits Gordan seine bereits auf
dem Circulare vermerkte Arbeit abstößt, ist noch gar nicht zu sagen.

Mit besten Gruße

Ihr F. Klein

[1]) Eine entsprechende Abhandlung erschien in den "Mathematischen Annalen" nicht, wie überhaupt nur eine Arbeit von DARBOUX - ein Brief-
auszug an F. KLEIN - publiziert wurde: "Sur le théorème fondamental
de la géométrie projective". Bd. 17(1880), 55 - 61.

[2]) GORDAN wirkte seit 1874 an der Universität Erlangen. Nachdem KLEIN
1875 von Erlangen nach München berufen worden war, trafen sie sich
öfters in Eichstädt zu wissenschaftlichen Gesprächen.

[3]) Zur Entstehung der Arbeiten über Gleichungen fünften Grades vgl.
[52, Bd. 2, S. 255 - 261].

22. F. Klein an A. Mayer

München, 30. 11. 1876

Lieber Freund!

Heute Morgen erhielt ich die beiliegende kleine Arbeit von Cayley, die
ich sofort sende, da sie vielleicht auch in Heft 2 Platz finden kann?

Ich finde es so artig von C./ayley7, daß er uns etwas schickt, daß ich
ihm wieder möglichst artig sein möchte. [1]) - Der Gegenstand der Notiz
wird Sie interessiren, wenn Sie nicht schon lange selbst dieselbe Rechnung gemacht haben. - Von Lie erfuhr ich neuerdings durch einen norwegischen Besuch, der hier war, die Adresse:

Frau Tandbergo Lökke

Drammensveim

Christiania.

Sonst auch Nichts, trotzdem ich ihm vor 6 Wochen einen Brief schrieb,
der sofortige Beantwortung wünschte. Er kann sich in seinem Produc-
tionsdrange eben nicht beherrschen, in allgemeinen Dingen pünktlich zu
sein; dafür kenne ich ihn lange. [2])

Wegen der Correcturen dachte ich mich schon bei Teubner zu beschweren;
aber es ist ja correcter, wenn Sie die ganze Beziehung zu Teubner re-
geln, so daß ich es ließ. Was ich wünsche ist vor allen Dingen eben
auch Regelmäßigkeit. Teubner druckt für uns im Jahre 1 1/2 Bände, d. h.
52 - 55 Bogen; da sollte also im Durchschnitt jede Woche ein Bogen kommen. Nun werden sich ja Unregelmäßigkeiten nicht vermeiden lassen; dann
sollten wir aber vorher benachrichtigt werden.

Mit bestem Gruße

Ihr

F. Klein

---

[1]) Der englische Mathematiker A. CAYLEY schrieb nur kleine Arbeiten
    für die "Mathematischen Annalen", in denen er seit Bd. 1 publizier-
    te. KLEIN kannte dessen Abhandlungen, als er sich erstmals 1869/70
    mit Arbeiten zur nichteuklidischen Geometrie befaßte. Er deckte den
    Zusammenhang zwischen der allgemeinen projektiven Maßbestimmung
    CAYLEYs und der nichteuklidischen Geometrie auf, vgl. auch Brief
    107, Anm. 4.

[2]) Vgl. dazu Abschnitt 3. der Einleitung.

23. F. Klein an A. Mayer

München, 4. 12. 1876

Lieber Freund!

Bäcklund's Arbeit ist jetzt eingetroffen. [1]) Sie behandelt folgendes
Problem: Gegeben ein System von Differentialglch. 1. Ordn., die _kein_
Involutionssystem bilden. Verlangt, diejenigen Mannigfaltigkeiten von
Elementen z, x, p zu finden, welche den Glch. genügen und überdieß
consecutive Elemente in "vereinigter" Lage aufweisen. - Das ist ja nun

ganz Ihr Gebiet. [2]) Ich könnte freilich und will das gern thun, den
Aufsatz sprachlich corrigiren; aber es ist jedenfalls viel nützlicher,
wenn Sie die Zeit aufwenden wollen und ihn in demselben Sinne durchar-
beiten, wie die Lie'sche Abhandlung - nützlicher für uns Alle und zumal die Annalen. - Wenn das also angeht, so schicke ich Ihnen den Aufsatz (52 Seiten in der bekannten weiten Schrift) gleich zu; wenn nicht,
so verzeichnen Sie ihn bitte als angenommen und ich schicke ihn erst,
nachdem ich ihn durchgearbeitet. [3])

Mit bestem Gruß

Ihr F. Klein

[1]) A. V. BÄCKLUND: Ueber Systeme partieller Differentialgleichungen
erster Ordnung. Mathematische Annalen 11(1877), 412 - 433.

[2]) BÄCKLUND bezog sich in seiner Arbeit auf Darstellungen von S. LIE
und A. MAYER, welche aufzeigen, wie man von gegebenen partiellen
Differentialgleichungen 1. Ordnung über das Vorhandensein derarti-
ger Mannigfaltigkeiten entscheidet. BÄCKLUND versuchte dagegen, das
allgemeinere Problem zu lösen, "... für ein System beliebiger partieller Differentialgleichungen 1. O./rdnung/ ein möglichst einfa-
ches Verfahren anzugeben, vermittelst dessen man alle Flächenele-
mente des Systems zu Schaaren M_k, von der grösstmöglichen Zahl k
zusammenordnen könnte ...". - Der Begriff "vereinigte Lage" wurde
von S. LIE eingeführt.

[3]) KLEIN sandte MAYER die Arbeit von BÄCKLUND am 6. Dezember 1876
mit folgenden Bemerkungen: "Der Verlockung, Ihnen den Bäcklund zuzuschicken, kann ich in der That nicht widerstehen. Aber ist es
nicht ganz nützlich, wenn Sie auf diese Weise gezwungen werden,
auch das Geometrische etwas zu lesen? Ich bin neugierig, ob Ihnen
Clebsch-Lindemann da etwas nützen kann. Leider ist das, was von mir
dort über Differentialgleichungen gesagt ist, sehr unvollkommen,
und dann auch wohl zu sehr in die etwas überwuchernde Invarianten-
lehre reingefüllt."

24. F. Klein an A. Mayer

München, 7. 1. 1877

Lieber Freund!

Es ist eine endlose Zeit, daß ich nicht mehr geschrieben habe. Das
kommt hauptsächlich daher, weil Gordan während der Weihnachtsferien
hier war und ich mit ihm die ganze Zeit gearbeitet habe. Ich habe eine
zweite Note über die Gleichungen fünften Grades für die Erlanger Berichte fertig gemacht. [1]) Ich hoffe immer, in den Osterferien aus diesem Gegenstande eine Arbeit für die Annalen machen zu können. Aber ich
bin noch lange nicht am Abschluß. Das Ikosaeder ist sicher ein wunderbarer Gegenstand; es laufen in ihm alle möglichen Theorien zusammen,
die ich successive kennenlernen möchte: Invariantentheorie, Gleichungs-

theorie, Differentialgleichungen, elliptische Functionen, Minimalflächen, Zahlentheorie.

In Lie's Arbeit habe ich wegen der Cauchy'schen Methode nachgesehen.
Ich finde p. 262, n. 8 und p. 272, n. 13. Aber explicite steht da wohl
nicht, was Sie suchen. /.../

Daß Krause [2]) eine weitere Arbeit geschickt hat, ist mir sehr recht;
er scheint unter den Königsberger'schen Schülern der productivste.

Nun noch nachträglich meine besten Glückwünsche zum neuen Jahre! Ich
bin nicht wenig neugierig, was Sie aus Berlin berichten, wenn Sie die
dortigen Herren getroffen haben. Königsberger sagt, unsere Annalen sei-
en zur Zeit dem Journal [3]) über.

Mit bestem Gruß

Ihr F. Klein

---

[1]) [52, Bd. 2, S. 321 - 384].

[2]) MARTIN KRAUSE promovierte 1873 in Heidelberg bei LEO KÖNIGSBERGER.
Er war zu diesem Zeitpunkt Privatdozent in Breslau und erhielt 1878
eine o. Professur für Mathematik an der Universität Rostock, 1888
an der Technischen Hochschule Dresden.

[3]) "Journal für reine und angewandte Mathematik", begründet 1826 von A.
L. CRELLE, herausgegeben von 1855 bis 1880 durch C. W. BORCHARDT.
Zur Herausgebertätigkeit CRELLES vgl. bes. ECCARIUS, W.: August Leopold Crelle als Herausgeber des Crelleschen Journals. Journal für
die reine und angewandte Mathematik 286/287(1976), 5 - 25.

25. F. Klein an A. Mayer

München, 26. 1. 1877

L. Fr.! Lie schrieb mir dieser Tage einen langen Brief, den ich noch
gar nicht gelesen habe, weil ich keine Zeit hatte - über Minimalflächen, aber gar nicht über die Annalen. Dagegen erhalte ich eben die Arbeit von Harnack: Ueber Raumkurven 4. Ordn./ung/ 1. Species /.../ [1])
Ich sehe sie zunächst durch aber werde sie wohl bald schicken. Es ist
mir sehr lieb, wenn Br./ioschi/ womöglich noch in das dritte Heft kommt,
zumal auch mit Rücksicht auf den Gegenstand der Note. [2])

Mit bestem Gruss

Ihr F. Klein

---

[1]) HARNACK, A.: Ueber die Darstellung der Raumcurve vierter Ordnung erster Species und ihres Secantensystemes durch doppelt periodische
Functionen. Mathematische Annalen 12(1877), 47 - 86.

[2]) BRIOSCHI, F.: La théorie des formes dans l'intégration des équations
   différentielles linéaires du second ordre. Mathematische Annalen
   11(1877), 401 - 411.

26. F.Klein an A.Mayer

München, 25. 2. 1877

Lieber Freund!

/.../

Ich habe jetzt noch nicht die Ferien aber doch eine Ferienthätigkeit
begonnen, indem ich täglich 3 Stunden spaziren gehe. Das soll mir, hoffe ich, aufhelfen, denn ich war sehr abgearbeitet. Sonst bin ich bei
den Gleichungen fünften Grades. Ich hoffe über kurz oder lang zu zeigen, daß die Jerrard'sche Form [1]) ganz überflüssig ist. Doch gibt das
für's Erste noch immer Noten in den Erlangern [2]), bis ich später die
umfassende Annalenarbeit mache. - Nächsten Sommer lese ich versuchs-
weise Zahlentheorie. [3])

                         Mit herzlichem Gruß

                                        Ihr F. Klein

____

[1]) Die Jerrardsche Form für algebraische Gleichungen 5. Grades lautet:
   $z^5 + 5bz + c = 0$. G. B. JERRARD hat sie 1834 im zweiten Teil seiner
   "Mathematical Researches" aufgestellt. KLEIN betonte aber bereits
   ausdrücklich [49,S. 143], daß diese Form schon 1876 bei dem schwedi-
   schen Mathematiker E. S. BRING vorkommt. Seitdem ist es üblich, von
   der Bringschen Form zu sprechen.
[2]) Gemeint sind die "Berichte der Physikalisch-medicinischen Societät
   Erlangen". KLEIN publizierte immer noch in diesen Erlanger Berichten, obwohl er schon an der TH München wirkte.
[3]) Im SS 1877 las KLEIN erstmals über Zahlentheorie. An der Vorlesung
   beteiligten sich 14 Hörer [A 9, VII E, Bl. 68].

27. F.Klein an A.Mayer

München, 17. 3. 1877

Lieber Freund!

/.../

Wir sind mit dem Druck der Annalen oder doch wenigstens mit dem Erscheinen derselben im Rückstande. Es ist doch Unrecht, um von mir
selbst zu reden, dass meine Abel'schen Integrale [1]) vom August 1876 noch
nicht erschienen sind; die werden gerade 3/4 Jahre alt, ehe sie auskom-

men. - Könnte man nicht von Teubner erreichen, dass jetzt, wo so sehr
viel Stoff vorliegt, ein paar Hefte rasch hinter einander erscheinen?
- Uebrigens ist mir aufgefallen, dass ich schon vor 14 Tagen einen Se-
peratabzug von Schubert's "Tangentensingularitäten" erhielt, während
ich von meinen "Abelschen" immer noch keine Abdrücke sah.

Was sagen Sie denn zu Harnack's Berufung nach Dresden? Das nenne ich
eine Carriere. H.⎡arnack⎤ übernimmt damit, ich kann das sehr gut mit-
empfinden, eine grosse und schöne aber auch eine sehr schwere Aufgabe.
- Nun müssen die Darmstädter wieder Jemanden suchen! [2])

Mit bestem Gruß

Ihr F. Klein

---

[1]) Vgl. Brief 13.
[2]) Vgl. dazu Abschnitt 5. der Einleitung. Nachfolger von HARNACK
     an der TH Darmstadt wurde KIEPERT, vgl. Brief 7, Anm. 3.

28. F. Klein an A. Mayer

München, 5. 4. 1877

Lieber Freund!

Gestern Abend bin ich von einem ungefähr 8-tägigen Aufenthalt in Erlangen zurückgekommen. Ich habe natürlich viel mit Gordan geplaudert aber
doch eigentlich noch mehr Nichts gethan, was mir, wie ich glaube, ganz
nützlich gewesen ist. - Heute vor allen Dingen meinen Dank für Ihr
Programm, das ich mit Interesse gelesen habe: Die Zeit damals war doch
anders wie heute, und man kann Manches kaum mehr verstehen. - Dann wegen Göttingen. [1]) Ich werde, nachdem ich es vielfach hin u. her überlegt, nun wohl definitiv _nicht_ reisen. Aus privaten Gründen und wegen
meiner Vorlesungen würde ich es nur sehr ungern thun, und dazu steht,
was man dort erwarten darf, nicht im Verhältnisse. Um so lieber wäre
es mir, wenn Sie hingingen, damit doch die Annalen vertreten sind. Sie
haben es von Leipzig aus auch viel leichter als ich von hier aus. Auch
würde ich, wenn ich nach G.⎡öttingen⎤ ginge, gar so leicht in eine
fruchtlose Opposition hineingedrängt werden. - Uebrigens höre ich,
daß nicht nur die gesammten Berliner sondern z. B. auch Hermite kommt.
⎡...⎤
Ich bin etwas unschlüssig wegen des sehr vielen Stoffes, der uns zu-
fließt, und möchte jetzt beinahe vorschlagen, Sturm's Abhandlung so in 2
Theile zu theilen, daß die 2te Hälfte erst später, vielleicht erst im
dritten Hefte kommt. In nächster Zeit nämlich hoffe ich fertig zu machen:

1) Die von Gordan bereits in Aussicht gestellte Arbeit über Primformen,[2]

2) eine kleine eigene Note über algebraisch integrirbare lineare Differentialgleichungen (und beide Sachen sähe ich gern recht bald gedruckt) [3]

Nun lief aber noch ein:

3) ein Aufsatz von Graßmann über die Principe in der Mechanik [4], den man um so weniger zurückweisen wird, als der alte Herr verdient, daß man ihn besonders gut behandelt,

4) ein Bericht von Ovidio über gewisse von ihm sonst ausgeführte Arbeiten über metrische Verhältnisse von n Dimensionen. [5] Ich glaube, daß ich O./vidio/ noch um Umarbeitung bitten werde, aber übrigens habe ich den Bericht selbst aus ihm herausgelockt, so daß ich ihn nicht ablehnen kann oder mag,

5) eine Arbeit von Schröder über den Formalismus der Logik. Der Gegenstand ist sicher interessant, aber ich werde wohl dem Verf./asser/ schreiben: wenn er den Aufsatz nicht stark zusammenzöge werde er auf den Druck warten müssen. [6] Doch möchte ich ihm das erst schreiben, wenn ich über den muthmaßlichen Verlauf des Druckes selbst genauer orientirt bin. -

Gegen Ende des Sommers werde ich wahrscheinlich die beiden Noten "Weitere Untersuchungen über das Ikosaeder", um noch eine vermehrt, und übrigens umgearbeitet, an die Annalen schicken. [7] Zu einer Abhandlung kann ich den Gegenstand nicht gestalten, da er immer mehr wächst und ich weiter als je vom Abschluß bin.

Daß mich Darboux jetzt auf dem Titel nicht nennt, ist mir neu; er hat aber auch nie bei mir angefragt, ob er mich nennen solle oder dürfe. Er ist ebenso eigenmächtig als unordentlich und ich kann, glaube ich, allen solchen Dingen gegenüber nichts Anderes thun, als sie ignoriren.-

Wenn man in Leipzig wirklich einen Geometer sucht, so nenne ich zunächst Nöther; ich nenne dann zu zweit Lindemann, der sich eben in Würzburg habilitirt. Aber es ist ja noch verfrüht, darüber ausführlicher zu schreiben?

Mit herzlichem Gruß

Ihr F. Klein

---

[1] Die Ausführungen beziehen sich auf die Feier zur 100. Wiederkehr des Geburtstages von C. F. GAUSS. Vgl. SCHERING, E.: Zur Feier der hundertsten Wiederkehr von Gauß Geburtstage. Nachrichten von der Königl. Gesellschaft der Wissenschaften und der G. A. Universität zu Göttingen (1877), 229 - 237.

[2] GORDAN, P.: Binäre Formen mit verschwindenden Covarianten. Mathemati-

sche Annalen $\underline{12}$(1877), 147 - 166.

3) [52, Bd. 2, S. 307 - 320].

4) GRASSMANN, H.: Die Mechanik nach den Prinzipien der Ausdehnungslehre. Mathematische Annalen $\underline{12}$ (1877), 222 - 240.

5) OVIDIO, H.: Les fonctions métriques fondamentales dans un espace de plusieurs dimensions et de courbure constante. Mathematische Annalen $\underline{12}$(1877), 403 - 418.

6) Es erschien nur eine kurze Fassung: SCHRÖDER, E.: Note über den Operationskreis des Logikcalculs. Mathematische Annalen $\underline{12}$(1877), 481 - 484.

7) [52, Bd. 2, S. 321 - 384].

29. F.Klein an A.Mayer

München, 10. 4. 1877

Lieber Freund!

/.../

Wegen der Anordnung ist mein Wunsch, daß wir Dubois und vor Allem Brill (dem ich es versprach) und dann auch Ihre Note noch in's erste Heft bringen, also jedenfalls Sturm voransetzen. /.../

Ihr mechanisches Resultat scheint mir sehr schön, ob ich es schon gar nicht durchgedacht habe. Wie weit ist von da bis zum Weber'schen Gesetz? - Mit meinen Plänen harmoniren die Lie'schen Absichten soweit recht gut, als die ersteren noch gar nicht gefaßt sind und sich nach den letzteren richten sollen. [1])

Mit bestem Gruß

F. Klein

---

[1]) KLEIN erwartete SOPHUS LIE im Jahre 1877 in München, vgl. Briefe 34 bis 36.

30. F.Klein an A.Mayer

München, 22. 4. 1877

Lieber Freund!

/.../

Ich arbeite zur Zeit, wie ich Ihnen wohl schon schrieb, daran, meine Ikosaedernoten in eine Arbeit für die Annalen umzugestalten. Ich denke damit in 2 - 3 Monaten sicher fertig zu sein. Ausserdem aber machte ich, da ich hauptsächlich auf Brioschi fusse und dessen erste und wichtigste

Arbeiten über Gleichungen fünften Grades in schwer zugänglichen italienischen Journalen (Tortolini, Istituto Lombardo etc.) enthalten sind,
schon neulich Br./ioschi/ den Vorschlag, diese für die Annalen zu über-
setzen und meiner Arbeit voranzustellen. Es würde nach meiner Berechnung, wenn Br./ioschi/ vielleicht noch eine Note zufügt, 50 - 60 Seiten in den Annalen füllen. Dann würde meine Arbeit höchstens mit ebensoviel kommen. Ich denke eigentlich nicht, dass Das noch in Bd. XII.
geschehen soll; wenn aber kein anderes Material vorliegen sollte, würde ich immer zur Zeit fertig werden; andererseits würde ich auch wünschen, diese Dinge, an denen mir sehr liegt, nicht zu spät publicirt
zu sehen. /...7 [1])

Mit bestem Gruß

Ihr

F. Klein

---

[1]) KLEINs Untersuchungen über das Ikosaeder erschienen noch in Band 12
der "Mathematischen Annalen", während die Arbeiten von BRIOSCHI
nicht so rasch fertig wurden wie ursprünglich vorgesehen (vgl. [10]).

31. F.Klein an A.Mayer

München, 11. 5. 1877

Lieber Freund!

Ich habe lange nicht geschrieben, da ich mit Allerlei und besonders
meinem Ikosaeder beschäftigt war. Zuvörderst meinen Dank für die Nachrichten aus Göttingen. [1]) Mit den Annalen lassen wir es einstweilen jedenfalls noch hingehen; ich will Gordan, wenn ich ihn in den nächsten
Wochen einmal sehe, davon sprechen. - Gestern kam Brioschi auf der
Rückreise [2]) hier durch und ich habe einige genussreiche Stunden mit
ihm verbracht. Er beschwert sich, dass er sein Freiexemplar der Annalen so spät erhalte, viel später als z. B. das Istituto Gunica in Mailand das von ihm bezahlte Exemplar, trotzdem die Vermittlung durch denselben Buchhändler geht. Br./ioschi/ bittet sehr um Abstellung dieses
Misstandes.

/...7

Wie ist es denn mit den Referaten zu Bde XI für Darboux? Wir werden
bald daran gehen müssen; ich kann freilich erst in 3 - 4 Wochen daran
denken. - Bezüglich der Ohrtmannschen Referate meine ich auch, dass
O./hrtmann/ gar keinen vernünftigen Grund hat, Originalreferate auszu-
schliessen: acceptirt er sie doch z. B. von Neumann, Lipschitz etc. al-

so von der nächst höheren Altersclasse.

Mit Brioschi habe ich jetzt so abgeredet, dass er wahrscheinlich einige seiner alten Noten umarbeitet und zusammenfasst, dass ich dann das
Ganze übersetze. Damit und mit meiner Arbeit über das Ikosaeder, die
recht lang wird, muß ich im Sommersemester fertig werden und hoffe immer mehr, es zu können. Um etwas Bestimmtes vor mir zu haben, möchte
ich schon jetzt proponiren, dass wir Bd. XIII mit diesen Arbeiten eröffnen. Sie werden das erste Heft ausfüllen.

Mit bestem Gruß

Ihr F. Klein

---

[1]) A. MAYER nahm an der Feier zur 100. Wiederkehr des Geburtstages von
GAUSS in Göttingen teil.
[2]) F. BRIOSCHI hatte sich ebenfalls an den Gauß-Feierlichkeiten in
Göttingen beteiligt.

32. F. Klein an A. Mayer

München, 26. 6. 1877

Lieber Freund!

Ich habe heute endlich mich wegen der Darboux'schen Referate orientirt
und gesehen, daß er nur erst die Referate über den 8. Band abgedruckt
hat. Da scheint es mir in der That wenig angebracht, daß wir den 11.
Band bereits bearbeiten, und ich habe also in Ihrem Sinne an Darboux
geschrieben, indem ich ihm folgenden Vorschlag machte: Wir schicken
ihm nur Referate über größere Aufsätze, wo er sie wünscht oder es uns
wichtig scheint; übrigens soll er nur die Titel in der Revue biblio-
graphique anführen. [1]) Ich wünsche für meine Theilnahme dann ein Exemplar des Bulletin zu erhalten. -

Neuerdings übrigens schickte mir Gauthiers-Villars Abrechnung wegen
der Referate über Bd. VIII zu 58 fr. Ich habe dieses Mal die Sache in
der Weise acceptirt, dass ich mir einen Hermite'schen Aufsatz, den
neuen Briot-Bouquet, [2]) und die bis jetzt erschienenen Hefte von Bd.
XII des Bulletin kommen liess. Uebrigens aber bitte ich Sie, beim
nächsten Male von Ihrer Seite das Honorar in Empfang zu nehmen; wir
arbeiten gleichmässig an den Referaten und sollen uns auch gleichmässig
in diese Resultate theilen. Ich hoffe immer, dass die später fortfal-
len und habe Das jetzt wieder mit Bezug auf den neuen von mir vorge-
schlagenen Modus an Darboux geschrieben, da das Verhältnis zu den Autoren kein klares ist. /...7

Ich muß doch noch einmal wegen des Druckes schreiben! Was in aller Welt ist denn da die Ursache: ich meine, Teubner hat uns gegenüber eine Verpflichtung, gleichförmig und nicht nach Laune vorwärts zu drukken. Vermuthlich soll irgend ein Werk fertig gedruckt werden, hinter dem wir zurückstehen müssen. Und Das ist doch schändlich, um so mehr, als man uns mit Redensarten abspeist. - Ich bin für unsere Naturforscherversammlung [3]) auch mit Drucksachen beschäftigt, da will ich sogleich Bemerkungen ganz ähnlicher Art an die Druckerei schreiben.

Mit herzlichem Gruß

Ihr F. Klein

---

[1]) Vgl. auch Abschnitt 6. der Einleitung.

[2]) Die Pariser Wissenschaftler J. C. BOUQUET und CH. BRIOT, Professoren an der Sorbonne, publizierten mehrfach gemeinsam Bücher, die in vielen Auflagen erschienen, u.a.: Leçons de trigonométrie, 7. éd. Paris 1877; Leçons de géométrie analytique, 10. éd. Paris 1880; Théorie des fonctions ellipt. 2. éd. Paris 1875.

[3]) Die Versammlung deutscher Naturforscher und Ärzte fand vom 17. bis 22. September 1877 in München statt; vgl. auch Abschnitt 4. der Einleitung und [47].

33. F. Klein an A. Mayer

München, 4. 8. 1877

Lieber Freund!

Soeben erhalte ich Ihre Karte, die mich sehr erfreut. [1]) Also auf baldige Begegnung! Ich möchte Ihnen Hotel Marienbad anrathen; das liegt nahe bei meiner Wohnung und auch in unmittelbarer Nachbarschaft der Dinge, welche Sie sonst vermuthlich interessiren. - Ich schreibe noch wegen Pringsheim. P. ist bereits abgereist gewesen, aber ich hatte heute Morgen von ihm Briefe. Ich meine, wir sollten in der That P. entgegenkommen/ es liegt mir auch wegen unserer Münchener Beziehung daran/ und mit der Arbeit etwa Heft 4 beginnen. [2]) Er wird dann seine Seperatabzüge bis Oktober bekommen können (können Sie sich dessen vielleicht noch bei Teubner versichern) und es schadet dann Nichts, wenn das Heft selbst erst später erscheint. Wegen der Anordnung der übrigen Aufsätze sprechen wir dann nächstens mündlich.

Mit herzlichem Gruße

Ihr F. Klein

---

[1]) A. MAYER kündigte seine Teilnahme an der mathematischen Sektion der Naturforscherversammlung im September 1877 in München an. Er nahm

jedoch schließlich nicht teil.

[2]) Es war die zweite Arbeit von ALFRED PRINGSHEIM in den Annalen: Zur
Theorie der hyperelliptischen Functionen, insbesondere derjenigen
dritter Ordnung. Bd. $\underline{12}$(1877), 435 - 475. Zur Bewertung der Mitarbeit PRINGSHEIMs an den Annalen vgl. auch Abschnitt 6. der Einleitung.

34. F.Klein an A.Mayer

München, 27. 8. 1877

Lieber Freund!

Anbei schicke ich den Anfang des Manuscriptes von Pringsheim, [1]) das
mir heute Morgen zugekommen war; es ist doch so daß Sie die Correctur
übernehmen? Die Referate für Darboux habe ich richtig erhalten; ich
werde sie erst abschicken, nachdem ich mit Lie wegen seiner Arbeit gesprochen habe. Dieser Lie ist noch immer nicht da; endlich erhalte ich
gestern eine Postkarte, die sein Kommen auf den 1. September in Aussicht stellt. Wenn Sie in dieser Zeit durch den Zustand Ihrer Frau Gemahlin gehindert sind, so ist es mir nur angenehm, wenn Lie auch noch
bis halben Oktober hier bleibt. Die Naturforscherversammlung wird doch
im September nur zu viel Störung veranlassen. - Ich habe in diesen Tagen noch Viel für das Ikosaeder gerechnet, um die leeren Plätze zu
füllen, von denen ich Ihnen schrieb. Ganz fertig bin ich noch nicht;
wenn ich soweit bin wende ich mich direct an den Factor. [2]) Mit herzlichem Gruß

Ihr

F. Klein

---

[1]) Vgl. Brief 33.

[2]) Vgl. Brief 19.

35. F.Klein an A.Mayer

München, 6. 9. 1877

L. Fr.! Ich bin in eifrigem Verkehr mit Lie. Soeben treffen die ersten
Blätter der Brioschi'schen Arbeit ein. Bäcklund schickte eine Abhandlung: "Ueber partielle Differentialgleichungen höherer Ordnung, die intermediäre Integrale besitzen, II" 96 Seiten stark. Ich will sie noch
mit Lie durchsehen. Wie ist es mit dem Septembercircular?

Mit bestem Gruß

Ihr F. Kl.

36. F. Klein an A. Mayer

München, 25. 9. 1877

Lieber Freund!

Soeben erhalte ich Ihre willkommene Sendung und antworte sofort mit einigen Zeilen, damit Sie mich doch nicht für verschollen halten, nachdem ich mich freilich der Naturforscherversammlung wegen 14 Tage eingekapselt hatte. Vor allen Dingen schicke ich das Circular, das liegen geblieben war, weil ich Gordan persönlich gesprochen hatte. So dann antworte ich wegen in Aussicht stehenden Material's,

$\underline{1}$. Von Brioschi habe ich jetzt 27 Seiten. Das wird die Hälfte oder ein Drittheil des Ganzen sein. Aber wann B./rioschi/ fertig wird, läßt sich nicht mit Bestimmtheit sagen, da er selbst über seine Zeit nur wenig verfügen kann.

$\underline{2}$. Meine Pläne mit Lie haben Schiffbruch gelitten. Vor der Versammlung hatten wir genug zu thun, um uns gegenseitig zu erzählen. Nun hat sich gezeigt, daß in den Minimalflächen ein Fehler steckt. [1]) Jetzt ist L./ie/ dahinter her und ganz occupirt; von einem Fertigredigiren für die Annalen kann vernünftigerweise keine Rede sein.

$\underline{3}$. Cremona hat mir eine kurze Notiz versprochen über F_3. [2])

$\underline{4}$. Mit Rodenberg habe ich dessen Arbeit über F_3 durchgesprochen. [3]) Er wird sie in 3 - 4 Wochen schicken.

$\underline{5}$. Soeben bekomme ich einen Brief von Schubert, der seine Beiträge II uns "im November" zuschicken will [4]); desgleichen einen Brief von Voß, der krank war und nicht arbeiten darf.

$\underline{6}$. Tröstlicher ist, daß Gordan mir sein fertiges Manuscript gegeben hat, was hoffentlich schon in 14 Tagen, von mir durchgearbeitet, fertig in Ihren Händen sein wird./ Höchstens 2 Bogen!/ Außerdem haben wir Bäcklund auf Lager, an den ich nun auch wohl komme, dann vermuthlich Böddiker und das Material, welches wir ohnehin besitzen. Für die letzte Annalenseite hätte ich eine Zahlennotiz betr. Ikosaeder; aber ich fürchte, daß ich sie bis dahin nicht fertigstellen kann (das ist sogar, wie ich es mir jetzt überlege, leider sicher; ich habe in diesen Tagen den ganzen amtlichen Bericht unserer Versammlung zu ordnen.) Lassen Sie doch bitte bald Ihr Potential und auch Ihre Kriterien abdrucken! [5]) Was nützt es, wenn Sie sie zurückhalten?

Ein nächstes Mal mehr, unsere Versammlung war, wie ich denke, gerade mathematisch sehr gelungen.

Mit bestem Gruße

Ihr F. Klein

---

1) LIE hatte auf der Naturforscherversammlung folgenden Vortrag gehalten: Über Minimalflächen, insonderheit über reelle algebraische.

Als Anmerkung dazu ist im"Amtlichen Bericht"dieser Versammlung vermerkt: "Der Verfasser theilt nachträglich mit, dass er den Fall, in welchem die Minimalfläche eine Doppelfläche wird, nicht hinreichend berücksichtigte. Tritt dieser Fall ein, so sind die Formeln für die Ordnung und Classe, welche der Verfasser angab, durch 2 zu dividiren." Vgl. [47, S. 94].

Zum Hintergrund des Irrtums vgl. auch die Anmerkung von F. ENGEL in [66, Bd. 1, S. 786 - 789]. LIE publizierte schließlich die Arbeit "Beiträge zur Theorie der Minimalflächen". Mathematische Annalen 14(1878), 331 - 416.

2) CREMONA, L.: Über die Polar-Hexaeder bei den Flächen dritter Ordnung. Mathematische Annalen 13(1878), 301 - 314. - CREMONA hatte diesen Beitrag auf der Naturforscherversammlung 1877 in München vorgestellt. Insgesamt publizierten die Annalen drei Beiträge von ihm.

3) RODENBERG, C.: Zur Classification der Flächen dritter Ordnung. Mathematische Annalen 14(1878), 46 - 110.

4) Die Ausführungen beziehen sich auf SCHUBERTs umfangreiche Abhandlung: Die fundamentalen Anzahlen und Ausartungen der cubischen Plancurven nullten Geschlechts. (Zweite Abhandlung der "Beiträge zur abzählenden Geometrie".) Mathematische Annalen 13(1878), 429 - 539. Vgl. Brief 9, Anm. 2.

5) Es handelt sich um zwei Arbeiten, die MAYER 1877 in den Berichten der Kgl. Sächs. Gesellschaft der Wiss. publiziert hatte. Sie wurden im Bd. 13(1878) der "Mathematischen Annalen" nachgedruckt, da die Berichte der Gesellschaft weniger verbreitet waren.

37. F. Klein an A. Mayer

München, 27. 9. 1877

Lieber Freund!

Ich bin in gelinder Verzweiflung. Die Geschäfte, nun nach Schluß der Versammlung 1), dazu Lie, Lindemann, Gordan, Annalen und Ikosaeder machen mich todt. Es geht nicht anders, ich muß Ihnen, damit der Druck vorwärts geht, Bäcklund schicken und Sie bitten, ihn sprachlich zu verbessern. Ich selbst habe es bis p. 21 gethan, wo der Bleistiftstrich am Rande ist. Bäcklund schreibt zu kühn geometrisch; ich will ihm darüber Vorstellung machen; dieses Mal lassen wir es wohl noch durchgehen. 2) Denn ich komme nun doch nicht dazu, es durchzusprechen, da weder ich noch Lie Zeit hat, L./ie/ ist ganz in Minimalflächen vertieft. Außerdem lege ich bei eine Notiz von Harnack, 3) die eben einlief. Böddiker's Arbeit 4) muß ich, so leid es mir thut, noch umarbeiten lassen; er kennt oder nennt keine Literatur und übrigens ist es nicht viel. Von Brioschi erhielt ich eine neue Sendung von einigen Folioseiten, so daß es doch vermuthlich bald fertig wird.

Mit herzlichem Gruß   Ihr F. Klein

---

[1]) KLEIN leitete das Redaktions-Comité des Amtlichen Berichts der 50.
Versammlung Deutscher Naturforscher und Ärzte. In der Sektion Mathematik und Astronomie hatte er selbst zwei Vorträge gehalten:
"Über die Gestalten der Kummer'schen Fläche" [47, S. 95] und "Über
elliptische Functionen" [47, S. 104].

[2]) BÄCKLUND, A. V.: Ueber partielle Differentialgleichungen höherer
Ordnung, die intermediäre erste Integrale besitzen. Zweite Abhandlung. Mathematische Annalen 13(1877), 69 - 108.

[3]) HARNACK, A.: Bemerkungen zur Geometrie auf den Linienflächen vierter Ordnung. Mathematische Annalen 13(1878), 49 - 52.

[4]) Eine Arbeit des Astronomen OTTO BÖDDICKER erschien in den Annalen
nicht.

38. F. Klein an A. Mayer

München, 3. 10. 1877

Lieber Freund!

Daß Sie mit der Bäcklund'schen Arbeit so viele Mühe hatten, thut mir
sehr leid, aber ich konnte es wirklich nicht anders machen. Lie, der
nun bald (vielleicht Sonntag) zu Ihnen kommen wird, will Ihnen /Sie/
ausführlich über B./äcklund/ sprechen. Nun es Ihrer Gemahlin gut geht,
hoffe ich, er soll längere Zeit in Leipzig bleiben. Ich bedauere die
Minimalflächenepisode nicht so sehr, obgleich sie ja im Augenblick
störend ist; denn L./ie/ wird dadurch gezwungen, sich neue Gebiete an-
zueignen, und das ist jedenfalls sehr nützlich.

/.../

Inzwischen habe ich von mir aus die Gordan'sche Arbeit beendet (43
meiner Schreibseiten), was mich sehr freut. An einem Puncte hatte ich
noch Anstand, was vermuthlich leicht von Gordan erledigt wird, so daß
die Arbeit wahrscheinlich in den nächsten Tagen in Leipzig anlangt. -
Lie schreibt noch. -

Mit herzlichem Gruß

Ihr F. Klein

39. F. Klein an A. Mayer

München, 16. 10. 1877

Lieber Freund!

Unsere Karten haben sich wieder einmal gekreuzt. Ich antworte sofort,
weil ich gestern wieder eine Sendung von Brioschi und Brief von ihm

erhielt. Bis jetzt habe ich 62 Seiten seiner Arbeit; es fehlt nur noch
ein Abschnitt und ich halte es nicht für zu sanguinisch, daß in 14 Tagen die ganze Arbeit beisammen ist. [1]) Hernach setze ich mich unmittelbar an die Gordan'sche Arbeit [x]/ und, soweit ich die Sache übersehen
kann, meine ich, daß ich sie werde bis zum 10. November schicken können. Sie wird beiläufig 50 Seiten meiner Schrift stark. Es kann dann
nicht mehr lange dauern, bis die versprochenen Arbeiten von Schubert
und Rodenberg [2]) eintreffen. So meine ich wird es doch nicht nöthig
werden, den Druck zu unterbrechen, sondern wir müssen ihn nur eine Zeit
lang langsamer gehen lassen. [xx]/ Einmal fürchte ich eine volle Unter-
brechung, weil es dann schwer sein wird, daß Teubner wieder anfängt,
wenn wir es wollen; andererseits liegt mir sehr an dem baldigen Erscheinen der Arbeiten von Brioschi und Gordan, weil sie mit meiner Iko-
saederuntersuchung zusammen den Annalen ein Gebiet erobern, das ihnen
seither gefehlt hatte.

Neumann, der 2 Tage hier war und mit dem ich viel plauderte, wird Ihnen
von hier erzählen. Ich freue mich, daß es bei Ihnen zu Hause nach
Wunsch geht.

                           Mit herzlichem Gruß
                                              Ihr
                                              F. Klein

[x]/ die zur Zeit bei Gordan in Erlangen ist.

[xx]/ Ordnen Sie inzwischen das Nöthige an, ich schreibe nur, was ich in
      bestimmter Aussicht habe.

---

[1]) Die Arbeit von BRIOSCHI erschien 1878 in den Annalen, vgl. [10].
[2]) Vgl. Brief 36, Anm. 3 und 4.

40. A. Mayer an F. Klein

                                            Leipzig, 29. 4. 1878
Lieber Freund! [1])

Ihren Brief habe ich gestern früh erhalten u. freue mich, daß Sie von
Ihrer Reise so befriedigt zurückgekehrt sind. Schreiben Sie mir doch
gelegentlich, wie Sie gegangen u. wo Sie alles gewesen sind. Ihre Frau
war doch noch mit? Neumann war am Lago maggiore u. ist über München zu-
rückgereist, daher die Karte.

Aus unserer Berliner Fahrt ist nichts geworden u. so bin ich dann nur
nach Dresden gekommen, wo ich unter Harnack's freundlicher Führung das

Polytechnikum besichtigt u. Zeuner u. Töpler[2]) kennengelernt habe. Die Festtage waren Harnack und Frau hier. Er hatte eben den Ruf nach Rostock bekommen, den er aber ausschlagen wollte. Von seiner Dresdner Stellung ist er sehr befriedigt, nur klagt er über die vielen Vorlesungen u. hofft, daß er die Berufung noch eines 2ten Mathematikers werde erreichen können. [3]) Sonst habe ich hier noch Cantor u. Kiepert gesehen, von denen der letztere sich in Darmstadt sehr wohl fühlt.

Den Aufsatz von Cayley habe ich eben zu Teubner gebracht; er soll sofort in Satz gegeben werden, aber mit ihm wird Bd. XIII immer noch nicht fertig. [4]) Cayley wird, denke ich, allerhöchstens 6 Seiten füllen, so daß von Bogen 36 noch 10 Seiten leer bleiben. Von Bd. XIV sind die 4 ersten Bogen gesetzt u. die Correcturen sollen jetzt verschickt werden. Die letzten Correcturbogen haben Sie doch bei Ihrer Ankunft vorgefunden u. wissen daher, was inzwischen von neuem Material gedruckt worden ist. - Ich habe sonst nur noch eine neue Arbeit erhalten: Ueber das Problem der magnetischen Induction auf 2 Kugeln von Chwolson in Petersburg. [5]) Mühll hat gegen ihre Aufnahme gestimmt, jetzt will sie Neumann noch durchsehen, weil ihn das Thema interessirt. Eine oder einige kleinere Noten zur Ausfüllung von Bd. XIII wären jetzt sehr wünschenswerth. [6]) Könnten wir nicht eventuell Ihre Gleichungen V. Grades, für deren Zusendung ich bestens danke, abdrucken? Allein reichen sie allerdings auch noch nicht aus, aber nach Anderem würden sie möglicher Weise zur Abrundung sehr wertvoll sein können. Eingehender werden Sie doch wohl diese brillanten Resultate jetzt nicht veröffentlichen wollen, um der ausführlichen Abhandlung nicht vorzugreifen?

Bäcklund hat mir auf meine Bitte recht verständliche Referate für Königsberger geschickt u. ich habe mich gefreut, aus seinem Briefe zu ersehen, daß er mit seiner Stellung und seinen Vorlesungen zufrieden ist. Er arbeitet an einer dritten Abhandlung über part./ielle/ Dffgl., die ihm aber noch verschiedene Schwierigkeiten mache.

Durch Teubner habe ich ein großes Packet mit der gedruckten Adresse

        La reale Accademia dei lincei opedisce a Math. Annal. etc.,

enthaltend 3 Bde 1876 - 77 und 2 Hefte von 1877 - 78, erhalten, ohne jede weitere Mittheil./ung/ über die nähere Bestimmung. Da auch Neumann nichts darüber weiß, so kann die Sendung jedenfalls nur für Sie oder Gordan bestimmt sein.

Ich fange morgen meine Vorlesungen an u. es graut mir wie gewöhnlich vor dem Anfange. Das Annalencircular will ich Ende dieser Woche abgehen lassen.

                        Mit herzlichem Gruß

                            Ihr A. Mayer

[1]) Das ist der erste Brief von MAYER, den KLEIN aufbewahrte.

[2]) GUSTAV ZEUNER war seit 1873 o. Professor der Mechanik an der TH
Dresden; AUGUST TOEPLER wirkte dort seit 1876 als o. Professor der
Physik und Direktor des physikalischen Instituts.

[3]) HARNACK erreichte dieses Ziel. Von 1879 bis 1885 wirkte AUREL VOSS
neben ihm.

[4]) CAYLEY, A.: A theorem on groups. Mathematische Annalen 13(1878),
561 - 565.

[5]) Eine Arbeit des Physikers OREST DANILOVIČ CHVOL'SON - er hatte
1873/74 in Leipzig studiert - erschien in den Annalen nicht.

[6]) Mehrere Briefe aus den Jahren 1878 und 1879 deuten an, daß neue Beiträge zur Publikation nicht im Überfluß vorhanden waren. Der Bd. 13
(1878) wurde dadurch gefüllt, daß zwei Arbeiten von CARL NEUMANN
aus den "Berichten der Kgl. Sächs. Ges. d. Wiss." wieder abgedruckt
wurden.

41. A. Mayer an F. Klein

Leipzig, 7. 5. 1878

Lieber Freund!

/...7

Scheibner rückte gestern, als ich ihn besuchte, wieder mit einer alten
Idee heraus, von der ich Neumann, der sie im ersten Augeblicke sehr
lebhaft erfaßte, schon lange glücklich zurück gebracht habe, u. bestand so hartnäckig auf derselben, daß ich, nachdem alle meine Gegen-
gründe erschöpft waren, ihm endlich sagte, ich würde Ihnen darüber
schreiben. Vielleicht sind Sie ja auch darin anderer Meinung als ich.
Scheibner wünscht, daß wir mit den Annalen Supplementbände verbinden
sollten, welche den Wiederabdruck solcher wichtiger älterer Werke u.
Abhdlg. brächten, die jetzt nicht mehr oder doch nur äußerst schwer zu
beschaffen sind. Also z. B. Fourier's Wärmetheorie u. Cauchy's Exer-
cices, letztere jedoch nur ausgewählt. Der Plan ist an sich allerdings
recht schön, aber seine Ausführung würde nach meiner Meinung ganz ko-
lossale Arbeit erfordern u. wer soll die übernehmen? Zudem sehe ich,
offen gestanden, auch gar nicht den Nutzen ein, den die Verbindung dieses Unternehmens mit den Annalen haben sollte. Es würde doch ebensogut
für sich allein, als mit den Annalen verbunden, gehen, wenn es überhaupt ordentlich geleitet würde. [1])

Um Ihre italienische Reise möchte ich Sie beneiden; ich kenne nur Ge-
nua u. die Riviera nach Nizza zu, aber das sind doch meine schönsten
Reiseeindrücke. Haben Sie denn die Unterhaltung italienisch führen können? Ihre Frau wird sich wohl auch besser amüsirt haben, als vor 4 Jah-

ren Frau Lie in Düsseldorf. Von Lie habe ich noch immer keine Nachricht.
Mit herzlichem Gruß

Ihr
A. Mayer.

----

[1]) KLEIN stimmte ebenfalls gegen den Vorschlag von SCHEIBNER, vgl.
Brief 42.

42. A. Mayer an F. Klein

Leipzig, 17. 5. 1878

Lieber Freund!

Neumann meinte, daß es mit Rücksicht auf Ihre Unternehmungslust und
Arbeitskraft gefährlich sei, Ihnen den Scheibnerschen Plan mitzutheilen. [1]) Ich freue mich daher doppelt, daß ich Recht behalten habe, als
ich ihm entgegnete, Sie würden in Betreff dieses Planes ganz unserer
Meinung sein. Auch, was die Doctordissertationen anbetrifft, stimmen
wir vollkommen überein u. ich bin ganz damit einverstanden, im Princip
dieselben überhaupt auszuschließen. [2]) Sie wissen doch, daß bereits
Neumann, um kein Präjudiz zu schaffen dies Princip speziell für die
hiesigen Doctordissertationen aufgestellt hatte. Mit den Göttinger Dissertationen aber haben wir jedenfalls ganz absonderliches Pech. Das
ist nun schon die dritte, die zurück wandert u. wie durch diese Abwei-
sung sich Schwarz gekränkt fühlt, so habe ich mir durch eine frühere
Scherings Unwillen zugezogen /.../ [3])

Mit herzlichem Gruß
Ihr
A. Mayer

----

[1]) Vgl. Brief 41.

[2]) Mit wenigen Ausnahmen druckten die Annalen keine Dissertationen,
vgl. Abschnitt 6. der Einleitung.

[3]) Es ist durchaus möglich, daß auch hier eine Ursache dafür liegt, daß
die Göttinger Mathematiker HERMAN AMANDUS SCHWARZ und ERNST SCHERING
in einem Separatvotum gegen FELIX KLEIN stimmten, als dieser 1886
an die Universität Göttingen berufen wurde.

43. A. Mayer an F. Klein

Leipzig, 25. 5. 1878

Lieber Freund! Ihre Sendung habe ich erhalten u. bin ganz Ihrer Mei-

nung, Aufsätze von Leuten wie St. [1] ohne Weiteres aufzunehmen, was
auch Neumann's ausgesprochene Ansicht ist. Daß Sie in diesem Sommer
für Ihre Gesundheit etwas Ordentliches thun, freut mich sehr u. ich
hoffe nur, daß Sie Ihren guten Vorsätzen treu bleiben werden. Sie dürfen auch entschieden diese Zeichen von Ueberanstrengung nicht zu leicht
nehmen. Lie hat mir inzwischen 2 neue Abhandlungen [2] geschickt; auf
den Inhalt seiner Transformationsgruppen bin ich sehr gespannt, ich
möchte nur, bevor ich Sie durchnehme, einen Aufsatz für die Sächs. Berichte ausarbeiten, der mir im Grunde wenig Freude macht u. den zu
veröffentlichen mir andererseits wieder Bedürfniß ist, weil er meine
früheren Arbeiten über die Kriterien der Ma /Maxima7 ergänzt.

Mit herzlichem Gruß

Ihr A. Mayer

---

[1] Damit war mit großer Wahrscheinlichkeit der österreichische Mathe-
    matiker OTTO STOLZ gemeint (vgl. Brief 15). STOLZ publizierte seit
    1871 in den Annalen. Hier handelte es sich um den Aufsatz "Über die
    Grenzwerthe von Quotienten". Mathematische Annalen 14(1878), 231 -
    240.

[2] Aus dem Brief von MAYER an KLEIN vom 3. 6. 1878 geht hervor, daß
    es sich um Separatabzüge aus LIE's Archiv und nicht um Abhandlun-
    gen für die "Mathematischen Annalen" handelte.

44. A. Mayer an F. Klein

Leipzig, 2. 7. 1878

Lieber Freund!

/...7 Die Lie'schen Transformationsgruppen habe ich leider wieder ad
acta legen müssen. Es ist mir gleich in den ersten §§ gar zu vieles
unverständlich u. ich kann mich nur äußerst schwer dahin bringen, weiter zu gehen, solange mir in dem Früheren noch wesentliche Punkte ganz
unklar sind. Jedenfalls hat Lie wieder so manchen Zwischensatz ausge-
lassen, der, ihm selbst völlig evident, anderen zum Verständniß doch
unumgänglich nothwendig ist. Nun hoffentlich wird er über den Drang
Neues zu produciren nicht ganz das Alte vergessen u. auch wieder einmal daran denken, Letzteres ordentlich für die Annalen auszuarbeiten!

Mit herzlichem Gruß

Ihr

A. Mayer.

45. A. Mayer an F. Klein

Leipzig, 22. 7. 1878

Lieber Freund!

Ihre Aufträge an Teubner u. an Laska [1]) habe ich ausgerichtet. Laska hat mir versichert, daß Sie Ihre Separatabzüge in allernächster Zeit erhalten werden u. die Frage wegen überzähliger Frei-Exemplare wird natürlich immer zunächst an uns gehen.

Die Aussicht einen geometrischen Privatdocenten aus Ihrer Schule zu erhalten, freut mich natürlich sehr; ich habe nur, fürchte ich, die Sache Neumann gegenüber etwas ungeschickt angefangen. Als ich ihm nämlich heute Morgen Ihren Brief mittheilte, verhielt er sich in Betreff der Habilitation Rohn's merkwürdig kühl u. kam mir mit so vielen "wenn" u. "aber", daß ich das Gefühl habe, es hat ihn etwas verschnupft, daß ich ohne ausdrücklichen Auftrag von ihm u. Scheibner, Ihnen den Wunsch nach einem tüchtigen geometrischen Privatdocenten für Leipzig ausgesprochen habe. Neumann warf nur ein, man wisse doch noch gar nicht, ob Rohn die nöthige Begabung u. das erforderliche Lehrtalent habe u.s.w. Ich meine nun zwar, Sie werden keinen Ihrer Schüler zur Habilitation rathen, [2]) von dem Sie nicht überzeugt sind, daß er das Zeug dazu habe, in der akademischen Thätigkeit was Ordentliches zu leisten; jedenfalls aber wird es gut sein, wenn Sie gelegentlich Neumann oder Scheibner direkt über Rohn schreiben, sobald sich die Frage wegen der Militärpflicht entschieden haben wird, oder aber ihm direkte Empfehlungen an N.∕eumann⁊ u. S.∕cheibner⁊ nach Leipzig mitgeben. Beide haben es nachdem die Aussichten auf eine geometrische Professur für die nächste Zeit wenigstens sich ganz zerschlagen haben, immer als sehr wünschenswerth betrachtet, wenigstens einen Privatdozenten für Geometrie hierher zu erhalten. Es wird also nur darauf ankommen, daß der Betreffende ihnen von competenter Seite hinlänglich empfohlen werde.

Mit herzlichem Gruß   Ihr   A. Mayer.

---

[1]) Faktor des Teubner-Verlags, vgl. Brief 19, Anm. 1.
[2]) Zu ROHNs Habilitationsschrift vgl. Brief 50, Anm. 5, und zur Anregung dieser Schrift durch KLEIN siehe [52, Bd. 1, S. 52].

46. A. Mayer an F. Klein

Leipzig, 27. 7. 1878

Lieber Freund!

Daß wir Rohn [1]) hier nicht gebrauchen könnten, davon kann gar keine
Rede sein. Es muß doch endlich einmal wieder ein Geometer vom Fach her
[2]) u. nach meiner Meinung müßten wir uns hier auch mit einem mittelmä-
ßigen Kopfe, wenn er nur sonst gut geschult wäre, begnügen, falls wir
keinen Besseren bekommen könnten. Und nun gar, da Sie Rohn ein so
treffliches Zeugniß ausstellen können! Nein denken Sie nur gar nicht
an Würzburg! Mit N.⎣eumann⎦ u. Sch.⎣eibner⎦ wird sich schon Alles ganz
gut machen, ich bin nur zu wenig diplomatisch gewesen. Uebrigens sind
die Aussichten für einen Mathematiker hier jedenfalls weit günstiger
als in Würzburg. Wir haben in diesem Semester 166 inscribirte Mathematiker, die ellipt.⎣ischen⎦ Functionen bei Scheibner haben 66 belegt,
u. wenn auch die Zahl der Mathematiker nothwendig abnehmen muß (da
fast alle Lehranstalten jetzt besetzt sind, u. schon Mehrere, die in
der letzten Zeit das Examen gemacht, auf Anstellung warten), es werden
hier doch wohl immerhin noch soviele übrig bleiben, daß ein tüchtiger
Geometer auf ein ganz anständiges Collegiengeld rechnen kann. Ich will
übrigens schon dafür sorgen, daß ich meine ungeschickte Einfädelung
wieder gut mache, u. Sie werden es nicht an direkten Empfehlungen man-
geln lassen.

⎣...⎦

Hat Ihnen Gordan etwas darüber mitgetheilt, daß Koenigsberger ihn u.
mich als Candidaten für eine dritte mathematische Professur in Wien
durchsetzen will oder gewollt hat? Die Geschichte kommt mir nach den
Koenigsberger'schen Briefen etwas wunderlich vor. Wenn Ihnen aber Gordan nichts davon gesagt hat, so bitte ich auch meine Mittheilung als
ungeschehen zu betrachten.

Ich schreibe Ihnen jedenfalls vor meiner Abreise noch einmal. Für heute herzliche Grüße

von Ihrem

A. Mayer.

P.S. Ich habe eben bei Gelegenheit der Rectorwahl Scheibner gesprochen
u. der findet es sehr schön, wenn Sie uns einen tüchtigen Geometer her-
schicken können. Wahrscheinlich ist N.⎣eumann⎦ neulich nur in Folge ir-

gend welcher anderer Sache übel gelaunt gewesen. Sch./eibner/ will
übrigens bis zum 10. lesen.

Solange halte ich keinesfalls aus!

---

[1]) K. ROHN war ein Schüler von KLEIN und ein wichtiger Vertreter der
Geometrie dieser Zeit. Er promovierte 1878 bei KLEIN mit der Dissertation "Betrachtungen über die Kummersche Fläche und ihren Zusammenhang mit den hyperelliptischen Funktionen p = 2", zur Habilitation vgl. Brief 50.

[2]) Vgl. Abschnitt 5. der Einleitung.

47. A. Mayer an F. Klein

Leipzig, 17. 10. 1878

Lieber Freund!

/.../

Daß Rohn, dessen Dissertation ich empfangen habe, seinen Plan, sich
hier zu habilitiren, verfolgen kann, freut mich sehr u. ich habe große Lust mit Rücksicht auf ihn meine Einleitung in die analyt./ische/
Geom./etrie/ des Raumes fallen zu lassen, zumal mir die Stunden recht
schlecht passen, u. dafür noch ein bis zwei Stunden für Differential-
und Integralrechnung u. zu mathemat./ischen/ Uebungen zu nehmen. Wird
denn Rohn wohl so rasch fertig werden, daß er schon im nächsten Sommer
seine Vorlesungen beginnen kann? /.../

Mit herzlichem Gruß u. der Bitte, auch Nöther zu grüßen, falls er noch
da sein sollte

Ihr

A. Mayer

48. A. Mayer an F. Klein

Leipzig, 12. 1. 1879

Lieber Freund! Gestern erhielt ich 2 Sendungen für die Annalen. Durch
Gordan: Joseph Hahn in Bensheim "Untersuch./ung/ der Kegelschnittnetze,
deren Jacobi'sche Form oder Hermite'sche Form ident./isch/ verschw./in-
det/" (8 F. S. Schrift u. 2 Q. S. Druck, Ausz./ug/ Dissert./ation/ [1])
und von G. Cantor "Ueber ∞ lineare Punktmannigfaltigkeiten" (115 S. kl.
Q.). [2]) Cantor stellt für den Fall, daß der Druck nicht zu lange verzögert werde, weitere Artikel in Aussicht. Ich habe ihm namentlich

auch mit Rücksicht darauf, daß er früher einmal von N. /eumann/ nicht
gut behandelt worden ist, möglichst raschen Satz zugesagt u. möchte,
da seine Note in ein paar Tagen gesetzt sein wird, für den XV. Bd. die
Reihenfolge vorschlagen: Cantor, Halphen, Bäcklund (85 S.), Hurwitz,
Hahn. [3]

Mit bestem Gruß

Ihr A. M.

---

[1]) Diese Arbeit erschien als einzige Publikation von J. HAHN in Band 15
der "Mathematischen Annalen".

[2]) Zu dieser berühmten Arbeit vgl. Abschnitt 7. der Einleitung.

[3]) CANTOR hatte seit 1872 nicht mehr in den Annalen publiziert. Da der
Druck seiner Arbeiten zur Mengenlehre im Crelle-Journal hinausgezö-
gert worden war, wandte er sich seit 1879 wieder den Annalen zu. Es
ist auch ein Ausdruck der Konkurrenz zwischen diesen beiden Zeitschriften, daß CANTORs Arbeiten nun besonders schnell gedruckt wurden.

49. A. Mayer an F. Klein

Leipzig, 24. 1. 1879

Lieber Freund!

Ihre Vorschläge u. Wünsche habe ich mit Neumann u. Von der Mühll durchgesprochen u., da diese vollständig beistimmen, schriftlich auch Teubner vorgelegt. Es sind also die folgenden 4 Punkte:

1) Die Auszahlung an die Clebsch-Stiftung [1]) in Göttingen werden fortan eingestellt.

2) Dagegen geht bis auf Weiteres u. zwar sicher die nächsten 5 Jahre
das Gesammthonorar für die Annalen, vom 14. Bd. an gerechnet, ungetheilt an Prof. Gordan in Erlangen für die Witwe Clebsch.

3) Die Annalen geben jedem ihrer Mitarbeiter 25 Separatabzüge seiner
Arbeiten gratis. Wünscht der Verfasser mehr Exemplare, so kann er bei
rechtzeitiger Anmeldung beliebig viele gegen einen billigen, von ihm
zu erlegenden Preis erhalten.

4) Wäre es nicht möglich, die Separatabzüge fertig zu stellen u. zu
versenden, sobald die betreffenden Bogen abgedruckt sind?

Mit Punkt 1) - 3) hat sich Dr. Schmidt [2]) sofort einverstanden erklärt
und wird danach verfahren. /.../

Was Punkt 4) anbetrifft, so versprach Dr. Schmidt zwar wieder möglichste Beeilung der Separatabzüge, erklärte aber, auf sofortige Herstellung nach Abdruck der Bogen sich nicht einlassen zu können, weil hier-

durch die Druckkosten zu erheblich erhöht würden. /.../

Ich bemerke eben erst, daß ich mich in Punkt 2) nicht genau an Ihren Vorschlag gehalten, sondern verführt durch Gordan's Brief, 5 Jahre statt 5 Bände geschrieben habe. Nun ändern können wir noch immer u. überdies wäre es auch ganz hübsch, wenn wir für Frau Clebsch in runder Summe 10 000 M. aufbringen könnten. /.../

Mit herzlichem Gruß

Ihr   A. Mayer

---

[1]) Vgl. Abschnitt 1. der Einleitung.

[2]) Damit ist Dr. AUGUST SCHMITT gemeint, der von 1872 bis 1891 als Teilhaber im Teubner-Verlag leitend tätig war und schon zuvor wesentlichen Einfluß auf die Verlagsgeschäfte hatte, vgl. [103].

50. A. Mayer an F. Klein

Leipzig, 4. 3. 1879

Lieber Freund!

/.../

Eine höchst wunderbare Sendung allerdings habe ich eben T./eubner/ zurückgebracht: 3 Aufsätze von A. Ameseder [1]), ord./entlicher/ Hörer der techn./ischen/ Hochschule Wien, von Emil Weyr [2]) an Schlömilch [3]) gesandt u. von diesem an Teubner geschickt mit den Worten:

"An Manuscriptüberfluß leidend, sende ich Ihnen 3 Aufsätze mit der Bitte zu, dieselben der Redaction der Math. Annal./en/ zustellen zu wollen. Den Einsender Prof. Em./il/ Weyr werde ich hiervon benachrichtigen."

Dr. Schmidt will an Weyr schreiben, daß er mittheilen möchte, ob er die Aufnahme in die Annalen wünsche, in welchem Falle die Arbeiten Ihnen für Begutachtung zugeschickt werden sollten. Es sind 2 Aufsätze über die Fußpunktencurven der Kegelschnitte u. einer über das Erzeugniß eines eindeutigen Büschels u. eines 2deutigen Strahlensystems 2. O. mit zusammen 6 Figuren. [4])

Der Druck schreitet stetig, aber langsam vorwärts u. ich mag auch nicht zur Beschleunigung drängen, da der Vorrath nicht groß ist. Es wäre daher doppelt wünschenswerth, wenn wir Rohn's Habilitationsschrift während der Ferien drucken könnten. [5]) Durch ihre Circulation während der Ferien wird seine Habilitation nicht wesentlich beschleunigt u. er kann sie ganz gut für diese Zeit zurückziehen. Ich habe

mich übrigens recht gefreut, Rohn jetzt etwas näher kennen zu lernen,
u. hoffe, daß er sich als würdiger Nachfolger Harnack's erweisen wird.
Schade nur, daß seine Habilitation nicht schon in diesem Semester fertig geworden ist.

Von Lie habe ich die 4te Abhdg. über Transformationsgruppen erhalten.
Denkt er denn noch nicht daran, auch diese Gruppen für die Annalen ordentlich auszuarbeiten?

Mit bestem Gruße

Ihr

A. Mayer.

---

[1]) Die Annalen publizierten keinen Beitrag von ADOLF AMESEDER, der
1881 Assistent bei der Lehrkanzel für darstellende Geometrie an der
TH Wien wurde und bereits 1891 verstarb.

[2]) Vgl. Brief 11, Anm. 7.

[3]) OSCAR SCHLÖMILCH gab seit 1856 im Teubner-Verlag die "Zeitschrift
für Mathematik und Physik" heraus.

[4]) Die hier genannten Arbeiten von A. AMESEDER erschienen schließlich
im "Archiv der Mathematik und Physik", Bd. 64(1879), welches seit
1841 durch JOHANN AUGUST GRUNERT, Universität Greifswald, herausgegeben wurde.

[5]) ROHN, KARL: Transformation der hyperelliptischen Functionen p = 2
und ihre Bedeutung für die Kummer'sche Fläche. Mathematische Annalen 15(1879), 315 - 354.

51. A. Mayer an F. Klein

Leipzig, 16. 3. 1879

Lieber Freund!

Ihre beiden Sendungen habe ich erhalten u. will Ihre Note [1]) gleich
morgen in die Druckerei bringen, um dieselbe womöglich noch gleich hinter Bäcklund einzuschieben. Außerdem habe ich von Dubois erhalten eine
eigene Arbeit: Erläuterungen zu den Anfangsgründen der Variationsrechnung (19 S. kl. Q. 2 Fig.) Die letztere habe ich Von der Mühll zur Begutachtung übergeben, gleichzeitig aber Dubois geschrieben, daß es gegen unser Princip sei, Doctordissertationen [2]) aufzunehmen, daß wir
die vorliegende keinesfalls bald drucken könnten u. daß, selbst wenn
Mühll sich sehr günstig ausspräche, es zur Aufnahme immerhin noch Ihrer Einwilligung bedürfe. Antwort habe ich noch nicht bekommen.

/.../

Von den Schlömilch'schen Arbeiten habe ich nichts wieder gehört. [3]) Dr.
Schmidt meinte, als ich die Sonderbarkeit dieser Sendung hervorhob,

Sch./lömilch7 sei mitunter ein wunderlicher Kautz.

Mit herzlichem Gruße u. mit der Bitte, mich auch dem Elternhause bestens zu empfehlen

Ihr

A. Mayer.

---

[1]) KLEIN, F.: Ueber Multiplicatorgleichungen. Mathematische Annalen 15 (1879), 86 - 89.

[2]) Auf einer Karte an KLEIN vom 5. April 1879 teilte MAYER mit: "Die Dissertat./ion7 hat du Bois freundlichst zurückgezogen". Zum Problem der Publikation von Dissertationen vgl. Abschnitt 6. der Einleitung.

[3]) Vgl. Brief 50.

52. A. Mayer an F. Klein

Leipzig, 5. 5. 1879

Lieber Freund!

/...7

Die Markoff'sche Arbeit werden Sie erhalten haben. [1]) Korkine [2]) hatte sie an Neumann geschickt u. ich dachte sie ohne Weiteres aufzunehmen, da ich nicht wußte, daß Sie sich auch für Zahlentheorie interessiren.[3]) Gordan meinte nach flüchtigem Anblick, daß nicht viel daran zu sein scheine. Ich denke aber, wie ich schon auf dem Korkine'schen Brief bemerkte, daß es politisch ist, die Arbeit aufzunehmen, falls sie überhaupt aufnehmbar ist, wozu auch Gordan beistimmt.

/...7

Mit herzlichem Gruß

Ihr

A. Mayer

---

[1]) Es war die erste Arbeit des Petersburger Mathematikers ANDREJ ANDREEVIČ MARKOV, welche in den Annalen erschien: "Sur les formes quadratiques binaires indéfinies". Mathematische Annalen 15(1879), 381 - 406.

[2]) ALEKSANDR NIKOLAEVIČ KORKIN, seit 1868 Professor an der Universität Petersburg, publizierte bereits 1869 im ersten Band der Annalen.

[3]) KLEIN las im WS 1878/79 zum zweiten Male über Zahlentheorie; zu den insgesamt acht Hörern gehörte der bedeutende italienische Mathematiker GREGORIO RICCI-CURBASTRO.

53. A. Mayer an F. Klein

Leipzig, 22. 5. 1879

Lieber Freund!

Beiliegenden Brief von du Bois schicke ich Ihnen wegen der mit Blei-
stift angestrichenen Stellen. [1] Ich hatte schon angefangen, ihm zu
antworten, daß mir rein polemische Aufsätze für die Annalen nicht gerade ersprießlich schienen, daß ich jedenfalls erst Ihre Meinung ein-
holen muß u. daß ich glaube, Sie würden mir antworten, daß man doch
den betreffenden Artikel erst gesehen haben müsse. Dann aber kam mir
das, was ich geschrieben hatte, doch gar zu sehr wie eine höfliche Ablehnung von vornherein vor, u. da mir überdies einfiel, daß du Bois in
seinen Angriffen schließlich nie so schlimm ist, wie er sich zuerst
genirt, so denke ich, daß es doch richtiger ist, wenn ich vor der Antwort mich erst mit Ihnen verständige. Was also ist Ihre Meinung in Sachen du Bois contra Schwartz, [2] möglichste Fernhaltung von dieser Polemik, oder, natürlich unter Vorbehalt carte blanche für du Bois?

Mit bestem Gruß

Ihr A. Mayer

[1] Im Mayer-Nachlaß der Handschriftenabteilung der Universitätsbibliothek Leipzig fehlt dieser Brief von PAUL DU BOIS-REYMOND.

[2] Damit ist HERMANN AMANDUS SCHWARZ, Schüler von KARL WEIERSTRASS, gemeint. SCHWARZ publizierte, obwohl KLEIN es ihm anbot, nicht in den
Annalen, vgl. Briefe 114 bis 117 und Abschnitt 6. der Einleitung.
In den von DU BOIS-REYMOND 1879/80 publizierten Aufsätzen erschien
keine Polemik gegen SCHWARZ, wie KLEIN insgesamt weitgehend versuchte, Entsprechendes zu vermeiden.

54. A. Mayer an F. Klein

Leipzig, 8. 7. 1879

Lieber Freund!

Anbei das gewünschte Circular! Viel ist seit dem vorigen Monat nicht
fertig geworden. Das hat namentlich du Bois auf dem Gewissen, der fort-
während änderte u. zufügte, sodaß mehrmals umbrochen werden mußte. Ich
habe deshalb mehrmals mit ihm correspondirt, aber es ist in dieser Hinsicht mit ihm nichts anzufangen. Man muß ihn, wenn man ihn nicht ganz
verlieren will, gewähren lassen. Die erste Correctur von B. 19 erhielt
ich den 12. Juni, die letzte datirt vom 5. Juli. Uebrigens ist mir die-

se Verzögerung gar nicht unlieb, denn unser Vorrath reicht höchstens
eben gerade bis zu den Ferien. Was haben Sie für diese vor? Ich denke
mit meiner Frau nach der Schweiz zu gehen. [1])

Mit herzlichem Gruß

Ihr A. Mayer

---

[1]) MAYER besuchte KLEIN im August 1879 in Ebenhausen bei München, vgl.
Brief 56.

55. A. Mayer an F. Klein

Leipzig, 12. 7. 1879

Lieber Freund!

/.../

Was Rohn's Vortragsweise anbetrifft, so kann ich Ihnen darüber irgend
etwas Bestimmtes nicht sagen. Ich habe nur aus zweiter Hand gehört,
daß er ganz gut, aber für die Mehrzahl seiner Zuhörer etwas zu rasch
vortrüge. Er hält sich noch zu sehr zum mathematischen Vereine, daß
ich von älteren Zuhörern, die darüber ein Urtheil haben könnten, noch
keinen direkt ausfragen mochte. Seine Probevorlesung war nicht gerade
berühmt, aber wohl mehr wegen des unerquicklichen Stoffes. Ueberhaupt
ist Rohn ein eigenthümlicher Mensch, sehr angenehm u. nett, wenn man
ihn einmal zu sehen bekommt, aber man sieht ihn eigentlich nur, wenn
man ihn einladet, von selbst läßt er sich nicht sehen u. so recht
warm, wie mit Harnack, wird man mit ihm wohl kaum werden. Wenn deßhalb
aber auch sein Weggang uns nicht so schmerzlich berühren würde, wie
der von Harnack, so bitte ich Sie doch auch wieder zu bedenken, daß
die Geometrie hier wiederum ganz verwaist sein würde, wenn Rohn schon
in diesem oder im nächsten Semester einen Ruf bekäme.

/.../

Mit herzlichem Gruß an Sie u. Ihre Frau

Ihr A. Mayer.

56. F. Klein an A. Mayer

Ebenhausen, 25. 8. 1879

Lieber Freund!
Hoffentlich trifft Sie dieser Brief noch heute Abend; ich schicke ihn

durch Gelegenheit, da wir hier keinen Telegraphen haben und die Post
zu langsam ist. Ich brauche Ihnen nicht zu sagen, wie sehr wir uns
freuen werden, Sie mit Ihrer Frau Gemahlin morgen bei uns zu sehen [1])
- und will nur kurz schreiben, wie Sie am Besten hierher gelangen.
Ebenhausen liegt 20 Kilometer von München. Nun kann man entweder Morgens um 6^h30 nach Grosshesselohe mit der Eisenbahn und von da hierher
mit der Post - und dann sind Sie um 9 Uhr hier und haben Abends um 7
Gelegenheit in ganz ähnlicher Weise nach München zurückzukommen -,
oder, was natürlich bequemer ist, Sie nehmen einen Wagen für den Tag
und sind nach 2 1/2 Stunden Fahrzeit hier. Ich werde jedenfalls morgen
früh den Postwagen abfassen. Anderenfalls erwarte ich Sie bis spätestens 11 Uhr (der Wagen kann am Fischerschlößchen vorfahren). - Ebenhausen ist ein wunderschöner Fleck Erde, der natürlich nicht mit
Schweizer Maßstab gemessen werden darf, und auch das Wetter läßt sich
freundlich an, so daß Sie voraussichtlich der Ausflug nicht gereuen
wird. - Also auf frohes Wiedersehen!

Ihr

F. Klein

---

[1]) Diese Begegnung wurde mit großer Wahrscheinlichkeit genutzt, um die
Berufung FELIX KLEINs nach Leipzig zu beraten.

57. A. Mayer an F. Klein

Abtnaundorf, 4. 9. 1879

Lieber Freund!

Für die Annalen erhielt ich gestern:
Recherches sur les fonctions cylindriques et le développement des fonctions continues en series (68 S. Octav) von Sonine in Warschau [1]), den
ich im vorigen Jahre, allerdings speziell im Hinblick auf seine Arbeiten über partielle Dffgl., aufgefordert hatte, uns doch etwas zu schik-
ken. Er bezieht sich im Vorwort auf Lommel, Weber und Hargreave u. erwähnt im Begleitschreiben, daß der Aufsatz bisher weder ganz noch im
Auszug veröffentlicht worden sei. Ich will die Arbeit morgen mit in die
Stadt nehmen, um sie Neumann, falls derselbe nicht verreist ist, vorzu-
legen, vermuthe aber, daß N./eumann/ die Durchsicht ablehnen wird, u.
dann weiß ich nicht recht, wer den Aufsatz begutachten soll, u. würde
dafür stimmen, ihn ohne Weiteres aufzunehmen. [2]) Ich habe zwar nur äußerst Weniges von Sonine kennen gelernt u. auch dieses hauptsächlich
nur aus dem Berliner Jahrbuche, aber es hat mir doch den Eindruck tüchtiger u. gewissenhafter Arbeiten gemacht u. jedenfalls ist das Begleit-

schreiben sehr bescheiden u. die Inhaltsangabe in der Einleitung sehr
hübsch, kurz u. klar gehalten.

/...7

Mit herzlichem Gruß von mir u. meiner Frau an Sie u. die Ihrige

Ihr

A. Mayer

---

[1]) Gemeint ist NIKOLAJ JAKOVLEVIČ SONIN, der 1874 in Moskau promovierte, seit 1872 als Dozent an der Universität Warschau wirkte und
1879 eine o. Professur für Mathematik in Petersburg erhielt.

[2]) Aus dem Brief vom 13. September 1879 von MAYER an KLEIN geht hervor,
daß EUGEN LOMMEL (vgl. Brief 7, Anm. 1) auf Anregung von P. GORDAN
die Arbeit von SONIN zur Begutachtung erhielt. MAYER schrieb dazu
an KLEIN: "Hoffentlich braucht Ihr Schwager nicht zu lange Zeit zur
Durchsicht der Abhandlung, ich möchte Sonine nicht gern zu lange
auf bestimmte Antwort warten lassen und halte es für die Annalen
recht ersprießlich, wenn wir die Russen nach u. nach uns gewinnen
könnten." Am 20. September hatte MAYER die Arbeit zurück; sie erschien in Band 16 (vgl. auch Brief 72).

58. A. Mayer an F. Klein

Leipzig, 27. 10. 1879

Lieber Freund!

Die Voß'sche Arbeit habe ich erhalten u. hoffe später aus ihr über den
interessanten Gegenstand mehr Aufklärung zu erhalten, als früher aus
den Lipschitz'schen Arbeiten, in denen mir immer nur das Formale ganz
verständig geworden ist, während das Sachliche mir recht unklar blieb.
Ganz besonders aber freue ich mich, daß Lie an eine Ueberarbeitung seiner Transformationsgruppen gegangen ist, u. möchte Sie bitten, die
sprachliche Correctur mir zu überlassen, falls Sie nicht ein ganz besonderes Interesse an dem Gegenstande haben. Hoffentlich läßt Lie die
Arbeit nicht gar zu lange bei sich liegen. [1])

Harnack war gestern u. vorgestern hier, er arbeitet an einer Einleitung in die Differential- u. Integralrechnung, auf die ich nach dem,
was er mir darüber sagte, sehr gespannt bin. [2]) Sie soll in möglich-
ster Strenge nur die Fundamente der Theorie der Functionen reeller u.
complexer Variabler ohne weitere Anwendungen bringen u. es ist mir
sehr lieb, daß er sie mir vor dem Drucke zuschicken will, da gerade
diese Fundamente mich noch immer am Wenigsten befriedigt haben. Houël
gefiel mir Anfangs gar nicht besonders, doch sehe ich, daß man sich
erst etwas hineinlesen muß, um auch recht Brauchbares zu finden. [3])

Rohn hat seine algebr./aischen/ Gl./eichungen/ mit einem Affect fallen lassen u. wollte dafür Raumgeometrie, 2stündig, neben der Liniengeometrie lesen, was jedenfalls auch vielmehr am Platze ist u. wozu ich ihm sehr zugeredet habe. Ich denke, daß er sich über die Zuhörerzahl freuen soll.

/.../

Mit herzlichem Gruße

Ihr

A. Mayer.

---

[1]) LIE bereitete die folgende umfangreiche Arbeit vor: Theorie der Transformationsgruppen I. Mathematische Annalen 16(1880), 441 - 528. (Ein Teil II erschien nicht.) Vgl. auch Abschnitt 7. der Einleitung.

[2]) HARNACK, AXEL: Elemente der Differential- und Integralrechnung. Leipzig 1881.

[3]) Im Brief vom 13. September 1879 hatte MAYER bei KLEIN angefragt, welches Lehrbuch der Differential- u. Integralrechnung er ihm zur Vorbereitung der nächsten Vorlesung im Wintersemester empfehlen kann. Die Briefstelle bezieht sich auf die Bücher des französischen Mathematikers GUILLAUME JULES HOUËL: Calcul infinité (autogr.), 2 Bde. Paris 1871, 1872; Calcul infinités, 2. éd. 4 Bde. Paris 1878 bis 1881.

59. A. Mayer an F. Klein

Leipzig, 23. 11. 1879

Lieber Freund!

Die Arbeit von G. [1]) habe ich an G. Cantor geschickt und mit der Bemerkung "gänzlich unbrauchbar" zurückbekommen. Ich hatte das auch erwartet, doch war ich mir nicht ganz klar, ob nicht einzelne Gedanken brauchbar wären, u. vor Allem lag mir daran, durch ein bewährtes Urtheil die Unbrauchbarkeit constatiren zu lassen, um, wenn sich solche Fälle wiederholen sollten, Schl/ömilch/ gegenüber mit voller Sicherheit auftreten zu können.

/.../

Mit bestem Gruß

Ihr A. Mayer.

---

[1]) Aus einer Karte vom 13. November 1879 von MAYER an KLEIN geht hervor, daß es sich um eine Arbeit des Privatdozenten L. GOSIEWSKI, Universität Warschau, zum Thema "Sur la différentiation et l'inté-

gration d'une fonction rêelle d'une variable rêelle" handelte, welche O. SCHLÖMILCH für seine "Zeitschrift für Mathematik und Physik" nicht angenommen hatte, weil ihm ein Übersetzer fehlte, und die er deshalb - mit Einverständnis des Autors - A. MAYER zur Aufnahme in die Annalen gesandt hatte.

60. A. Mayer an F. Klein

Leipzig, 15. 12. 1879

Lieber Freund!

Einen 4 Q.S. langen Brief eines jungen Russen [1]) an N/eumann/, der sich auf einen Fehler von K./önigsberger/ in seiner Abhdlg. "Reduction hyperell./iptischer/ Integrale auf alg./ebraisch/-log./arithmische/ F./unctionen/", Ann. XI bezieht, habe ich von Gordan mit der Bemerkung zurückerhalten: "Die Arbeit scheint sehr gut zu sein; ich stimme für baldigen Druck auf die Gefahr hin, daß sich K./önigsberger/ über seinen starken Fehler ärgert." Ich denke darauf hin, den Brief unter dem Titel: Extrait d'une lêttre de M.J.P. à St. Petersbourg à la Redaction bei nächster Gelegenheit einzuschieben. N./eumann/ wünschte nicht, daß à M. N. geschrieben würde. [2])

Mit bestem Gruß

Ihr A. Mayer

[1]) Gemeint ist IVAN L'VOVIČ PTAŠICKIJ (publizierte unter dem Namen JOHANN PTASZYCKI in den "Mathematischen Annalen"), der in Petersburg studiert hatte und eine wissenschaftliche Laufbahn an dieser Universität einschlug.

[2]) Der Titel wurde noch geändert, vgl. auch Brief 61. Der Beitrag erschien mit der Kritik an den Ausführungen von LEO KÖNIGSBERGER. Mathematische Annalen 16(1880), 264 - 266.

61. A. Mayer an F. Klein

Leipzig, 24. 12. 1879

Lieber Freund!

Ihr Christkindchen habe ich erhalten. Dagegen ist der Schluß von Lie noch nicht eingetroffen. Die Wedekind'sche Tabelle wird Ihnen wohl schon in Correctur zugegangen sein. Unsern Russen habe ich vor Noether einschieben lassen, sodaß die Reihenfolge ist: Wedekind, Kraus, Cayley, Ptaszycki, Noether, Meissel, Korteweg, Bachmann. [1]) Auf Neumanns per Karte ausgedrückten Wunsch habe ich die ursprüngliche Ueberschrift des Briefes von Ptaszycki: à M. C. Neumann wieder hergestellt. [2])

Mit Lie's Arbeit bin ich gerade beschäftigt, doch sehe ich sie nur
sprachlich durch. [3]) Meine Nerven sind nämlich in einer so abscheuli-
chen Verfassung, daß mir der Arzt das Arbeiten untersagt hat. Seit etwa zwei Jahren ist diese nervöse Stimmung über mich gekommen, tiefe
Unzufriedenheit mit mir selbst u. Abspannung, die doch keinesfalls von
Ueberarbeitung herrührt. Sie ist diesen Winter mehr u. mehr gestiegen,
hauptsächlich wohl deßhalb, weil ich schon wieder dasjenige Colleg lesen muß, welches mich am allerwenigsten befriedigt, die Differential-
und Integralrechnung. Nun aber hat mein Eintritt in die Prüfungs-Com-
mission dem Faß den Boden ausgeschlagen. Aus Pflichtgefühl u. auf lan-
ges Zureden von Seiten Scheibners habe ich schließlich meine Bereitwilligkeit zum Eintritt officiell erklärt, obgleich mir in meiner jetzigen Stimmung schrecklich davor graute; war es ja doch ein großes Zeichen von Freundschaft u. Anerkennung, daß mich Neumann u. Scheibner
dazu vorschlugen! Aber seitdem ich mich erklärt habe, ist mir die Ruhe
ganz genommen u. die Examina, namentlich die Oberlehrerarbeiten, wenn
auch auf meinen Teil im Jahre höchstens 4 - 5 kämen, liegen mir, wie
ein erdrückender Alp auf dem Herzen. Ich konnte weder schlafen, noch
essen u. will nun diese Woche nach Dresden fahren, um den Minister mit
Rücksicht auf meinen Zustand zu bitten, von meiner Ernennung absehen
zu wollen. Versperre ich mir dadurch auch den Weg zur ordentlichen Professur, was würde mir diese nützen, solange ich in dieser fieberhaften
Stimmung bin u. das Vertrauen zu mir selbst verloren habe! Was uns Be-
friedigung verschafft, ist doch allein die Freude an den eigenen Arbeiten u. hierzu muß ich erst wieder innere Ruhe mir verschafft haben
u. den fieberhaften Arbeitstrieb losgeworden sein, der in den letzten
Jahren über mich gekommen ist.

Doch verzeihen Sie, was ich Ihnen da vorlamentire! Es war mir aber ein
Bedürfnis, mich Ihnen gegenüber klar u. offen auszusprechen. Hoffentlich bringt das neue Jahre, zu denen auch wir Ihnen herzliche Glückwünsche senden, mir neuen Muth!

Mit bestem Gruß
Ihr

A. Mayer

---

[1]) Die Beiträge der hier erwähnten Autoren erschienen 1880 im 16. Anna-
len-Band.

[2]) Vgl. Brief 60.

[3]) Vgl. Brief 58, Anm. 1.

62. A. Mayer an F. Klein

Leipzig, 2. 1. 1880

Lieber Freund!

Besten Dank für Ihre freundlichen Zeilen! Sie kamen aber zu spät; ich bin so unvernünftig gewesen u. habe nun doch keine Ruhe davon! [1])

Ueber Ihre Annalen-Vorschläge kann ich Ihnen Definitives erst nach Neumanns Rückkehr berichten. Nur stelle ich für den Fall, daß es bei dem alten Satze 18 M. für den Autor, 12 M. für die Redaction bleiben sollte, in Anbetrachte, daß doch Sie die Seele der Annalen sind, daß ferner Gordan mit der Durchsicht von Arbeiten mindestens ebensoviel zu thun hat, als ich mit der technischen Redaction, und endlich, daß ich das Geld nicht brauche, den Antrag:

Die ganze Redactions-Einnahme geht an Klein.

Mit herzlichem Gruß

Ihr

A. Mayer

P.S. Soll ich, falls unser Material ausgeht, Lie's Transformationsgruppen immer setzen lassen, ohne erst den Schluß abzuwarten? [2])

---

[1]) Es handelte sich darum, daß MAYER seine Ernennung zum Mitglied der Prüfungskommission abgelehnt hatte, vgl. Brief 61.

[2]) Der Schluß des Aufsatzes von LIE traf am 16. Januar 1880 bei MAYER ein (Brief vom 16. Januar 1880 von MAYER an KLEIN).

63. A. Mayer an F. Klein

Leipzig, 12. 1. 1880

Lieber Freund!

Ihren Brief vom 6. beantworte ich erst heute, weil ich vorher über Ihre Vorschläge auch mit Neumann sprechen wollte, der zur Reise nach Königsberg die Weihnachtsferien etwas verlängert hatte.

Darüber zunächst sind wir alle einig, daß mit dem 16. Bde die Zahlungen an Frau Clebsch aufhören sollen, und sehr zufrieden, wenn Gordan die Anlage des gesammelten Capitals übernehmen will. [1]) Für den Fall ferner, daß Ihr Vorschlag M 12 Redaction, M 18 Autor durchgehen sollte, beharre ich auf meinem Amendement, daß die M 12 ganz und ungetheilt

an Sie gehen, ohne daß Sie deßhalb noch einen größeren Theil Ihrer Zeit
auf die Redaction verwenden, u. Neumann u. Von der Mühll pflichten meinen Gründen vollständig bei. Nur Ihr Vorschlag selbst ist uns im Grunde durchaus nicht sympathisch: wir sind vielmehr alle 3 hier der Meinung, gegen die auch Teubner nicht das Geringste einzuwenden hat, daß
das Autorenhonorar ganz wegfallen u. die ganze Einnahme an die Redaction gehen sollte. Gründe:

1) Die Wiedereinführung des Autorenhonorars bringt uns in die alte
schiefe Lage Borchardt [2]) gegenüber
2) Wir werden durch die Nichtwiedereinführung voraussichtlich weder be-
währte alte Autoren einbüßen, noch irgend namhafte neue heranziehen.
3) Die Arbeit der Redaction ist doch immerhin eine recht zeitraubende
u. nicht immer besonders ersprießliche, so daß es gerechtfertigt erscheint, wenn die Redaction dafür auch entsprechend entschädigt wird.
Für den einzelnen Autor ist das Honorar zu gering, um eine merkliche
Zugkraft ausüben zu können. Für die Redaction dagegen macht es einen
sehr wesentlichen Unterschied aus, ob sie die ganze Einnahme, oder nur
2/5 derselben erhält.
4) Wenn wir nicht jetzt zugreifen, so wird sich nie wieder die Gelegenheit bieten, das Autorenhonorar abzuschaffen oder herabzusetzen.

Aussicht aber, daß Teubner in einigen Jahren uns ein größeres Honorar
bewilligen werde, ist kaum vorhanden. Nach seinen Büchern, die er mir
heute vorlegte, beläuft sich der Annalen-Absatz bei Bd. XV nur auf 303
(oder 313?) bezahlte Exemplare und erst bei über 400 Exemplaren würden
wir nach dem alten Contracte Anspruch auf höhere Honorarsätze machen
können.
/.../

Mit herzlichem Gruß
Ihr A. Mayer.

[1]) Vgl. Abschnitt 1. der Einleitung.
[2]) Vgl. Brief 24, Anm. 3. Die Autoren des Crelle-Journals erhielten
     kein Honorar.

64. A. Mayer an F. Klein

Leipzig, 23. 2. 1880

Lieber Freund!

Ins 3. Heft soll Brill, Cayley u. etwa Neumann kommen und Heft IV für
Lie reservirt werden. Nach dem Buch des Factors ist die Hälfte von

B. 22 (Noether Schluß) in Revision an Sie abgegangen, nur der halbe
Bogen wegen Abschluß des Heftes. Der Druck soll beschleunigt werden.
Von Cantor erhalte ich eben "Zur Theorie der zahlentheoretischen Functionen" zum Abdruck aus den Göttinger Nachrichten. [1]) Da C./antor7 wegen Reiseabsichten zu wissen wünschte, wann etwa der Aufsatz zum Druck
kommen würde, so habe ich ihm geschrieben, daß wir ihn bis Anfang des
nächsten Semesters aufsparen könnten.

                                        Mit bestem Gruß

                                              Ihr A. Mayer.

[1]) CANTOR, G.: Zur Theorie der zahlentheoretischen Functionen. Mathe-
     matische Annalen 16(1880), 583 - 588.

65. A. Mayer an F. Klein

                                        Leipzig, 28. 2. 1880

Lieber Freund!

Der Inhalt Ihres Briefes kam mir, offen gestanden, so gänzlich unerwartet, daß ich ihn nicht sogleich u. nur auf eigene Faust beantworten,
sondern erst Neumann's u. Von der Mühll's Ansichten hören wollte. Das
ist nun heute geschehen: wir sind aber alle drei derselben Meinung,
daß wir nämlich am alten Modus festhalten u. Sie in Ihrem eigenen
Interesse u. zu Ihrer eigenen Beruhigung sollten zu überstimmen suchen. [1])

Nehmen Sie mir's nicht übel, aber ähnlich wie mich die Examengeschich-
te, so hat Sie, scheint es mir, Brill's mißgünstiges Wesen irritirt u.
nervös gemacht. Wir meinen, daß wir in keiner Weise verpflichtet sind,
über die Verwendung des Annalen-Honorars irgend wie officiell Rechen-
schaft abzulegen, und denken, daß kein vernünftiger Mitarbeiter es uns
u. namentlich Ihnen, der Sie doch die Hauptlast tragen und zudem zwin-
gende Gründe dafür haben, im Geringsten verargen kann, wenn wir, nachdem wir solange ganz umsonst gearbeitet haben, nun endlich auch Etwas
für unsere Mühe beanspruchen.

Andererseits wollen uns Ihre Vorschläge auch nicht ganz praktisch erscheinen /...7. Zudem ist mir unklar, ob irgend eine dieser Maaßregeln
geeignet wäre, Brill's Neid u. Eifersucht zu beschwichtigen.

Dagegen fällt mir eben ein anderer Vorschlag ein. Wenn denn durchaus

auf die Mitarbeiter so große Rücksicht genommen werden soll, wie wäre
es dann, wenn wir einigen der älteren Mitarbeiter die Annalen umsonst
lieferten? [2]

/.../

                              Mit herzlichem Gruß

                                              Ihr A. Mayer

[1]) Die Leipziger Mathematiker vertraten die Ansicht, das Autorenhono-
    rar bei den Annalen nicht wieder einzuführen, vgl. Brief 63.
[2]) Aus dem weiteren Briefwechsel geht hervor, daß KLEIN dem Vorschlag
    zustimmte und daß BRILL, LIE, LÜROTH, SCHEIBNER, SCHUBERT, STOLZ,
    STURM, VOSS und ZEUTHEN ein Freiexemplar der "Mathematischen Anna-
    len" erhielten.

66. A. Mayer an F. Klein

                                           Leipzig, 3. 3. 1880
Lieber Freund!

Daß ich mich in Betreff Ihrer nervösen Angegriffenheit nicht geirrt habe, thut mir, nachdem ich aus Ihrem Briefe den ganzen Umfang derselben
erkannt habe herzlich leid u. ich weiß nicht, ob die zweifelhafte Aussicht, die ich Ihnen eröffnen kann, Ihnen gut thun wird. Ich wünsche
es aber von ganzem Herzen u. so sei es frisch gewagt! Nur bitte ich
Sie über das Folgende mit Niemandem zu sprechen, außer natürlich mit
Ihrer Frau. Denn ich selbst weiß ja natürlich nur eigentlich wider-
rechtlich davon durch Neumann.

Die Facultät also hat sich endlich ermannt, dem Ministerium die Gründung einer o. Professur für Geometrie vorzuschlagen u. hat in erster
Linie Sie dafür genannt. Es handelt sich zunächst darum, ob das Ministerium sich bereitwillig zeigt, überhaupt darauf einzugehen u. der
Zeitpunkt ist nicht schlecht gewählt, da der zuerst Kommende die Aussicht hat, /.../ die Wächter'sche Erbschaft [1]) anzutreten. Erst, wenn
der Minister sich nicht von vornherein ablehnend verhält, sollen de-
tailliertere Vorschläge gemacht werden. Die Aussicht ist also, wie
schon gesagt, noch eine sehr zweifelhafte, aber wir alle hier wirken
mit allen unseren Kräften für Sie u. wollen auch namentlich keinen andern als Sie hierherhaben.

Halten Sie es daher nicht für bloße Neugierde, wenn ich Sie bitte, mir
umgehend mitzutheilen, wieviel Gehalt u. sonstige Nebeneinnahmen Sie in
München haben u. für wieviel Sie eventuell hierher kommen würden. Sie
wissen ja doch, daß ich von Ihren Mittheilungen keinen indiscreten Ge-

brauch machen werde! Zu Ihrer Orientierung bemerke ich nur noch, daß ich in den letzten beiden Jahren so 1400 M. Collegiengeld gehabt habe.

Von Gordan habe ich noch keine Antwort.

Mit herzlichem Gruß

Ihr

A. Mayer.

[1]) Der Jurist KARL GEORG VON WÄCHTER wirkte seit 1852 als o. Professor an der Universität Leipzig und war am 15. Januar 1880 verstorben. Mit dem sächsischen Kultusminister VON GERBER verband ihn eine dreißigjährige Freundschaft. Vgl. WÄCHTER, O. VON: Carl Georg von Wächter. Leben eines deutschen Juristen. Leipzig 1881.

67. A.Mayer an F.Klein

Leipzig, 7. 3. 1880

Lieber Freund!

Für Ihren ausführlichen Brief bin ich Ihnen sehr dankbar. Denn um für Sie wirken zu können, müssen wir vorher genau wissen, was Sie verlangen. Der Minister hat eine specielle Abneigung gegen München, weil er sich von dort schon zu viel Körbe geholt hat, noch eben einen von Ratzel [1]), u. wird sich keinesfalls der Gefahr eines neuen Korbes aussetzen wollen. Nun ist leider ein Punkt in Ihrem Briefe, der, wenn Sie darauf bestehen, von vornherein unsere Hoffnung, Sie hierherzubekommen, zerstören wird. Das ist Institut u. Assistent. Können Sie sich nicht entschließen, wenn Sie nur sonst für sich selbst gute Bedingungen erreichen, hierauf zu verzichten. So ist nach unsrer aller Ueberzeugung nichts zu machen. Damit soll natürlich nicht gesagt sein, daß sich die Sache, wenn Sie erst hier ordentlich warm geworden sind, nicht doch vielleicht aus kleinen Anfängen allmälig entwickeln könnte. Aber selbstverständlich kann Ihnen das Niemand mit irgend welcher Sicherheit versprechen u. jedenfalls ist die Aussicht auf Ihre Berufung gänzlich verloren, wenn Sie von vornherein von Institut u. Assistenten irgend etwas verlauten lassen.

Daß Sie, ohne die hiesigen Verhältnisse näher zu kennen, nicht wohl angeben können, für wieviel Sie hierher kommen würden, hatte ich bei meiner Frage nicht bedacht, u. auch das wird eventuell noch einiger Ueberlegung bedürfen. Denn die Steuern sind hier jedenfalls höher als in Bayern u. auch sonst wird das ganze Leben wohl theurer sein als in München. Sie dürfen ferner wohl kaum auf mehr als 2000 M. Collegiengeld rechnen, da so sehr viel gestundet wird, u. Alterszulagen sind hier un-

bekannt. Die Examina bringen allerdings auch etwas ein. Die Berichte
der Sächs./ischen7 Ges./ellschaft7 d./er7 Wissensch./aften7 bezahlen
36 M. per Bogen, aber diese Nebeneinnahmen werden doch höchstens ein
Paar hundert Mark einbringen. Neumann hat, soweit mir bekannt ist,
6000 M. Gehalt u. Scheibner jedenfalls nicht mehr. Doch könnte für Sie
eventuell vielleicht auch mehr erreicht werden. Indessen ist das Alles
ja noch ganz ungewiß u. ich schreibe Ihnen davon nur, weil es immerhin
gut sein wird, sich vorher die Sache ordentlich zu überlegen. Außer
Ihnen sind noch vorgeschlagen Harnack, der sehr gern kommen würde,
aber wegen Dresden natürlich kaum in Rede kommen kann, u. was mir eigentlich nicht recht zusagt, als dritter Lindemann. Vor Anfang Mai
wird nun keinesfalls irgend welcher Schritt geschehen. Die Facultät
will doch auch ihre Ferien genießen. Während der Ferien brauchen Sie
also von dieser Seite her nicht irgend welche Aufregung zu befürchten.
/...7

                              Mit herzlichem Gruß
                                                    Ihr
                                                    A. Mayer

---

[1]) FRIEDRICH RATZEL war seit 1876 a.o. Professor der Geographie an der
TH München und nahm 1886 einen Ruf zum o. Professor an die Universität Leipzig an.

68. A. Mayer an F. Klein

                                            Leipzig, 17. 4. 1880
Lieber Freund!

S'ist zum Verzweifeln! Ich komme eben von Dresden u. habe nur noch
Neumann mein Herz ausgeschüttet, wie ich es schon in Dresden selbst
bei Harnack gethan. Wir dürfen uns keinen Illusionen mehr hingeben:
es wird nichts mit Ihrer Berufung u. der ganze Facultätsvorschlag jedenfalls einfach todtgeschwiegen werden. An derselben Stelle, von der
ich bei Vorbringen meines Anerbietens vor 6 Wochen so freundlich u.
dringend zum Wiederkommen aufgefordert wurde, fand ich heute nur vornehm kühles Sichnichtmehrerinnernkönnen. War irgend ein feindlicher
Einfluß (Schlömilch?) [1]) thätig? Ich weiß es nicht. Auch Neumann läßt
Ihnen sein lebhaftes Bedauern aussprechen. Von den Annalen nächstens!
                              Mit herzlichem Gruß
                                            Ihr A. Mayer.

---

[1]) Die Rivalität zwischen SCHLÖMILCH sowie KLEIN und MAYER beruhte
wohl auf der Rivalität zwischen der "Zeitschrift für Mathematik und
Physik" und den "Mathematischen Annalen".

69. A. Mayer an F. Klein

Leipzig, 19. 4. 1880

Lieber Freund!

Meine Hiobsbotschaft vom Sonnabend werden Sie inzwischen erhalten haben. Wir sind hier alle entrüstet über Gerber [1]) und sehr betrübt, daß unsere schönen Hoffnungen nun wieder in nichts zerrinnen. Indessen, sobald Scheibner wieder zurück ist, wollen wir doch noch einmal berathschlagen, ob sich nicht irgend ein Schritt noch thun läßt.

/.../

Mit herzlichem Gruß

Ihr

A. Mayer

---

[1]) Der ehemalige Professor der Rechtswissenschaften an der Universität Leipzig CARL VON GERBER übte zu dieser Zeit das Amt des sächsischen Kultusministers in Dresden aus. Die Ausführungen beziehen sich auf die Berufung KLEINs nach Leipzig, vgl. Brief 68.

70. A. Mayer an F. Klein

Leipzig, 24. 4. 1880

Lieber Freund!

Es freut mich herzlich, daß Sie über die zerstörten Hoffnungen so rasch hinweggekommen sind. Ich habe länger daran zu kauen gehabt u. noch jetzt wurmt mich die Frage, ob nicht ein anderer, in der Diplomatie mehr Erfahrener an meiner Stelle doch vielleicht etwas hätte ausrichten können. Ich fühlte aber, daß ich das ruhige Blut verlor, u. daher brach ich auf. Urtheilen Sie selber! Ich hatte nur gedacht, drei Fälle sind möglich: Entweder sagt Gerber, [1]) bedingt oder unbedingt ja, oder er sagt nein mit dem Bedauern, daß sich die Sache doch nicht machen ließe, oder endlich er entschuldigt sich mit anderweitigen dringenden Geschäften noch nicht dazu gekommen zu sein, die Frage bestimmt beantworten zu können. Auf jeden dieser 3 Fälle war ich vorbereitet; aber daß der Minister die Frechheit haben würde, so zu thun, als ob er gar nicht wisse, weßhalb ich käme, u. nachdem ich es gesagt, im gleichgültigen Tone von ... gar zu kleinen Ueberschüssen und allzu großen Anforderungen von allen Seiten, von keiner Aussicht etc. zu erwidern, ohne auch nur das geringste Bedauern oder irgend welchen Dank für mein

Anerbieten (das er doch unmöglich ganz vergessen haben konnte) daran
zu knüpfen, darauf war ich nicht vorbereitet u. das machte mir das
Blut zu Kopfe steigen. Irgend welche Erklärung oder gar Entschuldigung
über dieses Benehmen Sr. Excellenz habe ich nicht, ich bin nur jetzt
überzeugt, daß Scheibner ihn am Richtigsten beurtheilt hat.

/.../

Mit herzlichem Gruß

Ihr

A. Mayer

---

[1]) Vgl. Brief 69.

71. A. Mayer an F. Klein

Leipzig, 29. 4. 1880

Lieber Freund!

Ihre Note befindet sich bereits in der Druckerei u. wird wohl dieser
Tage schon gesetzt werden, denn unser ganzes Material ist beim Setzer.
Wie ich aus der Zusendung des Manuscriptes ersehe, hat der Factor mir
die Revision von Noethers symmetr./ischen/ Determinanten zugedacht.
Wünschen Sie doch dieselbe zu übernehmen, so theilen Sie es wohl gele-
gentlich mir oder Teubner mit. /.../

Was die Klagen betrifft, daß in den Annalen mitunter auch ziemlich un-
bedeutende Sachen unterlaufen, so mögen dieselben wohl nicht ganz un-
berechtigt sein. Köpke hat allerdings wohl Gordan begutachtet; wegen
Sonine aber können wir unsere Hände in Unschuld waschen. Sonine ist,
weil Neumann ihn nicht durchsehen wollte, an Lommel zur Beurtheilung
geschickt worden. [1]) N./eumann/ sieht überhaupt nichts an, als was auf
seine augenblicklichen Arbeiten Bezug hat, u. ist überhaupt vielmehr
zur sofortigen Zurücksendung geneigt. So wollte er z. B. den letzten
Aufsatz von Bobylew zurückschicken, ohne ihn irgendwie näher angesehen
zu haben, während Mühll ihn für sehr hübsch erklärte. Ob freilich
jetzt den Annalen mit dem Auszuge von Korteweg [2]) viel gedient ist,
weiß ich nicht. Aber da N./eumann/ mir ihn gab u. er überdies sehr
kurz ist, so konnte ich nicht wohl Umstände machen, obgleich es mir in
Folge der vielen Sprachfehler des Manuscriptes nicht ganz klar war, ob
N./eumann/ dasselbe überhaupt gelesen hatte. Bei G./ordan/ freilich
ist es mir selbst auch schon so vorgekommen, als ob er etwas größere
Anforderungen stellen könnte, u. ich bin daher im Princip ganz mit Ihrem Vorschlage des Vorbehalts einer Art Oberredaction einverstanden.

Nur dürfte die Sache doch ihre Schwierigkeiten haben. Denn G.⌊ordan⌋
benachrichtigt doch wohl die Autoren der an ihn eingesandten Arbeiten,
wenn er sie angenommen hat? Sollte das nicht der Fall sein, so könnte
ich allerdings von G.⌊ordan⌋ erhaltene Aufsätze, die mir gar zu lang
erscheinen, erst noch einmal Ihnen übersenden. In den meisten Fällen
würde ich aber doch immer nur nach dem äußeren Scheine urtheilen können. Vielleicht aber könnten Sie Gordan den Wunsch aussprechen, längere Arbeiten erst selbst zu Gesicht zu bekommen.

Mit herzlichem Gruß

Ihr A. Mayer.

---

[1]) Vgl. Brief 57.

[2]) Bei den hier angesprochenen Autoren handelt es sich um den Hamburger Oberlehrer A. KÖPKE, den russischen Physiker D. K. BOBYLEV, den
niederländischen Mathematikprofessor D. J. KORTEWEG, letzterer war
u. a. Redakteur des "Nieuw Archief voor Wiskunde". Diese Autoren
publizierten jeweils zwei bis vier Beiträge in den Annalen. Die hier
erwähnten Arbeiten betrafen Fragen der Mechanik und der Elektrizi-
tätslehre.

72. A. Mayer an F. Klein

Leipzig, 25. 5. 1880

Lieber Freund!

Inliegenden Aufsatz erhielt ich heute ohne jedes Begleitschreiben u.
nur mit der Russischen Adresse des Verfassers auf dem Couvert. Ich
schicke Ihnen denselben, da Sie sich für Zahlentheorie besonders interessiren, u. mir sonst zur Begutachtung nur Cantor einfällt, der das
übrigens immer ganz gern thut.

Ueberdies fand ich von König eine kurze Notiz vor "Ueber Reihenentwick-
lung nach Bessel'schen Functionen" (2 S. kl. O.), die wir wohl jedenfalls aufnehmen müssen. Sie ist nämlich eine Prioritätsreklamation gegen Sonine [1]) u. weist darauf hin, daß die Darstellung der Entwick-
lungscoefficienten einer bel.⌊iebigen⌋ Function nach Bessel'schen Functionen durch recurrirende Gleichungen (Sonine (22), (23)) bereits in
der Abhdlg. V, p. 310 (p. 338) gegeben worden sei.

⌊...⌋

Mit herzlichem Gruß

Ihr

A. Mayer.

---

[1]) Vgl. Brief 57.

73. A. Mayer an F. Klein

Leipzig, 20. 9. 1880

Lieber Freund!

Meine letzte Postkarte wird Sie in Betreff der Dienstmädchenfrage wohl
schon einigermaßen beruhigt haben. Ich komme eben von Frl. Kutschbach,
die, mitten in den Vorbereitungen zum Umzug steckend, sehr um Entschuldigung bitten läßt, daß sie noch nicht geschrieben habe, u. dies gleich
heute nachholen will. Die Hauptsache, das Hausmädchen, ist besorgt, nur
das nachmittägliche Kindermädchen macht noch Schwierigkeiten u. dies
ist eben der Grund, warum noch nicht geschrieben wurde. Frl. Kutschbach weiß nicht recht, wie weit sie hier in Betreff des Lohnes gehen
soll u. ob ein bloßes Kindermädchen, oder eine Kindergärtnerin gewünscht wird. Letzteres ist jedenfalls für halbe Tage leichter zu erlangen, beansprucht aber auch höheren Lohn. /.../

Meine Arbeit wird, denke ich, diese Woche endlich fertig werden, u.
obgleich ich gar nicht besonders mit ihr zufrieden bin - denn nach
gründlicherer Ueberlegung erscheint mir recht vieles doch gar sehr
selbstverständlich -, so will ich sie doch abstoßen u. baldmöglichst
in die Druckerei befördern. [1]) Bäcklund wird bereits gesetzt. Ich habe
ihm nach Kopenhagen, wohin er vor 8 Tagen gehen wollte, geschrieben,
daß nach meiner Meinung seine Arbeit mit der Darboux'schen in keiner
Weise collidire u. daß ich sie daher ruhig in Druck gebe: eine Antwort
ist bis jetzt aber noch nicht gekommen.

Mit herzlichem Gruß
Ihr
A. Mayer

---

[1]) MAYER, A.: Über die allgemeinen Integrale der dynamischen Differentialgleichungen und ihre Verwerthung durch die Methoden von Lie.
Mathematische Annalen <u>17</u>(1880), 332 - 354.

74. A. Mayer an F. Klein

Abtnaundorf, 26. 9. 1880

Lieber Freund!

Krause's (10 F.S. u. 4 F. S. Tabellen) [1]) u. meine Arbeit (25 halbe F.
S.) [2]) befinden sich in der Druckerei. Ich schicke Ihnen morgen (denn
heute habe ich keine Gelegenheit) eine Abhandlung von Markow, [3]) die

wahrscheinlich schon ziemlich lange bei mir gelegen hat. Denn ich fand sie gestern Abend in einer Sendung von Teubner unter einem ganzen Haufen anderweitiger Zusendungen im Stadtlogis vor, hatte aber nicht mehr die Zeit, sie gleich abzuschicken.

Zur Vollendung der Antrittsrede [4]) meinen Glückwunsch!

Mit bestem Gruß

Ihr A. M.

---

[1]) KRAUSE, M.: Über die lineare Transformation der hyperelliptischen Functionen erster Ordnung. Mathematische Annalen 17(1880), 435 - 447.

[2]) KLEIN, F.: Ueber unendlich viele Normalformen des elliptischen Integrals erster Gattung. Mathematische Annalen 17(1880), 133 - 138; [52, Bd. 3, S. 179 - 185].

[3]) MARKOFF, A.: Sur une question de Jean Bernoulli. Mathematische Annalen 19(1881), 27 - 36.

[4]) KLEIN wurde zum Wintersemester 1880/81 an die Universität Leipzig berufen (vgl. auch Abschnitt 5. der Einleitung) und hielt seine Antrittsrede "Über die Beziehungen der neueren Mathematik zu den Anwendungen" am 25. Oktober 1880. Sie wurde erst 1895 im Band 26 der "Zeitschrift für den mathematischen und naturwissenschaftlichen Unterricht" publiziert und ist neu abgedruckt in [2].

75. F. Klein an A. Mayer

Leipzig, 4. 1. 1881

Lieber Freund!

/.../ Kolbe's Expectorationen scheinen mir sehr ungeeignet und ungerechtfertigt. Von der Sache verstehe ich ja Nichts, aber ich kenne Ba/e/yer einigermassen persönlich. Ich kann verstehen, dass Letzterer an bestimmte Ausdrücke der engeren Schule, der er angehört, vielleicht zu sehr gewöhnt ist und sich daraufhin in einer dem allgemeinen Publicum unpräzis erscheinenden Weise ausdrückt. Das ist Dasselbe, was z.B. Seidel seinerzeit an meinen Arbeiten aussetzte, wo gelegentlich einmal, "complexe Ebene" statt "Ebene der complexen Variablen" gesagt u. desgl. Nun will ich zugeben, und es ist sogar meine eigene jetzige Meinung, dass man dergleichen tadeln kann, - wie man aber dazu kommt, sich darüber in einer wissenschaftlichen Zeitschrift und dazu in solchem Tone zu aeussern, ist mir unerfindlich. [1])

Viele Grüsse von Ihrem

F. Klein.

---

[1]) Diese Ausführungen zum Verhalten des Chemikers H. KOLBE, Herausgeber des "Journals für praktische Chemie", sind Ausdruck des Bemühens KLEINs, ausgleichend zu wirken und Polemik weitgehend zu vermeiden, vgl. auch Abschnitt 6. der Einleitung.

76. F.Klein an A.Mayer

Borkum, 10. 9. 1881

Lieber Freund! In der Voraussetzung, dass Sie inzwischen wohlbehalten
wieder heimgekommen sind, wies ich Ihnen eben eine Zweite Revision
MARKOFF zu. [1]) Es ist das schauderhafte Französisch, dessen ich nicht
Herr wurde, und zwar um so weniger, als ich hier kein Lexikon habe. -
Wir Alle finden uns hier vortrefflich. Ginge es an, so würde ich noch
länger als bis Monatsschluss bleiben. So aber werde ich wohl Anfang
Oktober in Leipzig wieder antreten, nicht ganz ohne Sorge, wie ich mich
im Wintersemester einrichten soll.

Mit herzlichem Gruß

Ihr F. Klein.

---

[1]) Vgl. Brief 74, Anm. 3.

77. F.Klein an A.Mayer

Borkum, 12. 9. 1881

Lieber Freund!

Ihr Brief und meine Karte haben sich gekreuzt, wie Das unter analogen
Verhältnissen so oft vorkommt. Um zunächst auf die Teubner'sche Frage
zu reagiren, so muß ich hier, wo ich die betr. Literatur nicht zur Hand
habe, eine etwas schwankende Antwort geben, die ich deshalb auch an Sie
richte. Cremona's Name hat zumal auch in Technisch-mathematischen Kreisen einen sehr guten Klang. Wie weit aber sein Buch [1]) für Unterrichts-
zwecke brauchbar ist, ob es als eine wesentliche Ergänzung unserer sonstigen Lehrbücher anzusehen ist, kann ich nicht sagen, da ich es nie
genauer ansah. Wissenschaftlich hat es wohl keine originelle Bedeutung.
Uebrigens findet man eine ausführliche Kritik von Zeuthen in einem Ban-
de von Darboux's Bulletin (vielleicht 76 oder 77.) /.../

Vor etwa einer Woche war ich sehr überrascht, einen Brief mit unbekann-
ter Handschrift aus Misdray zu bekommen; er war von H. Bruns, [2]) der
richtig den Ruf nach Leipzig bekommen hat (was jetzt wohl kein Geheim-
niss mehr ist) und bei mir wegen einiger Puncte anfragte.

Mit herzlichem Gruß

Ihr F. Klein.

[1]) CREMONA hatte nachhaltige Wirkung auf den italienischen Hochschul-
    unterricht, indem er projektive Geometrie in Verbindung mit darstel-
    lender Geometrie und graphischer Statik brachte. Im Brieftext han-
    delt es sich um das Buch "Elementi di geometria proiettiva", Torino
    1873. Es erschien 1882 in Stuttgart in deutscher Übersetzung (durch
    F. R. TRAUTVETTER).

[2]) HEINRICH BRUNS nahm den Ruf an und war seit 1882 Professor der
    Astronie an der Universität Leipzig. Einen Ruf an die Universität
    Göttingen 1885 lehnte er ab, vgl. [45, Bl. 41].

78. A. Mayer an F. Klein

Leipzig, 15. 10. 1881

Lieber Freund!

Besten Dank für Ihren ausführlichen Brief; ich bedaure nur, daß ich
Ihnen mit meinen Fragen [1]) soviel Mühe verursacht habe, und würde Sie
gar nicht damit belästigt haben, wenn ich nicht geglaubt hätte, daß
man die Natur der betreffenden Curven auf der Fläche der Centra möglicher Weise geometrisch ebenso direkt erkennen könnte, wie selbst nur
trotz meines gänzlichen Mangels an geometrischer Anschauung doch bei
ebenen Curven ein Krümmungsmittelpunkt, in welchem sich 3 aufeinander-
folgende Normalen schneiden, unmittelbar sich als ein Rückkehrpunkt
der Evolute präsentirte.

Es ist mir aber in anderer Hinsicht wieder ganz lieb, daß jene Natur
nicht so ganz auf der Hand liegt. Denn dann kann ich, falls ich nicht
in den unter 2. von Ihnen citirten Abhdlg. die Mittel zu weiterer Er-
kenntniß finde, meine Normalen ruhiger drucken lassen, als wenn ich
befürchten müßte, auf wohl bekannte Curven gestoßen zu sein; ohne sie
doch erkannt zu haben. Ist ja doch ohnedies die Beschaffenheit jener
Curven für mein Problem immer nur eine Nebenfrage!

Die in Ihrer No. 1 angeführten Arbeiten habe ich bereits früher sämmtlich näher durchgesehen, ohne doch darüber klar geworden zu sein, ob
u. welche von den dort angegebenen Curven mit den meinigen zusammen-
fallen. Und die Oberflächen 2. O. nützen mir für das allgemeine Problem nichts. Bei ihnen kann ich direkt zeigen, daß die in Rede stehenden Curven der Centrafläche scharfe ebene Kanten, die Hauptschnitte,
bilden. Aber hier haben die entsprechenden Curven der gegebenen Oberfläche die Eigenthümlichkeit, gleichzeitig auch Krümmungslinien zu
sein, was mich eben Anfangs in meinem Irrthum bestärkte, daß dieselben
auch überhaupt Krümmungslinien wären. Hier also fallen /.../ zwei Singularitäten zusammen u. man kann daher wohl nicht auf andere Oberflächen schließen.

Mit dem was Sie über Vielfachheit eines Lösungssystems sagen, bin ich vollkommen einverstanden. Indessen sehe ich inzwischen, daß es wenigstens für den Satz, den ich im Auge hatte, gar nicht auf die besondere Natur des 3-fachen Wurzelsystems ankommt. Die Forderung nämlich, daß für ein System Variationswerthe der Variablen, für welches die zweite Variation der Function bei sonst festem Zeichen noch verschwinden kann, gleichzeitig auch die dritte Variation verschwinden muß, zieht stets nach sich, daß diese Variationswerthe in dem früher definirten allgemeinen Sinne einem 3-fachen Wurzelsysteme der Gleichungen der ersten Variation angehören müssen. Nur scheint sich der Satz nicht umkehren zu lassen, d.h. es wird wohl besondere 3-fache Wurzelsysteme geben können, für welche doch die dritte Variation nicht Null wird, sooft die zweite verschwindet.

Der Fall aber, wo um Ihr Bild zu gebrauchen· die 3 Flächen eine ganze Curve gemein haben, sondert sich in der Theorie des gewöhnlichen Ma/xi-mums/ u. Mi/nimums/ sehr hübsch u. eigenthümlich als Ausnahmefall ab. Hier läßt sich die 2te Variation immer zum Verschwinden bringen und doch entscheidet sie, wenn sie keines Zeichenwechsels fähig ist, im Allgemeinen schon allein die Existenz des Ma/ximums/ oder Min/imums/ u. die Zuziehung der höheren Variationen ist nicht nur unnöthig, sondern auch geradezu unzulässig.

Ich muß leider heute Nachmittag nach Berlin reisen, wo nach kaum 3-jähriger Ehe die Frau eines Vetters im zweiten Wochenbett gestorben ist u. morgen früh begraben wird, u. Montag bin ich zu einer Waldjagd eingeladen, sonst würde ich Sie schon heute Nachtisch heimsuchen u. Ihnen auch mündlich meinen Dank aussprechen.

Mit bestem Gruß
Ihr
A. Mayer.

---

[1]) Dieser Brief ist einer der wenigen, in denen KLEIN und MAYER sich über mathematische Gegenstände ausgetauscht haben. Leider fehlen die Gegenbriefe. MAYER stieß bei seinen Arbeiten zur Variationsrechnung auf bestimmte Kurven, von denen er nicht wußte, ob sie bereits bekannt waren. Offensichtlich hat KLEIN Literatur zum Thema genannt, in welcher aber wohl nichts dazu geschrieben stand. MAYER publizierte seine Ergebnisse schließlich in folgendem Beitrag: Ueber die kürzesten und weitesten Abstände eines gegebenen Punktes von einer gegebenen Oberfläche und die dritte Variation in den Problemen des gewöhnlichen Maximums und Minimums. Berichte über die Verhandlungen der Kgl. Sächsischen Gesellschaft der Wissenschaften zu Leipzig, math.-phys. Classe, $\underline{33}$(1881), 28 - 51.

79. F. Klein an A. Mayer

Leipzig, 29. 1. 1882

Lieber Freund!

Einliegend schicke ich Ihnen die Revision Lindemann [1]) mit den bezügli-
chen Briefen von Harnack noch einmal zu. Lindemann hat bei der Correctur gar nichts sachlich geändert. Jetzt, wo die Sache gedruckt ist,
werden Sie es besser übersehen können. Wenn Sie meinen, dass wir es
hingehen lassen sollen, schicken Sie bitte den Bogen direct an Teubner.
Anderenfalls müsste man sich mit Lindemann in Correspondenz setzen.
Ich würde das sofort selbst thun und mich überhaupt mehr in die Angelegenheit hineindenken, wenn nicht das Wenige an Gemüthsruhe, was ich
überhaupt besitze, durch die nunmehr officiel erfolgte Anmeldung des
königlichen Besuches auf Donnerstag Mittag völlig dahin wäre.

Mit bestem Gruß

Ihr F. Klein.

---

[1]) Vgl. LINDEMANN, F.: Ueber das Verhalten der Fourier'schen Reihe an
Sprungstellen. Mathematische Annalen 19(1882), 517 - 523.

80. F. Klein an A. Mayer

11. 2. 1882

L. Fr. - Ohne Ihrer geschäftlichen Regelung der Angelegenheit vorgreifen zu wollen, habe ich soeben den lang beabsichtigten moralischen
Brief an Bäcklund geschrieben, und ihm namentlich gerathen, seine Sachen vor der Fertigstellung für die Annalen immer sonst wo, nach dem
Muster von Lie, in vorläufiger Form zu publiciren. [1]) - Mittlerweile
hat Cantor diese Nacht bis 4 aufgesessen und eine Note über sein neues
"Condensationsprincip" (mit Mitteilungen von Weierstraß) fertig gemacht
und mir eben zugeschickt. Wenn Ihnen recht ist, bringe ich es Montag
zu Laska und setze es auch noch in XIX, 4 um den matten Eindruck von
Harnack (vielleicht auch L?) und Bäcklund in etwa zu compensiren. [2])
Nächstens werde ich auch Krause einmal einen freundschaftlichen Brief
schreiben!

Viele Grüsse

Ihr F. Klein.

---

[1]) Vgl. Abschnitt 6. der Einleitung.

[2]) Folgende Aufsätze sind hiermit gemeint: CANTOR, G.: Ueber ein neues
und allgemeines Condensationsprincip der Singularitäten von Functionen. Mathematische Annalen 19(1882), 588 - 594; HARNACK, A.: Berichtigung zu dem Aufsatze "Ueber die Fourier'sche Reihe". Ebenda, 524
- 528; BÄCKLUND, A. V.: Zur Theorie der Flächentransformation. Ebenda 387 - 422. - Mit L. ist LINDEMANN gemeint, vgl. Brief 79.

81. A. Mayer an F. Klein

Leipzig, 17. 3. 1882

Lieber' Freund!

Bei Ihnen zu Hause geht ja glücklicher Weise wieder alles gut u. auch
Sie werden bei dem herrlichen Wetter Ihre Luftkur unter den günstig-
sten Auspicien begonnen haben.

Neumann hat seine "Bemerkungen über die mathem. Vorlesungen an der Universität Leipzig" fertig gebracht, zugleich aber auch diese Arbeit äußerst satt. Der Aufsatz liegt jetzt bei Von der Mühll. Ich habe nichts
Wesentliches daran auszusetzen. Wenn Sie daher die "Bemerkungen" nicht
erst noch einmal durchzusehen wünschen, so werde ich sie direkt Teubner zum Drucke übergeben. [1])

Im Auditorium des Czermakeion haben die Maurer die Wand unter den Klei-
derleisten ausgebessert u. abgerieben. Der Hofrath Graf hat mir versprochen, daß die Wand auch noch über den Leisten bis zu den Gabärmen
mit Oelfarbe gestrichen werden sollte, entsprechend im Seminar- u. Le-
se-Zimmer. /.../ [2])

Mit herzlichem Gruße

Ihr

A. Mayer

---

[1]) KLEIN wünschte eine Durchsicht, vgl. Brief 85. Es handelte sich um
Vorlesungsübersichten für die Studenten. Entsprechende Studienpläne
ließ KLEIN während seiner Tätigkeit an der Universität Göttingen
(1886 - 1913) später regelmäßig ausarbeiten.

[2]) Das von dem Physiologen J. N. CZERMAK errichtete "Czermaksche
Spektatorium" wurde auf Antrag von KLEIN zur ersten Wirkungs-
stätte des Leipziger Mathematischen Seminars umgebaut, vgl.
[3, S. 61 - 71].

82. F. Klein an A. Mayer

Norderney, 19. 3. 1882

Lieber Freund! Eben erhalte ich Ihren willkommenen Brief und antworte
ich Ihnen umgehend, dass ich mit Neumann's Entwurf vollständig einver-

standen bin. Wenn Sie mir später ein fertiges Exemplar hierher schik-
ken wollen, wird es mich sehr freuen. Cantor habe ich natürlich in keiner Weise nöthig. [1]) Ich dirigirte gestern an Teubner eine Sendung,
enthaltend 2 kleine Noten Rausenberger, Hankel, Staude. - Im Allgemeinen ist es hier sehr schön. Ich habe mich nur wohl nicht ganz zu Anfang in Acht genommen, so dass ich seit 2-3 Tagen unwohl bin: Asthma
und Magenverstimmung, wie so oft. Uebrigens nimmt die Sache ihren normalen Verlauf.

Viele Grüsse an Sie und die Ihrigen

Ihr F. Kl.

---

[1]) Vgl. Brief 80.

83. F. Klein an A. Mayer

Norderney, 22. 3. 1882

Lieber Freund! Es gefällt mir hier auf die Dauer sehr wenig; ich reise
also morgen Düsseldorf Bahnstrasse 15. [1]) Viele Grüsse

Ihr F. Klein.

---

[1]) Hier wohnten KLEINs Eltern. - In der Nacht vom 22. zum 23. März
1882 entdeckte KLEIN sein berühmtes Grenzkreistheorem (vgl. Abschnitt 8. der Einleitung und Brief 84).

84. F. Klein an A. Mayer

Düsseldorf, 29. 3. 1882

Lieber Freund!

Ihre eben eintreffende Karte traf mich bei der Absicht, Ihnen zu
schreiben, zunächst um Ihnen einliegend zwei kleine Arbeiten für die
Annalen zu senden, von denen die eine - Staude - bei Gelegenheit eingeschaltet werden kann, [x]/ die andere - Heß - erst begutachtet werden
muß, was Sie wohl freundlichst übernehmen. Ich habe mittlererweile eine Art von Gewaltstreich gemacht. Noch zu guter letzt, ehe ich von
Norderney abreiste, kam ich auf neue Ideen, die sich an meine Note
contra Poincaré anschliessen, und haben sich dieselben so rasch zu einem greifbaren Resultate verdichtet, dass ich schon vorgestern eine
kurze Note [1]) an Teubner schickte, mit der Anweisung, dieselbe noch

unmittelbar hinter Rausenberger zu drucken. [2]) Die Sache ist in der
That wunderschön und, wie ich meine, streng richtig. Nehmen Sie die
grosse Figur auf der Bd. XIV beigegebenen Tafel [3]), nennen Sie die Ebene, in der dieselbe liegt, η. So sind alle Functionen, welche auf der
dort untersuchten Riemann'schen Fläche p = 3 unverzweigt sind, eindeutige Functionen von η. Dann die Reproductionen des in der Tafel gegebenen Vierzehnecks collidiren nie mit einander, insofern sie dem um-
schliessenden Hauptkreise wohl immer näher kommen, nie aber ihn erreichen können. Mein Satz ist nun der, dass zu jeder Riemann'schen Fläche eben in diesem Sinne eine und nur eine η-Figur hinzugehört - so
dass also für alle Irrationalitäten genau das Gleiche geleistet ist,
was für die Irrationalitäten p = 1 das elliptische Integral 1. Gattung
leistet. Erzählen Sie bitte auch Neumann davon. [4]) Der Fortschritt
über Poincaré ist der, dass P./oincaré/ in seiner η-Function (wenn ich
das Ding so nennen darf) noch überflüssige Parameter hat, über die er
nicht zu disponiren weiß. Die letzteren hatte ich nun zwar schon in
meiner Note in XIX, 4 fortgeschafft, aber doch nur so, dass ich immer
noch eine discret-unendliche Anzahl von η-Functionen behielt, unter
denen die einzelne erst bestimmt wurde, wenn ich auf der Riemann'schen
Fläche ein bestimmtes System von p Rückkehrschnitten annahm. Demgegenüber ist die neue η-Function durch ihre völlige Bestimmtheit ausgezeichnet: sie existirt sozusagen nur in einem Individuum. -

In meinem Brief an Teubner hatte ich die kurz vor Beginn der Ferien
eingelaufene Arbeit von Nöther vergessen. Meine Meinung ist dass zweck-
mässigerweise (sofern Sie nichts Dringendes haben) folgende Reihenfolge eingehalten wird: Dyck, Rausenberger, Klein (die alle 3 gewisser-
massen zusammengehören)
Krause, Nöther
Hankel (das Programm)
Staude (die grosse Arbeit).
(Gegen Heß habe ich einiges Misstrauen; selbst wenn die Sache richtig
ist braucht sie nicht neu zu sein!) [5])

Ich habe, wenigstens einstweilen, Hankel vorangestellt, weil ich die
Correctur Staude mit dem Verf./asser/ zusammen besprechen möchte, sie
also auf Semesteranfang verschieben muß.

Mit der Gesundheit geht es hier viel besser, allerdings noch nicht
auf's Beste. Doch wird sich Das wohl allmählich geben. Die Nachrichten
von meiner Familie sind gut. Hoffentlich befinden Sie sich ebenso wohl,
wie die werthen Ihrigen, denen Sie mich bestens empfehlen wollen.

Ihr

F. Klein.

x/ nachdem erst die grosse Arbeit von Staude gedruckt ist.

---

[1]) KLEIN, F.: Über eindeutige Funktionen mit linearen Transformationen in sich. (Zweite Mitteilung. [Das Grenzkreistheorem]). [52, Bd. 3, S. 627 - 629]. Er verfaßte diese Note zwei Tage zuvor, am 27. März 1882.

[2]) Vgl. insgesamt Abschnitt 8. der Einleitung.

[3]) Siehe Abb. 2 in Abschnitt 8. der Einleitung.

[4]) Er informierte außerdem POINCARÉ, SCHWARZ und HURWITZ.

[5]) Zu den erwähnten Arbeiten vgl. Mathematische Annalen 20(1882). Zu W. HESS vgl. Brief 87, Anm. 1.

85. A. Mayer an F. Klein

Leipzig, 1. 4. 1882

Lieber Freund!

Inliegende kleine Arbeit, die ich gestern Abend erhielt, möchte ich trotz der ausgezeichneten Empfehlung, die ihr du Bois mitgiebt, doch nicht aufnehmen, ohne daß Sie dieselbe gesehen hätten. Bei du Bois' bekannter Empfindlichkeit u. da ich jetzt ja auch verreist sein könnte, schien mir die Anwendung unseres Formulars hier nicht gerade räthlich und ich verschiebe daher die Empfangsanzeige bis zum Eintreffen Ihrer Antwort.

Die Neumann'sche Revision der Anleitung für die Studierenden der Mathematik werden Sie inzwischen erhalten haben. N./eumann/ bittet, daß sie ihm zurückgeschickt werde. [1])

Mit herzlichem Gruße

Ihr

A. Mayer.

---

[1]) Vgl. Brief 81.

86. F. Klein an A. Mayer

Düsseldorf, 2. 4. 1882

Lr. Fr.! Auf Ihre heutige Sendung antworte ich baldigst. Zunächst nur die Mittheilung, dass ich von Poincaré einen Brief zwecks Abdruck's in den Annalen erhielt, in denen er seine Benennungen "fuchsiennes" etc. zu rechtfertigen sucht, und dass ich diesen um so lieber eben umgehend in die Druckerei geschickt habe (damit er nun auch noch (hinter meine

Note) eingeschaltet wird), als ich _formell_ gern um so höflicher bin,
je entschiedener ich _sachlich_ entgegentrete. Letzteres markirte ich in
einer zugefügten Fussnote, wobei ich zugleich auf die Note aufmerksam
machte (und letztere also indirect beantwortete), die Fuchs in den
Göttinger Nachrichten vom 4. März 82 gegen mich publicirt hat. [1]

Ihr F. Klein

[1] Zu diesem Streit mit L. FUCHS vgl. Abschnitt 8. der Einleitung.

87. A. Mayer an F. Klein

Leipzig, 3. 4. 1882

Lieber Freund!

Die Arbeit von Hess [1] hat mir mehr Mühe gemacht als mir lieb ist. Ich
hielt sie Anfangs für vollkommenen Unsinn; jetzt aber glaube ich doch
sicher, daß sie einen neuen lösbaren Fall des Problems der Rotation
getroffen hat. Und zwar ist es jedenfalls wohl nicht ein particulairer,
sondern ein singulairer Fall des Problems, d.h. die Voraussetzung, die
Hess macht, wird eine singulaire Integralgleichung der Differentialgleichungen der Rotation sein. Ob particulair oder singulair, ist übrigens hier ziemlich gleichgültig, es kommt nur darauf an, ob die Hess'-
sche Gleichung überhaupt eine Integralgleichung ist oder nicht, u. wenn
ich mich nicht verrechnet habe, so ist das in der That der Fall. Einen
wirklichen Beweis hierfür enthält die Arbeit aber gar nicht, vielmehr
wird gerade dieser Kernpunkt der ganzen Untersuchung mit 7 kurzen Zeilen abgefertigt, die mir nur ganz unverständliche Angaben enthalten.
Ich schicke ihm daher heute den Aufsatz zur Umarbeitung zurück. Neu
scheint mir die Sache entschieden zu sein, obgleich ich natürlich für
die Neuheit keine andere Begründung anführen kann, als daß mir eine
ähnliche Betrachtung in einem dynamischen Problem überhaupt noch nie
begegnet ist. Für die geometrisch-mechanische Deutung richtiger Formeln ist doch Hess wohl ganz besonders befähigt, so daß man die bloße
Interpretation nicht erst zu controlliren braucht?

Neumann habe ich Ihre letzte Note im Correcturabzug gegeben u. Ihre
Karte wegen des Poincaré'schen Briefes eben erhalten.

Wie geht es mit der Gesundheit?

Mit herzlichem Gruß
Ihr
A. Mayer.

[1]) HESS, W.: Über das Problem der Rotation. Mathematische Annalen 20
(1882), 461 - 470. WILHELM HESS war Schüler von ALEXANDER BRILL. In
seiner Arbeit befaßte er sich mit einer zuvor unbekannten Möglichkeit, die Euler'schen Bewegungsgleichungen zu integrieren. Dabei
gelang es MAYER, HESS zu allgemeineren Untersuchungen zu führen,
als dieser zunächst beabsichtigt hatte.

88. F. Klein an A. Mayer

Düsseldorf, 3. 4. 1882

Lieber Freund!

Meine Karte von gestern werden Sie bekommen haben. Ich vergass hinzuzufügen, dass ich die Revision der Studienordnung umgehend an Neumann
zurückschickte. Betreffs der hier beiliegenden Arbeiten folgende Bemerkungen.

1. Hölder enthält nichts, was mir neu oder gar überraschend gewesen
wäre. [1]) Da aber die Arbeit im Allgemeinen lesbar geschrieben ist, da
ferner Dubois die Aufnahme wünscht, da endlich in den Annalen über diesen jetzt vielfach ventilirten Satz [2]) noch nichts publicirt ist, so
glaubte ich für die Aufnahme sein zu sollen und habe entsprechend einige Redactionsvermerke hinzugefügt.

2. Krause macht mir Schmerzen. Ich habe ihm jetzt, wie ich es lange vor-
hatte, geschrieben, etwa in Sinne: "Ihre neue Arbeit soll mir gleich
den früheren willkommen sein. Indessen gebe ich Ihnen zu bedenken, ob
wirklich ein fortgesetztes Publiciren solch' abgerissener Unternehmun-
gen Vortheil bringt etc. etc." Ich bin neugierig, wie er darauf rea-
girt, hoffentlich so, dass er uns nicht untreu wird aber doch nun sel-
tener schickt. Ich möchte betreffs der Reihenfolge in den Annalen nicht
immer umändern. Sonst wäre mir am liebsten, die Krause'schen Multiplicatorgleichungen mit der neuen Arbeit zusammenzubringen. Dazu ist es
jetzt zu spät.

3. Hurwitz ist wie immer vortrefflich. Ich hoffe, dass seiner Habilitation in Göttingen jetzt alle Wege geebnet sind.

Mit der Gesundheit geht es mittlerweile viel besser, nur fühle ich mich
in Folge des langen Fasten's noch immer schwach. Ueber Fuchs ärgere ich
mich doch, weil es so ganz unmotivirt ist, desgleichen über Poincaré,
weil er schwindelt. [3]) Werde ich nicht weiter gereizt, so verfolge ich
die Sache im Interesse meiner eigenen Gemüthsruhe nicht weiter; doch
erzähle ich Ihnen Allen gelegentlich im Kränzchen davon.

Mit vielen Grüssen

Ihr F. Klein.

[1]) OTTO HÖLDER promovierte am 3. August 1882 mit der Arbeit "Beiträge zur Potentialtheorie" bei P. DU BOIS-REYMOND an der Universität Tübingen. H. entwickelte sich zu einem vielseitigen Mathematiker, der auf den verschiedensten Gebieten der Analysis, der Algebra und Zahlentheorie, Geometrie, Mengenlehre und Mechanik sowie zu den Grundlagen der Geometrie bedeutsame Beiträge leistete. Er wirkte von 1908 bis 1928 in der Annalen-Redaktion.

[2]) HÖLDER, O.: Beweis des Satzes, daß eine eindeutige analytische Function in unendlicher Nähe einer wesentlich singulären Stelle jedem Werth beliebig nahe kommt. Mathematische Annalen 20(1882), 138-143.

[3]) Vgl. Abschnitt 8. der Einleitung.

89. A. Mayer an F. Klein

Leipzig, 13. 4. 1882

Lieber Freund!

Eben habe ich Lie's Geodätische Curven 150 S. F. stark vom Postzollamt abgeholt. [1]) Soll ich sie Ihnen noch nach Düsseldorf schicken, oder bis zu Ihrer Rückkehr aufbewahren? Sollten Sie anderweitig beschäftigt sein, so würde übrigens auch ich sehr gern die sprachliche Durchsicht übernehmen.

Ihre Sendung vom 3/4 ist richtig angelangt u. befindet sich in der Druckerei. Hess will mir erst von München antworten.

Augenblicklich ist du Bois hier u. bietet uns eine 2te Note von Hölder, Ausdehnung eines Abel'schen Satzes über Reihen, an, die ich vorbehaltlich Ihrer Zustimmung annehmen will.

Nächsten Samstag hoffe ich nun endlich mit meiner Frau und Credners [2]) nach Berlin auf 3 - 4 Tage zu gehen. Bisher kam immer etwas dazwischen. Besten Gruß Ihr

A. M.

[1]) LIE, S.: Untersuchungen über geodätische Curven. Mathematische Annalen 20(1882), 357 - 454.

[2]) CARL HERMANN CREDNER war seit 1877 o. Honorar-Professor und von 1895 bis 1912 Ordinarius für Geologie und Paläontologie an der Universität Leipzig.

90. A. Mayer an F. Klein

Misdray, 13. 8. 1882

Lieber Freund!

Inliegend schicke ich Ihnen zunächst einen Brief von du Bois, den ich bereits hier vorfand, u. auf den ich ihm geantwortet habe, daß wir uns der Unrichtigkeiten der Hankel'schen Abhdlg. [1]) wohl bewußt gewesen wären, uns trotzdem aber für unveränderten Abdruck entschieden hätten, weil sonst der Hinzufügungen gar zu viele geworden wären, daß aber natürlich auch dem Wiederabdruck seiner Münchner Note in den Annalen nichts im Wege stünde u. daß er dieselbe nur mir oder Ihnen zuschicken möchte. [2]) Ferner einen Nachtrag von Otto Hölder, Stuttgart, Hermannstraße 18, zu der Arbeit im 20. Bd. "Derselbe enthält zugleich die Berichtigung einer Ungenauigkeit, weßhalb seine Aufnahme in die Annalen mir von ganz besonderem Werth sein würde". /.../ [3])

Mit herzlichem Gruß

Ihr

A. Mayer.

---

[1]) HANKEL, H.: Untersuchungen über die unendlich oft oscillirenden und unstetigen Functionen. (Abdruck aus dem Gratulationsprogramm der Tübinger Universität vom 6. März 1870). Mathematische Annalen 20 (1882), 63 - 112.

[2]) P. DU BOIS-REYMOND hatte in einem Brief vom 2. August 1882 an A. MAYER sein Mißfallen über den Wiederabdruck einer Arbeit von H. HANKEL geäußert [A 10]. Darin hatte HANKEL eine falsche Behauptung über hinreichende Bedingungen ausgesprochen, daß nämlich eine Funktion in eine Taylor-Reihe entwickelt werden kann. Diese Behauptung hatte P. DU BOIS-REYMOND bereits 1876 in den Sitzungsberichten der math.-phys. Klasse der Kgl. Bayerischen Akademie der Wissenschaften, München, widerlegt. Die Annalen druckten die Arbeit von DU BOIS-REYMOND, P.: Über den Gültigkeitsbereich der Taylor'schen Reihen-entwicklung. Mathematische Annalen 21(1883), 109 - 117.

[3]) Vgl. Brief 91.

91. F. Klein an A. Mayer

Tabarz, 21. 8. 1882

Lieber Freund!

Ihre Zusendung vom 13/8 hat mich richtig erreicht; ich antworte erst heute, weil ich eben erst dazu kam, in Sachen Hölder einen klaren Entschluss zu fassen.

Ich habe Hölder geschrieben (und Das hat wohl Ihren Beifall), dass er die Correctur zur ersten Arbeit lieber der zweiten, demnächst zum Druck gelangenden Arbeit [1]) als Fussnote beifügen soll, und dass er übrigens mit neuen Publikation(en) warten soll, bis seine Untersuchungen weiter vorgeschritten sind, er auch mehr Literaturstudien gemacht hat. Zugleich wies ich ihn auf Frobenius' Aufsatz über die Leibniz'sche Reihe hin.
Mit der Antwort an du Bois bin ich durchaus einverstanden. [2]) Seinen

Brief lege ich wieder hier bei. /.../

Ich selbst arbeite mittlerweile an der Redaction meiner Untersuchungen über eindeutige Functionen mit linearen Transformationen in sich. Ein erster Entwurf wurde eben fertig; hoffentlich gelingt es mir die Sache hier abzuschliessen. Es sind leider vielmehr Ideen und Gesichtspunkte, als Resultate und Beweise. [3]

Von Lie bekomme ich eben Correctur zu Bogen 28. Er hat noch keinen Bogen übersprungen, aber jetzt über einen Monat für diesen einen Bogen gebraucht. /.../

Mit vielen Grüssen von Haus zu Haus

                                                                Ihr F. Klein.

---

[1] HÖLDER, O.: Grenzwerthe von Reihen an der Convergenzgrenze. Mathematische Annalen 20(1882), 535 - 549.

[2] Vgl. Brief 90.

[3] KLEIN befaßte sich hier im Anschluß an seine Darstellung [48] damit, die in dieser Arbeit nur anschauungsmäßig begründeten Sätze exakter auszuarbeiten. Wie er selbst einschätzt [52, Bd. 3, S. 478], gelang mit der Abhandlung [53] lediglich eine skizzenhafte Ausführung dieses Planes.

92. F. Klein an A. Mayer

                                                        Tabarz, 26. 8. 1882

Lieber Freund!

Mit der Naturforscherversammlung [1] ist es eine eigene Sache. Ich möchte mich meines Befinden's wegen nicht binden; da es mir aber in den letzten 2 Tagen auf einmal viel besser geht, so denke ich in der That stark daran hinzugehen (nachdem ich so sehr in der Nähe bin). Und zwar möchte ich womöglich mit Lie zusammen hingehen, den ich stark aufforderte, mich doch hier zu besuchen und einige Zeit zu bleiben. Wenn Das nun Alles so kommt und Weber will auch: dann seien Sie der vierte im Bunde und machen mit! An der Versammlung selbst liegt mir natürlich nichts Besonderes, sondern daran, einige Menschen zu sehen; das gleichförmige Alleinsein will mir auf die Dauer nicht behagen. Können Sie also irgend etwas Anderes arrangiren, was mich nicht zu sehr aus meinen sonstigen Gewohnheiten herausreisst, so bin ich auch dabei. -

Betreffs der Annalen ist Ihnen doch recht, dass ich Revision von Hölder übernehme?

                                        Viele Grüsse von Ihrem
                                                                F. Klein.

Der Minister hat unsere Baupläne definitiv abgelehnt![2])

---

[1]) Gemeint ist die Versammlung deutscher Naturforscher und Ärzte, welche im September 1882 in Eisenach stattfand.

[2]) Zur Entwicklung der mathematischen Einrichtungen in Leipzig vgl. [3] und [63].

93. A. Mayer an F. Klein

Misdray, 1. 9. 1882

Lieber Freund!

Eben habe ich mich ebenfalls in Eisenach [1]) angemeldet. Freund Weber hätte mir zwei Briefe ersparen können, wenn er gleich anfangs geschrieben hätte, daß er sich bereits mit Dedekind besprochen u. überdies in Eisenach einen Schwager habe. Da er aber nur davon sprach, daß er nicht abgeneigt sei, die Versammlung mitzunehmen, so schien es mir zunächst viel bequemer u. gemüthlicher, die Zusammenkunft etwa nach Friedrichroda oder gar nach Tabarz [2]) selbst zu verlegen.

Mit Ihren Annalenanordnungen bin ich wie immer vollständig einverstanden. Nur möchte ich eventuell für eine Arbeit von Engel einen Platz reserviren. Engel schreibt nämlich, daß das Studium der Bäcklund'schen Aufsätze, die ihn ungemein interessiren, ihn zu den Resultaten von Turquan geführt habe. Ueber diese hatte ich schon vergeblich mit du Bois correspondirt, ohne aus seinen Antworten klug werden zu können, da er in einem Athem schreibt, daß nichts daran sei u. daß Turquan ihm seine besten Gedanken weggenommen habe. Die Sache ist aber die, daß wenn die Turquan'schen Angaben in den C./omptes7 R./endus7 richtig sind, [3]) die vollständige Integration einer jeden partiellen Dffgl. beliebiger Ordnung auf die Integration gewöhnlicher Dffgl. zurückgeführt werden kann, u. daher wichtig genug, um einen Beweis der Methode, die übrigens T./urquan7 gar nicht näher angiebt, umgehend zu veröffentlichen. So fragt sich nur, ob T./urquan7 selbst das nicht bereits gethan hat. Darüber könnte vielleicht Hamburger Auskunft geben. /...7

Mit herzlichem Gruß

Ihr

A. Mayer.

---

[1]) Zur Versammlung deutscher Naturforscher und Ärzte, vgl. Brief 92.

[2]) KLEIN weilte zu einem Kuraufenthalt in Tabarz, Thüringen.

[3]) Vgl. LOUIS VICTOR TURQUAN: Intégration d'un nombre quelconque d'équations simultanées entre un même nombre de fonctions de deux variables indépendantes et leurs dérivées partielles du premier ordre. Comptes Rendus 91(1880), 43 - 45.

94. F. Klein an A. Mayer

Leipzig, 9. 9. 1882

Lieber Freund! Ich bin von Tabarz wegen plötzlich wieder auftretenden und zuletzt überaus heftigen Asthma's geflohen. [1]) Eben ist nun auch meine Familie nachgekommen.

Ich war die 2 Tage im Hochstein [2]) und fühle mich, seit ich hier bin, wieder sehr behaglich, nur etwas müde. Mich sollen keine 4 Pferde mehr von Leipzig weg bekommen. Wie Das mit Eisenach werden soll, weiß ich noch nicht; vielleicht gehe ich doch auf kurze Zeit. - Von Dubois ist Nichts an mich gelangt, wohl aber eine Arbeit von Cantor, der auch nach Eisenach kommen will. [3])

Herzlichen Gruß von Ihrem F. Klein

---

[1]) Hier nahm der gesundheitliche Zusammenbruch KLEINs seinen Anfang.

[2]) Heute noch existierendes Hotel in Leipzig.

[3]) Die 55. Versammlung deutscher Naturforscher und Ärzte tagte vom 18. bis 22. September 1882 in Eisenach. An der Sektion Mathematik, Astronomie, Geodäsie nahmen 25 Gelehrte teil, unter ihnen G. CANTOR, R. DEDEKIND, A. MAYER, H. WEBER.

95. F. Klein an A. Mayer

Leipzig, 15. 9. 1882

Lieber Freund! Lie kam heute früh und wohnt in Stadt Chemnitz am bayrischen Bahnhof. Wenn Sie nicht abschreiben kommen wir Beide morgen Nachmittag (um 5 Uhr?) nach Abtnaundorf [1]) hinaus.

Viele Grüsse!   Ihr
F. Klein.

---

[1]) A. MAYER wohnte in den Sommermonaten in diesem Dorf unweit von Leipzig.

96. F. Klein an A. Mayer

Leipzig, 12. 11. 1882

Lieber Freund!

Den Zusatz von Du Bois aufzunehmen ist zur Zeit meines Erachten's ganz
unmöglich. Der Abschluß des Heftes und die Paginirung bis auf Seite 220
hinaus würde dadurch in Frage gestellt,·während gleichzeitig die Bogen
meiner Arbeit schon abgesetzt sind. Ich möchte vorschlagen, daß wir den
Zusatz erst bei der zweiten, hinter Staude zum Abdruck gelangenden Note von du Bois aufnehmen und jetzt denselben nur durch eine kleine Bemerkung unter dem Texte in Aussicht stellen, - davon aber Dubois nur
als von einer vollendeten Thatsache benachrichten. Dann die Fertigstellung von Heft 1 ist nur noch durch das Ausbleiben der Correctur Du Bois
bisher verzögert gewesen und hat mich Laska schon verschiedentlich darum interpellirt. Doch entscheiden Sie übrigens, wie Ihnen recht scheint!
Für Mitarbeiter wie Du Bois geht der Annalendruck etwas zu rasch; aber
nur dadurch laufen wir, denke ich, mancher anderen Zeitschrift den Rang
ab.

Für die Mittheilung von Königsberger meinen besten Dank; wir treffen
uns, hoffe ich, Dienstag Abend in der Gesellschaft der Wissenschaften.
Doch im Frack?

Ihr
F. Klein.

97. F. Klein an A. Mayer

Leipzig, 15. 12. 1882

Lieber Freund!

Vorgestern Nachmittag war Cantor lange hier und brachte mir eine Arbeit
für die Annalen (Ueber ∞ lineare Punctmannigfaltigkeiten V) von merkwürdig speculativem Inhalt, von der er aus allerlei Gründen wünscht,
dass sie recht bald publicirt werde. Ich habe ihm angeboten, dass wir
die Separatabzüge umgehend herstellen, die officielle Publication aber
bis zu geeigneter Zeit verschieben, und will nun, in der Voraussetzung
dass Ihnen die Sache so recht ist, heute Nachmittag in die Druckerei
gehen und sehen, was zu machen ist. /...7 [1])

Aehnlich wie Cantor möchte ich nach Neujahr Staude's Habilitations-

schrift behandeln, [2]) deren rascher vorläufiger Abdruck im Interesse
von St./aude7 ja allerdings unerlässlich ist.

Viele Grüsse

von Ihrem

F. Klein.

---

[1]) Hier zeigt sich besonders, daß KLEIN bereit war, CANTOR weitgehend
entgegenzukommen. Vgl. auch das Zitat von FRAENKEL in Abschnitt 7.
der Einleitung.

[2]) OTTO STAUDE, der 1881 an der Universität Leipzig bei KLEIN promovierte und sich 1883 habilitierte, hatte in KLEINs Seminar über hyperelliptische Funktionen (WS 1882/83) maßgebliche Anregungen erhalten. Seine Habilitationsschrift gehörte zu diesem Themenkreis (Mathematische Annalen 22(1883), 1 - 69 und 145 - 176). Außerdem bezeichnete KLEIN die STAUDEsche Fadenkonstruktion des Ellipsoids (Mathematische Annalen 20(1882), 147 - 184) als schönstes Ergebnis der
Arbeiten, die aus seinem Seminar entstanden waren [52, Bd. 3, S.321].

98. F. Klein an A. Mayer

Leipzig, 20. 1. 1883

Lieber Freund!

Beiliegend meine Note [1]) in umgearbeiteter Form; ich möchte Sie bitten,
sich dieselbe ruhig anzusehen und mir dann Ihr Urtheil zu sagen! Mir
ist diese Betrachtungsweise schliesslich doch selbst so ungewohnt, dass
ich mir nicht einmal ganz klar darüber bin, ob ich die Vernachlässigung
so kleiner Grössen nicht zu weit getrieben habe.

Ich möchte jetzt dem Gedanken näher treten, dass wir Ausarbeitungen zunächst Ihrer höheren Vorlesungen für unser Seminar anschaffen (wie wir
neulich schon besprochen). [2]) Würden Sie vielleicht mit Biedermann [3])
darüber sprechen und dann Letzteren zu mir schicken, - oder aber sonst
wie die Sache initiiren. Es wird sich wohl zunächst um die Feststellung
handeln, welche Vorlesungen in Betracht kommen sollen, und dann um die
Auswahl der Hefte, die zur Copirung geeignet sind.

Ich vergass ganz zu fragen, ob auch Neumann meine Einladung zum Kränzchen ausgerichtet ist; er war ja wohl nicht bei Bruns? Ev. schicke ich
ihm umgehend Karte.

Mit bestem Gruß

Ihr

F. Klein.

---

[1]) Es handelt sich um die Arbeit "Über gewisse Differentialgleichungen

dritter Ordnung", welche zuerst in den "Berichten der Kgl. Sächsischen Gesellschaft der Wissenschaften" erschien [52, Bd. 3, S. 721
- 730].

[2]) Das Bemühen KLEINs, Vorlesungsausarbeitungen für die Studenten zur
Verfügung zu stellen, ist für seine Göttinger Zeit allgemein bekannt.
Dieser Brief zeigt, daß er schon in Leipzig entsprechende Aktivitä-
ten entwickelte, vgl. auch [59].

[3]) PAUL BIEDERMANN studierte von 1881 bis 1886 in Leipzig und befaßte
sich unter Anleitung von KLEIN mit Multiplicator-Gleichungen höherer Stufe im Gebiete der elliptischen Funktionen.

99. F. Klein an A. Mayer

Leipzig, 22. 1. 1883

Lieber Freund!

Graf hat Ihnen wohl schon von der Etage im Fürstencolleg (Ritterstr.
14, II) gesprochen, die ev. für unser Seminar in Aussicht steht. [1])
Ich bin heute früh dort gewesen und habe im Allgemeinen einen günstigen Eindruck gehabt. Nun möchte ich die Sache, über die wir uns bald
schlüssig machen müssen, so weiter behandeln, dass wir am Sonntag Abend
im Kränzchen [2]) uns definitiv darüber besprechen. Da wird es gut sein,
wenn Sie Vondermühll und ich vorher uns dort Rendezvous geben und ich
möchte unmassgeblicher Weise Sonnabend Nachmittag 3 1/2 Uhr am Gebäude
selbst vorschlagen; (Scheibner u. Neumann habe ich bereits anderweits
benachrichtigt).

Das einzige Bedenken, welches ich habe, betrifft meine Gesundheit. Ich
plane eben in diesen Tagen allerlei Massregeln, um mich für den Sommer und die nächsten Semester zu entlasten; meine Frau dringt sogar in
mich, dass ich im Sommer frühzeitig Urlaub nehme. Soll ich mittlererweile die Etage einrichten, so ist Das eine wesentliche Mehrbelastung.
Ich habe daran gedacht, ob ich Sie nicht bitten darf, im Allgemeinen
da einzutreten, und vielleicht Dyck, das Einzelne zu überwachen? Sehr
gern würde ich definitiv die eigentlichen Seminarräumlichkeiten aus
der Hand geben und nur die Modellsammlung, also das Czermakeion, [3]) für
mich behalten. Aber Das ist wohl im Augenblicke noch nicht möglich, so
lange ich allein in der Facultät bin. Und dazu kommt ja auch, dass das
mathematische Lesezimmer wesentlich mit den Interessen verbunden ist,
die mit meinem Colloquium zusammenhängen. Kommt Zeit kommt Rath.

Viele Grüsse von Ihrem

F. Klein.

[1]) Im Oktober 1883 waren die Räumlichkeiten in der Ritterstraße 14 für
das Mathematische Seminar bezugsfertig.

[2]) Vgl. auch Brief 106 und Abschnitt 5. der Einleitung.

[3]) Die mathematische Modellsammlung verblieb in den Räumen des Czermak-
schen Spektatoriums.

100. A. Mayer an F. Klein

16. 3. 1883 /Poststempel/

L. Fr. Dubois hat mir gestern eine Note "Ueber die Integration der tri-
gonometrischen Reihe" 9 S. Q. zugeschickt u. kündigt zugleich eine kleine Note über gleichmäßige Convergenz an.

Voß hat die Weierstraßsche Variationsrechnung bereits erhalten. Die Hurwitz'sche Ausarbeitung über π u. e habe ich mit großem Interesse gelesen; das ist ja so ungeheuer einfach, daß man kaum versteht, wie diese
Sache so viel Schwierigkeiten hat machen können. [1]) Sie haben das Manuscript hoffentlich per Post richtig zurück erhalten.

Das Inhaltsverzeichnis von Bd. 21 ist bereits in der Druckerei.

Mit herzl. Gruß

Ihr A. Mayer.

[1]) Vgl. Abschnitt 7. der Einleitung.

101. F. Klein an A. Mayer

Leipzig, 19. 3. 1883

L. Fr. Ihre Zusendung (Hurwitz) und die 2 Karten habe ich mit bestem
Dank erhalten. Ich schrieb mittlerweile an Runge wegen der neuen Variationsrechnung, habe aber noch keine Antwort. [1]) Engel schickte ein
vorläufiges Ms. zu seiner Dissertation [2]), das ich gerne mit Ihnen
durchsprechen möchte. Könnten Sie morgen vielleicht zur gewohnten Zeit
zu mir kommen? Vielleicht finden Sie mich im Bett, aber Das schadet ja
Nichts, ich werde der Erkältung sonst nicht Herr.

Viele Grüsse Ihr F. Kl.

[1]) Zu Beginn der 80er Jahre bemühte sich KLEIN, Vorlesungsausarbeitungen der Berliner Mathematiker zu erhalten, welche er für seine funk-
tionentheoretischen Forschungen nutzte. Hier handelte es sich wahrscheinlich um eine Ausarbeitung einer Weierstraß-Vorlesung zur Theorie der Variationsrechnung durch CARL RUNGE, vgl. auch [93]. KLEINs
Schüler WALTHER DYCK und ADOLF HURWITZ weilten längere Zeit in

Berlin, schlossen dort Freundschaft mit RUNGE und fertigten gemeinsam Vorlesungsnachschriften von KRONECKER und WEIERSTRASS an, vgl.
[A 9, IX, 899, 926].

[2]) Vgl. Brief 102.

102. A. Mayer an F. Klein

Leipzig, 25. 6. 1883

Lieber Freund!

Zwei Naturwissenschaftler Dr. Neef u. Schluttig, die Ihnen verfallen
waren, sind, wie mir Hankel eben im Examen mittheilte, über Ihre Abreise untröstlich u. wünschen sehnlichst, wenigstens von mir an Ihrer
Stelle examinirt zu werden. Den ersten habe ich ohne Weiteres übernommen; mit Rücksicht auf Scheibners bekannte Penibilität möchte aber
Hankel gern, daß Sie mich direkt zur Vertretung in diesen beiden Fällen auffordern. Sie sind also wohl so gut, mir ein paar Zeilen in diesem Sinne zukommen zu lassen.

Für die Annalen bitte ich Engel's Dissertation 84 S. kl. Q., aber eng
geschrieben u. große Formeln, zu notiren. [1]) Ich bin zwar noch nicht
ganz mit der Durchsicht fertig, die Arbeit scheint mir aber irgend wesentlicher Aenderungen nicht zu bedürfen. Es wäre mir lieb, wenn sie
nicht vor Mitte Semptember zum Drucke gelangte, das wird aber bei dem
jetzigen Tempo des Setzens auch wohl ganz von selbst eintreten.

/.../

Mit herzlichen Grüßen

Ihr

A. Mayer.

[1]) ENGEL, F.: Zur Theorie der Berührungstransformationen. Mathematische
Annalen 23(1884), 1 - 44.

103. F. Klein an A. Mayer

Spickeroog, 28. 6. 1883

Lieber Freund!

Was die beiden Naturwissenschaftler angeht, die ich eigentlich noch
hätte examiniren sollen, [1]) so ist mir in der That sehr lieb, wenn Sie
dieselben übernehmen wollen. So unsympathisch mir Examina überhaupt
sind, so wenig passen sie mir in meine jetzige Urlaubsstimmung hinein.

Ich habe die Arbeit von Erdmann hierher mitgenommen aber mich immer
noch nicht entschliessen können, sie durchzusehen; sehen Sie Hankel, so
sagen Sie ihm bitte, dass ich sie baldigst einschicken werde. /...7

Grüssen Sie bitte allseitig von meiner Frau und mir auf das Beste. Wir
hören täglich von dort durch das Tageblatt, das wir uns nachschicken
lassen, aber allerdings freuen wir uns einstweilen, recht weit von
Leipzig die heisse Zeit zu verbringen.

Wie immer Ihr

F. Klein.

[1]) Vgl. Brief 102.

104. F. Klein an A. Mayer

Düsseldorf, 7. 8. 1883

L. Fr. Da es in Spickeroog auf die Dauer nicht ging, sind wir hierher,
wo ich mich auf einmal nun ganz gut befinde.

Wir ziehen morgen auf's Land:
Grafenheng bei Düsseldorf (bei Jakob Kürten), um so lange zu bleiben,
als es uns gefällt. Dass Lüroth nach Freiburg, Harnack nach München angenommen hat, wissen Sie vielleicht noch nicht. [1]) Hess hatte seine Arbeit mir schon am 6. Mai angekündigt.

Viele Grüße von Ihrem F. Klein.

[1]) JACOB LÜROTH wurde 1883 an die Universität Freiburg berufen und wirk-
te zuvor seit 1880 an der TH München. Die Stelle an der TH München
nahm KLEINs Schüler WALTHER DYCK zum 1. April 1884 an. AXEL HAR-
NACK, der von Oktober 1883 bis März 1885 zu einem Kuraufenthalt in
Davos weilte, konnte dem Ruf an die TH München aus gesundheitlichen
Gründen nicht folgen.

105. A. Mayer an F. Klein

/ohne Datum7

Lieber Freund!

Wenn bei der Integration linearer Differentialgleichungen durch bestimmte Integrale überhaupt schon unverkürzte Gleichungen behandelt worden
sind, so kann dies wohl nur Euler gethan haben, von dem u. nicht von
Laplace die ganze Methode überhaupt herrührt. Richelot giebt an, daß

Euler die Methode bei Differentialgleichungen 2. O.$\llcorner$rdnung$\lrcorner$ angewandt
u. sie die Construction der Gleichungen 2. O.$\llcorner$rdnung$\lrcorner$ durch Quadratur
der Curven genannt habe. Das stimmt vollständig mit der Angabe von An-
ton Winckler in seiner Streitschrift [1]) gegen Spitzer Wien 1879 p. 14,
der Euler Inst.$\llcorner$itutionum$\lrcorner$ calc.$\llcorner$uli$\lrcorner$ integr.$\llcorner$alis$\lrcorner$ (Petrop.$\llcorner$oli$\lrcorner$ 1768)
Cap. X "De constructione aequationum differentio-differentialium per
quadraturas curuarum" citirt u. hervorhebt, daß eine Reihe Spitzer'scher
Formeln nur spezielle Fälle des Art. 1040 der Inst.$\llcorner$itutionum$\lrcorner$ seien.
Sollte, wie ich vermuthe, Scheibner die Inst.$\llcorner$itutionum$\lrcorner$ besitzen, so
könnten Sie ja vielleicht morgen einmal bei ihm nachsehen. Sonst gehe
ich nächste Woche deshalb auf die Bibliothek. [2])

Richelot beginnt die Auseinandersetzung der Methode mit

$$A_0 y + A_1 y' + \ldots + A_n y^{(n)} = X.$$

(Die Coeff$\llcorner$icienten$\lrcorner$ A_n ganze Functionen von x) u. der Substitution

$$y = \int_{t_0}^{t_1} V(t) e^{xt} dt.$$

Mein Seminar könnte etwa Sonnabend 3 - 5 oder 4 - 6 U$\llcorner$hr$\lrcorner$ angesetzt
werden.

Mit bestem Gruß

Ihr A. M.

---

[1]) Die von A. WINCKLER, Professor der höheren Mathematik am Polytechnikum zu Wien, verfaßte Streitschrift gegen S. SPITZER, Professor
der analytischen Mechanik an der gleichen Institution, trug den Titel: Aeltere und neuere Methoden, lineare Differentialgleichungen
durch einfache bestimmte Integrale aufzulösen. Wien 1879.

[2]) Zu dem angegebenen Kapitel aus EULERs Werk vgl. LEONHARDI EULERI: In-
stitutionum calculi integralis. Editio altera et correctior. Vol.2.
Petropoli 1792, S. 230 - 255.

106. F. Klein an A. Mayer

Leipzig, 19. 11. 1883

Lieber Freund!

Je länger ich darüber nachdenke, um so mehr scheint es mir wünschenswerth, im kommenden Sommer eine Fortsetzung meiner elliptischen Functionen zu lesen, denen ich dann ev. im Winter darauf vielleicht wieder
Functionentheorie folgen lassen würde: ich muß anderen falls meine eigenen wissenschaftlichen Bestrebungen gar zu sehr vernachlässigen oder
meine Arbeitskraft nach 2 Seiten zersplittern. Ich habe also eben bei

Rohn angefragt, ob er statt meiner die "Einleitung in die analytische
Geometrie" Di-Fr. 10 - 11 übernehmen will. Nun steht natürlich bei der
doch geringen Frequenz nichts entgegen, dass ich besagte Fortsetzung
auf der Ritterstrasse lese, und ich will dies sogar thun, - aber es
wäre mir, bei den weiten Wegen etc., lieb, wenn ich dies nicht von 12
- 1 zu thun brauchte, sondern etwa von 11 - 12, wie im gegenwärtigen
Semester. Ich wollte Sie also fragen, ob Sie nicht geneigt wären, Ihre
partiellen Diff.-gleichungen auf 12 - 1 zu legen? - Natürlich auch nach
der Ritterstrasse, worauf die eigentlich höheren Vorlesungen:
<u>Neumann</u> von 10 - 11, ich selbst von 11 - 12 und Sie dann von 12 - 1
vortrefflich an einander schliessen würden. [1]) Ich schreibe heute, damit Sie schon fertige Meinung haben, wenn wir im nächsten Kränzchen
definitiv absprechen.

Mit bestem Grusse

Ihr F. Klein.

---

[1]) Zur Vorlesungstätigkeit der Leipziger Mathematiker in den 80er Jahren vgl. [63, S. 133 - 135, Anhang 7].

107. F. Klein an A. Mayer

Leipzig, 28. 11. 1883

Lieber Freund!

Von Bertheau erhielt ich heute die beiliegenden Zusendungen: die Quittung wollen Sie vielleicht gleich zurückbehalten und das Uebrige auch
an Gordan schicken. Wir können dann auch immer bereden, was ich antworten soll: vielleicht könnte man der Frau Clebsch jetzt die Weisung geben, da sie doch mit Göttingen in Verbindung steht: dass Alles, was
früher etwa von uns aus hätte erfolgen können, längst an Göttingen ab-
gegeben ist (?) - Es ist so grausam, gar nicht zu schreiben. [1])

Zum Kränzchen morgen kann ich nun leider doch nicht kommen: denn Magen
und Hals sind immer noch nicht in Ordnung, die Sache schleppt sich
dieses mal, ohne irgendwie bös zu sein, recht lange hin. Ich bedauere
dies zumal auch wegen der Verabredung die Vorlesungen betreffend. Definitives könnten wir allerdings morgen auch nicht festsetzen, weil
über Dyck noch nichts definitives verlautet. [2]) Sollen wir nächstens
einmal des Nachmittags bei Ihnen oder Scheibner wegen der Vorlesungen
zusammenkommen? Hat <u>Harzer</u> mit Bruns wegen seiner Vorles./ungen7 gesprochen? [3])

Von Cantor traf noch nichts ein; ebenso all' die Zeit nichts von Cayley; [4]) ich fange an mir letztere Angelegenheit aus dem Sinn zu schlagen.

Mit vielen Grüssen und Empfehlungen

Ihr
F. Klein

---

[1]) Die Frau des verstorbenen Mathematikers A. CLEBSCH lebte in ständigen Geldsorgen, vgl. auch Briefe 49 und 63 sowie Abschnitt 1. der Einleitung.

[2]) Hier ist die bevorstehende Berufung W. DYCKs zum o. Professor der Mathematik an die TH München gemeint.

[3]) PAUL HARZER war nach Studium und Promotion (1878) in Leipzig seit 1882 Observator an der Sternwarte und Privatdozent der angewandten Mathematik, insbesondere der Astronomie, und wirkte später als Professor der Astronomie in Gotha und Kiel.

[4]) Der Engländer A. CAYLEY hatte in Band 17(1880) seine letzte Annalen-Arbeit publiziert; seine nächste Abhandlung erschien in Band 25(1885) zu einem Problem der Theorie der elliptischen Funktionen. KLEIN interessierte sich besonders für diesen Gegenstand, der ihn selbst seit einiger Zeit beschäftigt hatte.

108. F. Klein an A. Mayer

Leipzig, 8. 8. 1885

Lieber Freund!

Wie mir Riecke schreibt, ist man in Göttingen nach wie vor bereit, Scheeffer's Referat aufzunehmen. Wollen Sie nun nicht auch noch einlenken und einmal Scheeffer's Bruder (dessen Adresse ich nicht kenne) benachrichtigen, er solle das bewusste Ms. direct an Prof. Dr. Riecke, Göttingen schicken - andererseits in der früher beabsichtigten Weise Ihren Namen zur Deckung hergeben? Ich habe die Sache so weit gefördert, weil ich glaubte, es handele sich um wirklich wichtige Dinge. Denn es ist doch der Mühe werth, dass in solch' massvoller und überzeugender Weise dem Treiben von Dühring und Genossen entgegengetreten wird. Also, vergessen auch Sie Ihren Groll, so berechtigt derselbe gewesen sein mag. [1])

Aber Sie werden fragen, wie ich dazu komme, mit Riecke zu correspondiren. Nun seit 14 Tagen ist die Göttinger Affaire [2]) wieder aufgelebt, und, während ich überzeugt war, dass doch wieder Alles im Sande verlaufen würde, erhalte ich eben auf einmal 2 Briefe von Riecke und 1 von Althoff, [3]) in welchem mich letzterer auffordert, behufs Verhandlungen nach Berlin zu kommen! Was nun werden soll, kann Niemandem unklarer sein, als mir selbst. Jedenfalls reise ich nicht schon Montag nach Borkum, wie ich beabsichtigt und völlig vorbereitet hatte.

Mit vielen herzlichen Grüssen

Ihr F. Klein.

---

[1]) Das hoffnungsvolle, vielseitige mathematische Talent LUDWIG SCHEEF-
FER war am 11. Juni 1885 an den Folgen einer Typhusinfektion und
eines Lungenleidens verstorben. SCHEEFFER war vor allem durch GEORG
CANTOR (Funktionentheorie, Mengenlehre) und ADOLPH MAYER beeinflußt
worden, wobei im Verkehr mit letzterem wichtige Ergebnisse zur Variationsrechnung entstanden. MAYER gab eine Arbeit von SCHEEFFER
aus dem Nachlaß heraus, vgl. Brief 111, Anm. 1. Die Kritik an DÜH-
RING und Genossen bezieht sich auf die Darstellung von DÜHRING, EU-
GEN (derselbe, der durch FRIEDRICH ENGELS im "Anti-Dühring" kriti-
siert wurde) und DÜHRING, ULRICH in [20]. Den darin enthaltenen ver-
einfachten und falschen Darlegungen zur Theorie der Maxima und Minima konnte mit der Arbeit von SCHEEFFER begegnet werden, vgl. auch
[4].

[2]) KLEIN hatte einen Ruf an die Universität Göttingen als Nachfolger
von MORITZ ABRAHAM STERN erhalten, der bereits 1884 emeritiert worden war, vgl. Brief 109, Anm. 1.

[3]) FRIEDRICH ALTHOFF, Ministerialdirektor im preußischen Kultusministerium, leitete die Berufungsverhandlungen.

109. A. Mayer an F. Klein

Misdray, 12. 8. 1885

Lieber Freund!

Das ist ja eine ganz wunderbare Geschichte mit Göttingen u. so sehr ich
mich um Ihretwillen darüber freue, so leid thut sie mir doch für uns!
Wir waren so froh, daß die Gefahr, Sie zu verlieren, glücklich an uns
vorübergegangen war, u. nun taucht sie ganz unerwartet von Neuem auf!
Was für Einflüsse mögen nur bei dieser unerklärlichen Hinausschiebung
des Rufes eine Rolle gespielt haben? [1]) Der Schule wegen müssen wir
schon nächsten Sonnabend wieder zurück u. bin ich dann sehr gespannt
darauf, von Ihnen oder von Ihrer Frau nähere Aufschlüsse zu erhalten.
Noch mag ich die Hoffnung nicht ganz aufgeben, daß schließlich doch nur
eine wesentlich verbesserte u. fester gegründete Stellung in Leipzig
herauskömmt!

/.../

In der Hoffnung, in Leipzig von einer für uns günstigen Entscheidung zu
hören, grüßt Sie von Herzen

Ihr Adolph Mayer.

---

[1]) Zur Wiederbesetzung der o. Professur für Mathematik an der Universi-

tät Göttingen, die durch Ausscheiden von M. A. STERN frei wurde,
hatte die philosophische Fakultät der Universität am 28. Januar
1885 vorgeschlagen: 1. FELIX KLEIN, 2. AUREL VOSS, 3. ALFRED EN-
NEPER. In einem Separatvotum stimmten ERNST SCHERING für: 1. EN-
NEPER, 2. GEORG HETTNER; H. A. SCHWARZ für: GEORG HETTNER. Der Uni-
versitätskurator sandte diese Vorschläge daraufhin an das Ministerium mit der Reihenfolge: 1. HETTNER, 2. KLEIN, 3. VOSS. HETTNER
lehnte ab, ENNEPER verstarb am 24. März 1885. ALTHOFF nahm erst im
Juli 1885 die Verhandlungen wieder auf, nachdem ihm der Göttinger
Physiker E. RIECKE glaubhaft versichert hatte, daß KLEIN zu gewinnen sei (vgl. [A 1, Bl. 195 ff.]).

110. F. Klein an A. Mayer

Düsseldorf, 7. 9. 1885

L. Fr. Heute in 8 Tagen oder bald darauf denke ich via G.⎣öttingen⎤
nach Leipzig zurückzukommen. Ich schrieb noch nicht, weil Alles noch am
alten Fleck ist und wir ja bis Ostern Zeit genug haben um viel zu besprechen. Nur die eine Frage will ich berühren, betreffs deren Neumann
Scrupel [1]) zu haben scheint: ich bleibe natürlich bei den Annalen und
denke, dass sich betreffs letzterer von einigen Kleinigkeiten abgesehen, die wir untereinander ausmachen, gar nichts ändert. Mit den besten Grüssen auf baldiges Wiedersehen

Ihr F. Klein

---

[1]) Zwischen dem Mitbegründer der "Mathematischen Annalen" CARL NEUMANN
und FELIX KLEIN hatten sich während der Tätigkeit KLEINs in Leipzig
zunehmend Differenzen ausgeprägt. Sie beruhten vornehmlich auf einer
wissenschaftlichen Konkurrenz und unterschiedlichen wissenschaftlichen Anschauungen. C. NEUMANN publizierte 1884 die zweite Auflage
seiner "Vorlesung über Riemann's Theorie der Abel'schen Integrale".
Als sich KLEIN mit Beginn seiner Tätigkeit in Leipzig der Riemannschen Funktionentheorie verstärkt zuwandte, betrachtete NEUMANN ihn
als unwillkommenen Konkurrenten, und zugleich lehnte er als Analytiker die vorwiegend geometrische Betrachtungsweise KLEINs als un-
exakt ab, vgl. auch Abschnitt 5. der Einleitung.

111. A. Mayer an F. Klein

Abtnaundorf, 9. 9. 1885

Lieber Freund!

"Alles ist noch am alten Fleck". Es sollte mich freuen, wenn dies hie-
ße, daß Sie noch immer nicht definitiv angenommen haben u. daher doch
vielleicht noch einige Hoffnung ist, daß Sie uns erhalten bleiben könnten! Wegen der Annalen allerdings scheint es mir ziemlich gleichgültig,
ob Sie in G.⎣öttingen⎤ oder in L.⎣eipzig⎤ sind; denn im ersten Falle

kostet es nur einige Briefe mehr, sonst bleibt doch in der Redaction
alles beim Alten. Aber für unsere Universität ist es natürlich ein arg
schlimmes Ding, wenn Sie gehen!

Ich stecke noch immer in der Scheeffer'schen Arbeit; [1]) sie ist wunderschön, aber sie hat mir grausame Mühe gemacht und noch bin ich mit der
Art, wie ich sie zum Druck fertig stellen soll, gar nicht mit mir
selbst im Reinen. Ich habe durchweg den Originaltext mit absoluter Sicherheit herstellen können u. kann sie, nur nach Anbringen der aller-
nothwendigsten Correcturen, unmittelbar in dieser Form veröffentlichen.
Aber dann muß ich gerade im Hauptparagraphen in einer Anmerkung darauf
aufmerksam machen, daß die Untersuchung im Texte noch nicht richtig geordnet ist, u. daß gewisse wichtige Behauptungen erst dann allgemein
gültig werden, wenn man die Resultate späterer Untersuchungen vorweg-
nimmt. Wenn ich dagegen diesen (Paragraphen) so umstelle, daß alles
richtig in einander greift, so zerstöre ich auch nothwendig die Schee-
fer'sche Schreibweise zum größten Theil u. diese hat für mich durch
ihre Klarheit u. die stets treffende Wahl des Ausdrucks einen ganz besonderen Zauber, wogegen mir meine Umarbeitung erschrecklich schwerfäl-
lig u. unbeholfen vorkommt. Was ist nun Ihre Meinung? Soll man bei einer nachgelassenen Arbeit von so fundamentaler Bedeutung sich pietät-
voll immer so genau als irgend möglich an die Worte des Autors halten
u. diesen nur in Anmerkungen die eigene Ansicht hinzufügen, sodaß der
Leser sicher ist, die originalen Gedanken des Autors ganz unverfälscht
zu erhalten; oder soll man in dem Gedanken, daß der Verfasser den Aufsatz doch jedenfalls nicht in der vorliegenden Form würde gelassen haben, unter Hintansetzung der Form nur allein auf die Sache selbst Gewicht legen, wobei es immerhin möglich bleibt, daß nicht der Verfasser,
sondern der Herausgeber sich irrt, was nun mehr aber das Publikum nicht
mehr zu unterscheiden vermag?

Der fundamental neue Gedanken/gang/, welcher der Scheeffer'schen Arbeit
zu Grunde liegt,besteht, nachdem er zuerst die Functionen zweier Variabeln in zwei Classen eingetheilt, jenachdem für dieselben eine Ablei-
tung der Kriterien des Max/imums/ u. Min/imums/ auf dem Wege der Po-
tenzentwicklung überhaupt möglich oder unmöglich ist, u. die Frage für
die ersteren Functionen auf ganze rationale Functionen zurückgeführt
hat, darin, daß er nun die Untersuchung der ganzen rationalen Functionen f(x,y) durch Anwendung der <u>Newton-Cramer</u>'schen Regel gewissermaaßen
vorwiegend geometrisch durchführt. Giebt es nun irgend etwas, was der
genannten Regel zur Diskussion der verschiedenen Zweige einer algebr.
/aischen/ Curve, auch bei den algebraischen Oberflächen entspräche?
Vorläufig sehe ich nämlich noch absolut nicht ein, wie sich der Scheef-

fer'sche Gedankengang auf die Theorie der Max./ima7 u. Min./ima7 ganzer
rationaler Functionen von zwei oder gar von mehr Variabeln ausdehnen
ließe.

Mit herzlichen Grüßen u. besten
Empfehlungen an das Vaterhaus

Ihr A. Mayer

[1]) Vgl. Brief 108, Anm. 1. - Es handelt sich um die Arbeit von LUDWIG
SCHEEFFER: Theorie der Maxima und Minima einer Function von zwei
Variablen. Aus seinen hinterlassenen Papieren mitgetheilt von A.
MAYER. Berichte über die Verhandlungen der Kgl. Sächs. Ges. der
Wiss. zu Leipzig, Math.-phys. Classe, 38(1886), 102 - 143; nachge-
druckt in: Mathematische Annalen 35(1890), 541 - 576 (vgl. auch
Brief 149).

112. A. Mayer an F. Klein

Leipzig, 6. 10. 1885

Lieber Freund!

Noch vor Empfang Ihrer Karte war ich bei Neumann, der aber wieder verreist ist u. zwar auf unbestimmte Zeit nach Berlin. Ich war ganz überrascht, daß Scheibner, als ich ihn gestern besuchte, so energisch für
Lie eintrat, während er von Dyck nichts wissen wollte u. auch Voß nicht
besonders geneigt schien. Neumann habe von Schröter gesprochen, was
aber wohl kaum sein Ernst sein kann. Da wir aber doch nun einmal Keinen
kriegen können, der sich in jedem Sinne u. in jeder Richtung zu Ihrem
Nachfolger eignete, so scheint auch mir schließlich die Candidatur
Lies noch die Glücklichste. Modellsammlung u. Seminarbibliothek könnten
Schur unterstellt werden, [1]) u. wenn auch in Betreff der Lehrthätigkeit
Andere wohl besser als Lie hierher passen würden, so ist es doch auf
alle Fälle für die Wissenschaft u. auch speziell für uns in Leipzig ein
großer Vortheil, wenn wir unseren nordischen Freund seiner einsamen
Stellung entrücken. Sind aber erst Sie u. Scheibner ganz einig, so glau-
be ich, daß wir auch Neumann immer werden herumkriegen können, zumal er
nicht, wie ich gedacht hätte, zunächst Lindemann im Sinne gehabt hat.

In der Hoffnung, daß es Ihnen glückt, eine passende Wohnung zu finden,

mit besten Grüßen

Ihr A. Mayer.

[1]) Ab Sommersemester 1886 betreute F. ENGEL die Lese- und Arbeitsräume
(Abt. I des Mathematischen Instituts) als Bibliothekar, während
FRIEDRICH SCHUR als Assistent die Modellsammlung (Abt. II des Mathe-

matischen Instituts) unterstand, wobei S. LIE als Direktor beider
Einrichtungen fungierte. Daneben bestand das Mathematische Seminar
mit den Direktoren LIE, MAYER, VON DER MÜHLL.

113. F. Klein an A. Mayer

4. 1. 1886

L. Fr. Indem ich Ihnen beifolgenden Brief mit bestem Danke zurückschik-
ke, kann ich nur sagen, dass ich je länger je mehr einem Hierherkommen
von L./ie7 mit banger Sorge entgegensehe.

Möchte sich Alles glücklich gestalten!   Ihr F. Kl.

114. A. Mayer an F. Klein

Leipzig, 14. 4. 1886

Lieber Freund!

Brief u. Karte habe ich erhalten u. freue mich, daß die G./öttinger7
Luft den Ihrigen so trefflich bekommt u. daß Sie selbst mit Schw./arz7
so gut harmoniren. Hoffentlich werden Sie auch Ihre Erkältung bald wieder los! Gravé ist bereits gestern wieder retournirt worden, es war höherer Blödsinn. Von der Mühll hat die Bigler'schen Arbeiten zurückgeschickt, [1]) nachdem auch Wangerin sich gegen die Aufnahme erklärt hatte. An Heß habe ich nun doch noch erst einmal geschrieben. Starke [2])
sagte mir, daß für die Annalen z. Z. sehr wenig Material vorläge; Ihre
σ werden also jedenfalls rasch gesetzt werden können. [3]) Von Lie noch
immer keine Nachricht! Ich bin aber über dem ersten Theile seiner
Transformationsgruppen.

Mit herzlichen Grüßen

Ihr A. Mayer

[1]) Beiträge von GRAVÉ (wahrscheinlich DIMITRIJ ALEKSANDROVIČ GRAVE, der
    1889 in Petersburg promovierte) und von dem Schweizer Mathematikleh-
    rer ULRICH BIGLER erschienen in den Annalen nicht.

[2]) EDUARD STARKE arbeitete von 1874 bis 1911 als Faktor im Teubner-Ver-
    lag.

[3]) KLEIN, F.: Über hyperelliptische Sigmafunktionen. In: [52, Bd. 3, S.
    323 - 356].

115. A. Mayer an F. Klein

Leipzig, 22. 4. 1886

Lieber Freund!

Die Scheeffer'sche Arbeit ist bereits für die Berichte angemeldet u. soll zunächst darin so, wie sie ist, publicirt werden. Hinterher kann sie ja immer noch mit beliebigen Anmerkungen und Zusätzen in den Annalen reproducirt werden. [1]) Da sich aber Weierstraß selbst nicht die Priorität durch rechtzeitige Veröffentlichung seiner Untersuchungen gesichert hat, so sehe ich wenigstens durchaus keinen Grund ein, dieselbe ihm bloß nach Hörensagen von vornherein zuzusprechen. Was Kronecker betrifft, so hat sich derselbe mir gegenüber immer so liebenswürdig benommen, daß ich durchaus nicht an eine absichtliche Versäumniß glaube. [2]) Lampe schreibt darüber:

"Die Unterlassung einer Benachrichtigung an Sie ist wohl dadurch entstanden, daß Herr Prof. Kronecker, der mit Amtsgeschäften u. eigenen Arbeiten überlastet war, nervös und abgespannt gewesen ist; aus diesem Grunde hat er ja jetzt auch in Italien Erholung gesucht."

Lie ist allerdings in Leipzig, ich habe ihn gestern von Weitem mit seiner Frau gehen sehen, er wünscht aber jedenfalls die ersten Tage incognito zu bleiben; denn er hat seine Ankunft nirgends, auch nicht einmal seinem Tapezierer Jena angezeigt. Ihren Wunsch werde ich ihm bei erster Gelegenheit aussprechen, weiß aber nicht recht, welche Lie'schen Arbeiten Sie im Sinne haben, da ja natürlich seine wichtigsten Untersuchungen dem Werke über Transformationsgruppen vorbehalten bleiben müssen u. vor allem darauf hinzuwirken ist, daß dieses möglichst bald fertig werde.

Können Sie Schwarz für die Annalen gewinnen, so wird mich das ungemein freuen. /...7 [3])

Mit besten Grüßen

Ihr A. Mayer

---

[1]) Vgl. Brief 111, Anm. 1.

[2]) In der Arbeit von SCHEEFFER ist kein Verweis auf Ergebnisse von WEIERSTRASS und KRONECKER enthalten.

[3]) Dieses Vorhaben gelang nicht, vgl. Abschnitt 6. der Einleitung und Brief 117.

116. A. Mayer an F. Klein

Leipzig, 7. 5. 1886

L. Fr.!

Koenigsberger habe ich mit der Bitte um Abkürzung der Formeln zurückgeschickt u. von Scheibner die Preisaufgabe der Jablonowski'schen Ges.
/ellschaft/ für 1889 erhalten [1]), die ich in die Druckerei bringe.
Sonst ist aber auch bei mir nichts für die Annalen eingegangen. Ich
freue mich mit Ihnen, daß Schwarz seine Arbeiten zum Wiederabdrucke
in die Annalen giebt [2]), u. glaube auch nicht, daß N./eumann/ daran An-
stoß nehmen kann. Lie habe ich noch nicht wieder gesehen u. seinen Fa-
milienbesuch auch noch nicht erwiedert, um ihm erst Zeit zur völligen
Einrichtung zu lassen. Mit bestem Gruße

Ihr A. Mayer

---

[1]) Die "Fürstlich Jablonowski'sche Gesellschaft zu Leipzig" wurde 1768
von dem polnischen Fürsten J. A. JABLONOWSKY gegründet und nahm
1774 ihre Arbeit auf. Sie stellte u. a. mathematische Preisaufgaben.
Die angeführte Aufgabe betraf die Untersuchung allgemeiner Doppel-
integrale in ihrem Zusammenhang mit den Thetafunktionen zweier Variablen.

[2]) Die Freude kam zu früh, vgl. Brief 117.

117. A. Mayer an F. Klein

Leipzig, 19. 5. 1886

Lieber Freund!

Daß Schwarz nun schließlich doch nichts in die Annalen giebt, thut mir
aufrichtig Leid. Koenigsberger ist zweimal zwischen Leipzig u. Heidelberg hin u. hergegangen u. zuletzt in sehr verkürzter Form zurückgekehrt. Koenigsberger hatte glücklicher Weise ·noch gerade eben vor dem
Satz den Aufsatz von Math./ematische/ Annal. IV entdeckt, den Sie wohl
ebenso wie ich ganz übersehen hatten. [1])

Hess u. die Jablonowski'sche Preisaufgabe bilden einen höchst passenden Abschluß von XXVII, 3. Ich habe überdies heute Neumann's rollenden
Körper zum Wiederabdruck in die Druckerei gegeben. Es schien mir doch
wünschenswerth, Neumann wieder heranzuziehen, wenn ich gleich lieber
etwas Neues von ihm gehabt hätte.

Lie und Familie gewöhnen sich rasch u. gut hier ein. Er war vorigen

Sonnabend mit der Frau bereits auf dem Professorium, wo letztere, wenn auch nicht gerade viel gesprochen, doch ganz flott getanzt haben soll, u. vorgestern war ich mit ihm bei Zirkel [2]) zum Abendessen, das hauptsächlich den neuen Collegen galt.

Die Zahl der Mathematiker nimmt entschieden noch ab. Soviel ich weiß hat keiner von uns über oder auch nur 20 Zuhörer. Lie spricht von 15 u. ich habe 9. Schur u. ich hören Sonnabends 11 - 1 U. die Transformationsgruppen bei Engel, der auch seine Zahlentheorie zu Stande gebracht hat u. ein ganz vorzüglicher Docent ist. Von Scheeffer's Theorie der Max./ima/ u. Min./ima/ erwarte ich die Separatabzüge schon in nächster Zeit. [3])

Mit bestem Gruß

Ihr A. Mayer

---

[1]) LEO KÖNIGSBERGER hatte mit der Arbeit "Über das Bildungsgesetz der höheren Differentiale einer Function von Functionen" (Mathematische Annalen 27(1886), 473 - 477) ein Problem gelöst, welches bereits von ROBERT MOST mit seiner Arbeit "Über die höheren Differentialquotienten" (Mathematische Annalen 4(1871), 499 -504) mit anderen Methoden allgemein bewältigt worden war.

[2]) FERDINAND ZIRKEL wirkte von 1870 bis 1909 als o. Professor der Mineralogie und Geognosie an der Universität Leipzig, begründete 1874 das mineralogische Institut.

[3]) Vgl. Brief 111, Anm. 2.

118. A. Mayer an F. Klein

Leipzig, 21. 5. 1886

L. Fr.! Von Neumann wird nun auch die kleine Note über das Princip der virt./uellen/ Verrückungen abgedruckt, überdies hat zu meiner Freude Von der Mühll einen Aufsatz "Ueber Green's Theorie der Reflexion u. Brechung des Lichtes" 34 S. Q herausgerückt, sodaß vorläufig wenigstens der Satz noch langsam aber stetig vor sich gehen kann. [1]) Auch Engel u. Schur haben Arbeiten in Aussicht gestellt. Lie hat heute seine Antrittsrede gehalten. Sie war sehr gut u. hat auch den Nichtmathematikern, wie z. B. Zirkeln [2]), imponirt. Mit Ausnahme der Juristen waren alle Facultäten vertreten, auch Neumann anwesend. Ich freue mich überhaupt, wie Lie u. ganz besonders auch Frau Lie allgemein gefällt.

Mit besten Grüßen   Ihr   A. Mayer

---

[1]) Zu diesem Zeitpunkt erhielt die Redaktion der Annalen weniger Arti-

kel. Diesem Zustand versuchte KLEIN seit seinem Wirken in Göttingen
bewußt zu begegnen, vgl. Brief 120.

[2]) Vgl. Brief 117, Anm. 2.

119. A. Mayer an F. Klein

Leipzig, 5. 6. 1886

Lieber Freund!

Die beiliegende Arbeit von Königsberger schicke ich Ihnen einmal wegen
seiner Frage (mir ist seine Formel von S.11 jedenfalls neu), dann aber
namentlich deshalb, weil ich gar nicht weiß, wie dieselbe in den Annalen gedruckt werden könnte. Die vom Factor Starke herrührenden Striche
auf p. 5 geben an, wie weit die betreffenden Formeln auf eine Annalenseite gehen. Wir können doch aber die Formeln nicht der Quere setzen
lassen. Ich meine also, die Note ist jedenfalls zurückzuschicken, damit
K./önigsberger7 seine Formeln irgendwie abkürzt. Ich glaube aber, daß
es besser sein wird, wenn ich dies thue als Sie. Denn wie Harnack erzählt, soll K./önigsberger7 sehr ungehalten sein, daß Sie u. nicht er
nach Göttingen gekommen ist; er braucht daher auch gar nicht zu wissen,
daß ich Ihnen seinen Aufsatz zugeschickt habe.

Lie hat sich also richtig über 3 Tage hier incognito aufgehalten, um
ganz ungestört seine Wohnung einrichten zu können. Bis vorige /Woche7
sah es indessen darin noch recht bös aus. Seine Frau u. Kinder sind
wohl u. vergnügt hier zu sein, mit der Sprache geht es aber eigentlich
noch ganz u. gar nicht.

Wir haben gestern die Vorlesungen angefangen u. Lie ist mit einem unge-
heuerm Getrampel empfangen worden. Sonst weiß ich bis jetzt nur sehr
wenig von ihm, man trifft ihn fast nie zu Hause an, wahrscheinlich,
weil er der Sprache halber noch alle Wege u. Besorgungen selbst machen
muß. Leider können wir selbst meiner Frau halber, die sich ganz ruhig
halten soll, für die Seinigen zur Zeit gar nichts thun.

Hoffentlich ist bei Ihnen immer Alles wohl u. Vater u. Sohn erfreuen
sich der reineren u. besseren Luft!

Mit herzlichen Grüßen von Haus zu Haus

Ihr A. Mayer

Hess hat auf meinen letzten Brief hin seine Arbeiten freiwillig wieder
zurückgezogen, um sie erst dann wieder einzuschicken, wenn er überzeugt
sei, "daß ein Einwurf nicht mehr gemacht werden kann".

120. F. Klein an A. Mayer

Göttingen, 1. 8. 1886

Lieber Freund!

Sie sind mit Ihrer Karte einem Briefe zuvorgekommen, den ich Ihnen seit
lange schreiben wollte und den ich immer wieder hinausschob, da ich die
letzten Wochen fast im Uebermaß zu thun hatte. Etwa um Pfingsten fühlte
ich mich hier aus allerlei Gründen einigermaßen unbehaglich. Mit der
Besserung der Gesundheit, die dann eintrat, habe ich auch in meiner Beschäftigung einen anderen Curs eingeschlagen: ich habe mich mehr den
hier unmittelbar vorliegenden Aufgaben zugewandt und mein ganzes Interesse auf Vorlesung und Seminar etc. concentrirt. Insbesondere habe ich
mir alle Mühe gegeben, für die Annalen neue Arbeiten zu gewinnen. So
war ich neulich in Wilhelmshöhe mit den Marburger Mathematikern zusammen (Weber, Hess, Kneser), vor acht Tagen war ich bei Dedekind und Kiepert. Meine Anstrengungen sind nicht ohne Erfolg geblieben. Ich habe
jetzt Stoff bis tief in XVIII, 2 hinein und eine Menge fernerer Arbeiten in baldiger Aussicht. Worin eigentlich die Hemmung lag, die in der
Theilnahme des Publicums für die Annalen eingetreten war, ist schwer
mit einem Worte zu sagen. Ein Wenig liegt daran, daß ich zu streng war,
ich mir außerdem mit den sächsischen Berichten [1]) selbst Concurrenz
machte. Wesentlich ist außerdem die sehr beachtenswerthe Activität von
Mittag-Leffler. [2]) Endlich kommt jedenfalls in Betracht, daß unsere
gleichaltrigen Freunde aus der eigentlichen Productionszeit mehr und
mehr herauskommen und der Nachwuchs noch kein rechtes Aequivalent bietet. Ich werde spätestens im Oktober nach Berlin gehen und dort einiges
Terrain zu gewinnen suchen. Sehr interessant ist übrigens die unverhoh-
lene Mißbilligung der einstweilen die Berufung Lie's allerorten unter-
liegt. Ich pflege darauf zu antworten, daß in 5 Jahren die öffentliche
Meinung wohl eine andere geworden sein dürfte. [3]) - /...7

Mit den besten Grüßen Ihr F. Klein.

---

[1]) In den "Berichten über die Verhandlungen der Königlich Sächsischen
    Gesellschaft der Wissenschaften zu Leipzig, mathematisch-physi-
    sche Classe" erschienen in den 80er Jahren viele mathematische Ar-
    beiten, auch von Schülern KLEINs, die er selbst vorlegte.

[2]) Der schwedische Mathematiker G. MITTAG-LEFFLER gab seit 1883 die in-
    ternationale Zeitschrift "Acta mathematica" heraus. Er bemühte sich
    stark, sein Journal insbesondere in Frankreich und Deutschland zu
    verbreiten. Aufschluß darüber gibt u. a. ein Brief MITTAG-LEFFLERs
    vom 29. Januar 1885 an den Preußischen Minister der geistlichen, Un-
    terrichts- und Medicinal-Angelegenheiten [A 7].

[3]) Viele Mathematiker wären dem Ruf nach Leipzig gern gefolgt, vgl.
auch Abschnitt 3. der Einleitung.

121. A. Mayer an F. Klein

Kohlgrub, 6. 8. 1886

Lieber Freund!

/...7

Daß Lie's Berufung eine gewisse Mißstimmung hervorgerufen hat, finde
ich ganz natürlich, dagegen verstehe ich durchaus nicht, wie unsere
Fachcollegen sich unverhohlen darüber äußern können. Denn der Aerger
entspringt doch nur aus dem Motiv, daß durch Lie's Herüberkommen jede
Chance für ein Vorrücken anderer von vornherein abgeschnitten worden
ist. Es ist mir doppelt lieb, daß der Plan Neumann's nicht durchgegan-
gen ist, sonst würden sich alle diese Vorwürfe jetzt u. mit mehr Recht
gegen mich richten. [1])

/...7

Von Lie werden Sie wohl direkte Nachrichten erhalten haben. Ich freue
mich von Herzen, wie sehr es nicht bloß ihm, sondern auch seiner Frau
bei uns gefällt.

/...7

Mit   herzlichen Grüßen

Ihr A. Mayer

---

[1]) Vgl. Abschnitt 5. der Einleitung.

122. A. Mayer an F. Klein

Leipzig, 6. 10. 1886

Lieber Freund!

Besten Dank für Ihr Anerbieten wegen Forsyth! [1]) Ich bin aber gerade
wie Sie augenblicklich mit den Vorbereitungen zum Wintercolleg über Mechanik beschäftigt u. habe daher gegenwärtig keine besondere Lust, mich
in ein Lehrbuch über Differentialgleichungen zu vertiefen. Daß Sie befriedigt von Berlin [2]) zurückgekehrt sind, freut mich sehr. Dagegen erscheint es mir sehr bedauerlich, daß die Herausgabe der Weierstraß'-
schen Variationsrechnung [3]) nun wieder so ins Unbestimmte hinausgerückt
ist. Es sollten doch wenigstens die Resultate, d.h. die W./eierstraß'7-

schen Kriterien des Ma /Maximum/ baldmöglichst in authentischer Form
bekannt gemacht werden!

Mit bestem Gruß   Ihr A. Mayer

____

[1]) Im Brief vom 29. September 1886 hatte MAYER bei KLEIN angefragt, ob
    er das Buch "A Treatice on Differential Equations", London 1885,
    von A. R. FORSYTH näher angesehen habe. Der Teubner-Verlag wollte
    wissen, ob eine Übersetzung sinnvoll ist. Die Antwort von KLEIN,
    auf die sich MAYERs Karte vom 6. Oktober 1886 bezieht, liegt bei
    den Akten nicht vor; evtl. wurde sie an TEUBNER weitergereicht. Ei-
    ne deutsche Übersetzung des Buches erschien 1889 in Braunschweig.
    ANDREW RUSSELL FORSYTH wirkte als Mathematiker in Cambridge und re-
    digierte von 1884 bis 1895 das "Quarterly Journal of Mathematics",
    vgl. auch Brief 145.

[2]) KLEIN wie auch LIE beteiligten sich an der 59. Versammlung der Ge-
    sellschaft deutscher Naturforscher und Ärzte, die im September 1886
    in Berlin stattgefunden hatte und von L. KRONECKER eröffnet worden
    war, vgl. Tageblatt der 59. Vers., Berlin 1886,und Abschnitt 4. der
    Einleitung.

[3]) In einem Brief vom 8. September 1886 hatte MAYER KLEIN gefragt, ob
    "... nicht Hoffnung /ist/, daß die Weierstraß'schen Vorlesungen
    über Variationsrechnung, edit. Schwarz bald herauskommen?" Diese
    Vorlesungen wurden erst viel später publiziert, in Bd. 7 der Mathe-
    matischen Werke von WEIERSTRASS, bearbeitet von R. ROTHE, Leipzig
    1927. MAYERs Interesse daran war groß, denn bisher hatte ihm nur
    einmal eine Nachschrift dieser WEIERSTRASS-Vorlesungen für 24 Stun-
    den zur Verfügung gestanden (vgl. [62, S. 108]).

123. A. Mayer an F. Klein

Leipzig, 4. 12. 1886

L. Fr. Laska habe ich erhalten u. schicke das Manuscript umgehend zurück. Hoffentlich sind Sie u. die Ihrigen wohl! Von hier ist eigentlich
nichts zu berichten, als daß Sch./ur/ als Bräutigam entschieden mehr
aufthaut u. seine Braut, wie ich höre, allgemein gefällt. Neulich waren wir zum ersten Male bei Lie's zum erweiterten Kränzchen mit Damen
u. ich habe mich gefreut, wie behaglich sie eingerichtet sind u. die
Wirthe machen. Ein fühlbarer Mangel, der unter Ihrer Oberleitung sicher nicht vorgekommen wäre, ist, daß in diesem Semester gar keine Vorlesung für Anfänger gehalten wird: In der Diff./erential/ u. I/nte-
gral/rechnung setzt Scheibner algebr./aische/ Analysis voraus, die ewig
lange nicht gelesen worden ist. [1])

                    Mit besten Grüßen   Ihr A. M.

____

[1]) Vgl. Abschnitt 5. der Einleitung.

124. A. Mayer an F. Klein

Abtnaundorf, 2. 6. 1887

Lieber Freund!

Ihre Sendung habe ich eben hier draußen erhalten, u. werde mich gleich
heute Nachmittag an die Lecture derselben machen. Bitte schreiben Sie
mir nur (nach Leipzig), ob der Love'sche Bericht [1]) sehr bald gedruckt
werden soll, oder ob ich ihn eventuell auch erst Von der Mühll od. Neumann zur Ansicht geben könnte. Meine Karte wegen der Königsberger'schen
Note haben Sie doch erhalten?

Ich freue mich, daß Sie sich von den Anstrengungen der Pariser Reise
vollständig erholt haben, muß aber nach dieser selbst erst Lie noch
einmal näher ausfragen. Bisher hat er mir davon nur ganz allgemeines
erzählt. Daß Sie im Herbst hierherkämen, wäre ja sehr schön!

Mit besten Grüßen   Ihr A. Mayer

---

[1]) Mit diesem Bericht des englischen Wissenschaftlers A. E. H. LOVE
"On Recent English Researches in Vortex-motion" (Mathematische Annalen 30(1887), 326 - 344) begann, angeregt durch KLEIN, die stär-
kere Verbreitung von Erkenntnissen britischer Gelehrter zur Hydromechanik auf dem europäischen Kontinent.

125. A. Mayer an F. Klein

Leipzig, 21. 7. 1887

Lieber Freund!

Mit Ihrer Abrechnung des Honorars für Annalen 29 bin ich vollständig
einverstanden bis auf Hess, dessen Mirzuschreibung ich nicht accepti-
ren kann, da ich ihn nur ganz flüchtig angesehen habe, während Sie die
ganze Arbeit daran hatten. Eigentlich kommen mir zwar auch die M. 9,40
von Bd. 28 nicht zu, doch will ich deshalb keine Schwierigkeiten machen, u. werde daher das Honorar, sobald ich es erhalten, also vertheilen:

Klein	M 895,05
Gordan	" 43,10
Mayer	" 10,60
Freiexemplare	" 150,00
	M 1098,75

Wegen Möbius habe ich noch nachzutragen, daß Reinhard/t7 die nachgelas-
sene Abhandlung an Scheibner u. nicht, wie ich glaubte, direkt an Ludwig geschickt hat. [1]) Das über Witwen- u. Waisen-Kassen hält Scheibner
nicht der Veröffentlichung werth. Es wäre sehr hübsch von Ihnen, wenn
Sie in den Ferien herkämen, jedenfalls dann doch erst Ende September
oder Anfang October?

/...7

Hat Ihnen Peano im März nicht auch zugleich mit seinem neuen Werke zwei
Noten über die Integration von Differentialgleichungen zugeschickt? Mir
haben dieselben ungemein imponirt u. ich war drauf und dran, Peano direkt aufzufordern, uns doch etwas für die Annalen zu schicken. Nur gab
ich, weil mir der Gegenstand doch etwas fremder war, die Aufsätze erst
an Lie u. dieser wieder an Engel, der sich dann ganz in meinem Sinne
darüber äußerte. Hierdurch aber ist es mir eigentlich zu spät geworden, noch direkt an Peano zu schreiben. Mir scheint es aber für die Annalen äußerst werthvoll, wenn wir ihn zum Mitarbeiter bekommen könnten,
u. ich möchte daher Ihnen, der Sie ja in solchem Heranziehen eine ausgezeichnete Fertigkeit besitzen, an die Hand geben, ob Sie nicht vielleicht gelegentlich Peano auffordern wollten. Es wäre namentlich sehr
schön, wenn er seinen Existenzbeweis aus der Note "Sull integrabilità
delle equazioni differenziali di primo ordine" von einer einzigen Differentialgleichung ausdehnen könnte auf ein System solcher Gleichungen.
Dabei dürfte es wohl richtig sein, eventuell seine Aufsätze italienisch
zu veröffentlichen. Denn bei Peano ist gerade auch der Stil ganz ausgezeichnet u. ich weiß nicht, ob er des Französischen oder Deutschen hinreichend mächtig ist, um seine Arbeiten selbst in einer dieser Sprachen schreiben zu können. Da aber die Italienischen Journale deutsche
Aufsätze bringen, so sehe ich kein Hinderniß, weshalb nicht auch die Annalen Italienische Arbeiten aufnehmen sollten. [2])

/...7

                    Mit herzlichen Grüßen auch an Ihre Frau
                                                    Ihr A. Mayer.

---

[1]) Die Ausführungen beziehen sich auf die durch die Kgl. Sächs. Gesell.
     d. Wiss. Leipzig veranlaßte Herausgabe der Werke von AUGUST FERDI-
     NAND MÖBIUS (4 Bde.). Band 1 wurde von RICHARD BALTZER herausgege-
     ben, die Bände 2 und 3 von FELIX KLEIN, unterstützt von OTTO STAUDE
     und dem Oberlehrer CURT REINHARDT, Band 4 von W. SCHEIBNER. REIN-
     HARDT verfaßte einen Nachtrag zu Band 4, welchen KLEIN herausgab.
     Der seit 1865 in Leipzig wirkende Physiologe CARL LUDWIG, Begrün-
     der des physiologischen Instituts, hatte von 1883 bis 1893 das Amt
     des ersten Sekretärs der mathematisch-physikalischen Klasse der Ge-
     sellschaft inne.
[2]) Die Arbeit des von MAYER beeinflußten L. SCHEEFFER zur Theorie der

Maxima und Minima (vgl. Briefe 108 und 111) korrespondierte mit Ergebnissen von PEANO, woraus u. a. die Sendung von PEANO an MAYER resultierte. Aus einem Brief von MAYER an KLEIN vom 28. Juli 1887 geht hervor, daß PEANO seine Arbeiten zunächst nicht an KLEIN geschickt hatte. Die Arbeit über Integration von Differentialgleichungen erschien in französischer Übersetzung (Turin, April 1888) im Band 32 (1888) der Annalen, vgl. auch Brief 126.

126. A. Mayer an F. Klein

Oberstdorf, 21. 8. 1887

Lieber Freund! Ich freue mich, daß auch v. Mangoldt denselben Eindruck von den Peano'schen Noten erhalten hat wie ich, u. bin sehr befriedigt, daß Sie Peano für die Annalen aufgefordert haben. Hoffentlich wird sich daraus eine engere Verbindung mit ihm entwickeln! [1])

/...7

Nach den Zeitungen muß die Göttinger Jubiläumsfeier [2]) ja höchst gelungen u. imposant ausgefallen sein, es freut mich aber besonders, daß Sie dieselbe gut vertragen haben. In der Hoffnung, daß auch die See Ihnen gut bekommen u. das Wetter Sie mehr begünstigen möge, als uns, mit herzl. Grüßen   Ihr A. M.

---

[1]) In den Annalen erschienen insgesamt drei Arbeiten von PEANO, in den Bänden 32(1888), 36(1890), 37(1890), jeweils in französischer Sprache, vgl. auch Brief 148.

[2]) Die Gründung der Göttinger Universität jährte sich zum 150. Male.

127. A. Mayer an F. Klein

Leipzig, 11. 11. 1887

Lieber Freund!

Sonine [1]) u. das Inhaltsverzeichniß bringe ich noch heute in die Druckerei. Ich habe es sorgfältig durchgesehen, die Nachträge angebracht u. mir auch einzelne Aenderungen erlaubt, mit denen Sie hoffentlich einverstanden sein werden. So habe ich namentlich (bis auf Cantors schreckliche Mannichfaltigkeiten) die Orthographie der Verfasser hergestellt, u. um die Bezeichnung gleichmäßiger zu gestalten, immer (bis auf Krause) statt erste, zweite u.s.w. Abhandlung kurzweg I, II ... gesetzt.

Engel hatte ich schon selbst zur Bewerbung um das Albrechtstipendium angeregt u. werde dieser Tage deshalb zu Leuckart gehen. [2])

Was endlich Ihre große Frage anbetrifft, so muß ich ja Ihre Motive na-

türlich vollkommen billigen, die Frage kommt mir aber so unerwartet,
daß ich eigentlich noch gar nichts anderes darauf antworten kann, als:
Wie kommen Sie gerade auf Lindemann? [3]) Ich würde dann doch auch gleich
an wesentlich jüngere Kräfte denken, z. B. an Dyck. Und wer könnte dann
an meine Stelle treten? Denn selbstverständlich, wenn Sie gehen, möchte
ich mich jedenfalls nicht von vornherein zum Bleiben verpflichten. Ich
habe mich ohnedies schon oft gefragt, ob nicht Lie für mich eintreten
u. ihm dadurch eine Nebeneinnahme verschafft werden könnte. Ich fürchte nur immer, daß Lie sich gerade zum Redacteur nicht besonders eignen
dürfte. Aber Engel? Nun auf jeden Fall hat die angeregte Frage noch
Zeit u. will auch wohl überlegt sein.

Einstweilen daher die besten Grüße von Ihrem

A. Mayer.

[1]) Die Arbeit des russischen Mathematikers N. J. SONIN "Sur les fonctions cylindriques" bildete den Abschluß von Band 30(1887) der "Mathematischen Annalen". Insgesamt erschienen vier Arbeiten von S. in
den Annalen, insbesondere zur Integration partieller Differentialgleichungen in der Übersetzung durch F. ENGEL, Bd. 49(1897), vgl.
auch Brief 57.

[2]) Dr. WILHELM ALBRECHT übereignete der Universität eine Stiftung, welche Wissenschaftler, die sich habilitieren wollen, Privatdozenten
und a.o. Professoren unterstützen sollte (Testament vom 11. Juli
1867). Der Zoologe RUDOLF LEUCKART wirkte von 1869 bis zu seinem Tode 1898 als o. Professor an der Universität Leipzig.

[3]) KLEIN suchte Entlastung bei seiner Tätigkeit als Herausgeber der Annalen, vgl. die folgenden Briefe und Abschnitt 6. der Einleitung.

128. A. Mayer an F. Klein

Leipzig, 17. 11. 1887

Lieber Freund!

Noch unter dem Eindrucke Ihrer ersten Mittheilungen, in welchen Sie an
eine Verwirklichung Ihrer Pläne nicht vor den Weihnachtsferien dachten,
hatte ich Ihren Brief vom 12. bisher unbeantwortet gelassen, um die Angelegenheit noch erst reiflicher zu überlegen u. auch der anderen Meinung darüber zu hören. Wie es aber leider jetzt um Ihre Nerven u. Gesundheit steht, verträgt die Sache allerdings wohl keinen längeren Aufschub u. so beginne ich denn gleich mit der Erklärung, daß unter den
obwaltenden Umständen Ihnen von hier aus keinerlei Hinderniß in den
Weg gelegt werden soll, sich zu entlasten, indem Sie etwa Lindemann
zur Mitredaction der Annalen auffordern. Neumann stellt nur die Eine
Bedingung, daß es ihm gestattet sein soll, eigene und etwaige fremde
Arbeiten, für welche er die volle Verantwortung übernimmt, ohne Wei-

teres sofort zum Druck zu geben, damit sie dann am Anfange des nächsten freien Heftes eingereiht werden. Nach den Mittheilungen von Starke steht dieser Forderung von Teubners Seite kein Hinderniß im Wege u.
daher habe ich sie sofort Neumann zugestanden, mit dem die Verhandlungen übrigens doch etwas schwieriger waren, als ich dachte. Daneben sind
wir aber alle, d. h. Neumann, Von der Mühll, Lie und ich, der Meinung,
daß es gar nichts schaden könnte, wenn die Annalen langsamer gedruckt
würden. Einen Separatvorschlag machte Lie, der überhaupt am stärksten
vor Uebereilung warnte in der Ansicht, daß Sie selbst nach ein paar
Monaten, wenn Ihre Nerven sich wieder beruhigt, die Angelegenheit möglicher Weise mit ganz anderen Augen ansehen könnten, als jetzt. Er
meint, Sie sollten für die nächste Zeit Alles mir zuschicken; ich würde dann unter Beihilfe von Lie, V⌊on⌉ d⌊er⌉ Mühll, Engel u. Study zu-
sehen, wie wir schlecht u. recht des Materials Herr werden könnten.
Der Vorschlag ist, um Zeit zu gewinnen, nicht übel u. ich würde mich
der Mühe willig unterziehen. Es wäre aber doch immerhin nur ein Provi-
sorium u. ich bin darin ganz Ihrer Meinung, daß es höchst wünschenswerth wäre, zur Beurtheilung der vielen Arbeiten, deren Inhalt uns allen mehr oder weniger fern liegt, noch eine tüchtige Kraft zu gewinnen,
u. wenn ich mich in Ihre Lage versetze, so glaube ich, daß Ihnen ein
bloßer Aufschub gegenwärtig nichts mehr nützt, sondern daß Sie sobald
als möglich etwas Definitives vor Augen haben müssen, um zu der Ruhe
zu kommen, die Sie so nothwendig brauchen. Ich nehme dabei immer an,
daß es sich im Wesentlichen nur um Ihre Rubrik 2. handelt. Denn wenn
erst zwei verschiedene Directionscentren vorhanden sind, so würde die
Regulirung des Drucks doch wohl wieder nach Leipzig verlegt werden müssen, während die Correcturen dem betreffenden Beurtheiler zufallen würden, falls dem Autor nicht die Sache allein überlassen werden soll. Jedenfalls ist 1.) viel nebensächlicher als 2.)

Was endlich die Personenfrage anbetrifft, so stimmen wir sämmtlich darin überein, daß Lindemann wohl von allen, die überhaupt zur Sprache gekommen sind, die größte Vielfältigkeit u. Autorität besitzt; unser ein-
ziges Bedenken ist, ob er nicht etwas zu vornehm u. zu bequem ist für
das, was Sie von ihm wollen. Sympathischer wäre uns schon Harnack, an
den ich neulich noch gar nicht gedacht hatte, oder Dyck. Indessen soll
Ihrer Wahl in keiner Weise vorgegriffen werden, da ja Niemand die Vor-
züge des einen oder anderen besser beurtheilen kann als gerade Sie.
Mein Rath geht daher dahin, suchen Sie sich nach eigner freier Wahl unter den Genannten einen Mitarbeiter u. schaffen Sie sich damit sobald
als möglich Sorgen u. Schlaflosigkeit vom Halse!
In der Hoffnung, daß schon Ihr nächster Brief besser laute als der letzte, mit herzlichen Grüßen

                                                    Ihr   A. Mayer.

129. A. Mayer an F. Klein

Leipzig, 19. 11. 1887

Lieber Freund!

Ueber Ihren eben erhaltenen Brief bin ich sehr erfreut. Mir scheint
dies die beste Lösung zu sein. D⌐yck⌐ ist uns ja vor Allem lieb u.
werth u. ich zweifle keinen Augenblick daran, daß im Besonderen wir beide sehr gut mit einander auskommen werden, was mir mit L.⌐indemann⌐ einigermaaßen fraglich erschien. Fordern Sie ihn also nur baldmöglichst
auf u. schicken Sie inzwischen, was an Manuscripten bei Ihnen liegt,
mir her! Sobald ich weiß, daß D.⌐yck⌐ bereit ist, werde ich mich mit
ihm ins Einvernehmen setzen.

Mit besten Grüßen

Ihr A. Mayer

130. F. Klein an A. Mayer

Göttingen, 24. 11. 1887

L.F.Gordan ist 1) für L.⌐indemann⌐, 2) für H.⌐arnack⌐, 3) für D.⌐yck⌐.[1]
Trotzdem habe ich eben an D.⌐yck⌐ geschrieben, in der Form, dass ich
ihn bat, die laufenden Geschäfte statt meiner zu übernehmen, aber alle
Einzelheiten unbestimmt liess bis zu persönlicher Besprechung während
der Weihnachtsferien.

Viele Grüsse Ihr

F. Kl.

---

[1]) Vgl. Abschnitt 6. der Einleitung.

131. F. Klein an A. Mayer

Göttingen, 30. 11. 1887

Lieber Freund!

Beiliegend übersende ich Ihnen die Antwort von Dyck, die ja so vortrefflich ausgefallen ist, als irgend wünschenswerth. Ich habe nun eben
an Dyck über die dreierlei Thätigkeiten eines Redacteurs geschrieben,
die ich Ihnen gegenüber schon neulich unterschied, habe ihm skizzirt,

wie etwa er in I und II statt meiner eintreten kann, in dem ich ihm das
ganze bei mir einlaufende Material periodisch, mit etwaigen Bemerkungen
versehen, zustelle, und habe ihn dringend aufgefordert, doch ja die
Weihnachtsreise auszuführen. Es würde mir nun in der That sehr erwünscht
sein, wenn Sie, wie Sie dies neulich planten, jetzt gleich auch an Dyck
schreiben wollten: vielleicht dass Sie ihm gleich einiges unfertige Material zusenden, damit er sich daran bereits orientirt, ehe er uns Weihnachten spricht.

Ich habe Dyck gegenüber ganz unberührt gelassen, wie er ev. auf dem Titel der Annalen figuriren soll und wie andererseits die Honorarvertheilung zu berwerkstelligen sein mag. Betreffs letzteren Punctes möchte
ich vorschlagen, dass wir auch bei der Besprechung in den Weihnachtsferien noch nichts fixiren, sondern erst abwarten, wie sich die Arbeit
unter die verschiedenen Redacteure thatsächlich vertheilt. Zu einer definitiven Regel kommen wir wohl erst wieder, wenn mehrere Bände auf die
neue Weise bearbeitet sind. Sie werden als gegebener Unparteiischer in
jedem Falle entscheiden, wie die Sache zu machen ist. Ich will doch
ganz genau sagen, wie ich von meinem persönlichen Standpunkte aus über
die Sache denke: Dass ich die bisherigen Einnahmen aus den Annalen verlieren soll, ist mir an sich sehr unangenehm. Ich bin aber selbstverständlich bereit davon genau so viel abzugeben, als mir an Arbeit für
die Annalen abgenommen wird. Nun bin ich mir aber zunächst völlig unklar, wie viel das sein mag; ich kann mir sogar die Möglichkeit denken,
dass sich die jetzt beabsichtigte Cooperation mit Dyck, trotz aller
seiner Bereitwilligkeit, als illusorisch oder unmöglich herausstellt.
Darum erscheint mir das einzig Richtige, dass wir einstweilen die Frage der Honorarvertheilung offen lassen und eine Zeit lang von Fall zu
Fall erledigen. -

Und nun genug für heute. Seit die Arbeit weniger drängt fühle ich mich
entschieden besser. Uebrigens hat sich mittlererweile wieder eine gewisse Zahl Annalenmanuscripte angesammelt. Ich lege einstweilen Alles
bei Seite.

Herzliche Grüsse

Ihr F. Klein.

132. A. Mayer an F. Klein

Leipzig, 1. 12. 1887

Lieber Freund!

Inliegend Dyck's Brief mit Dank zurück. Ich bin sehr erfreut, daß er

auf Ihren Vorschlag eingeht, u. halte dies für die beste Lösung der
Frage. Hierin bestärkt mich auch, was Sie über die Regelung des Honorars schreiben. Dyck wird Ihnen in dieser Angelegenheit keinesfalls irgend welche Schwierigkeiten machen, mit Lindemann u. selbst mit Harnack
würde Ihnen das kaum so leicht u. angenehm sein.

Ich habe gleich heute an Dyck geschrieben u. ihm die Simony'sche Arbeit [1]) zur Begutachtung zugeschickt. Den Druck denke ich bis zu Dycks
Herkunft allein zu überwachen, dann wird sich ja das weitere schon finden. Nach meiner Meinung muß Dyck jedenfalls auf dem Titel figuriren,
u. wenn Sie, was mir sehr zweckmäßig erscheint, auf Dyck wegen Drucklegung etc. verweisen wollen, so würde ich es auch für richtig halten,
wenn er mit uns zugleich als Hauptredacteur genannt wird. /.../

Mit herzlichen Grüßen

Ihr A. Mayer.

/.../

---

[1]) Der Mathematiker OSCAR SIMONY war seit 1878 a.o. Professor, von 1889
bis 1913 o. Professor der Mathematik und Physik an der Hochschule
für Bodenkultur in Wien. In den Annalen erschienen zwei Arbeiten von
ihm. Hier handelte es sich um die Darstellung "Über einige mit der
dyadischen Schreibweise der ganzen Zahlen zusammenhängende arithmetische Sätze", Bd. 31(1888), 549 - 565.

133. F. Klein an A. Mayer

Göttingen, 30. 12. 1887

Lieber Freund!

Dyck ist richtig seit 3 Tagen hier und wir haben uns, wie das nicht anders zu erwarten war, über den eigentlich technischen Theil der Redac-
tionsaufgabe leicht geeinigt. Ich darf Ihnen kurz über einige Puncte
Bericht erstatten, die für Ihre demnächstige Bezugnahme wesentlich sein
dürften.

1.) Den eigentlichen Druck der Annalen möchte ich, soweit ich dabei in
Betracht kommen kann, ganz an Dyck geben, so zwar, dass ich, wenn ich
Revisionen von Arbeiten lese, diese nicht direct an Teubner sondern regelmässig an Dyck schicke. Ebenso halte ich es dann mit allen Manuscripten, die bei mir einlaufen, sowohl denjenigen, die ich selbst druckfertig gestellt habe, als die anderen, bei denen noch Correspondenz mit
dem Autor nöthig scheint.

2.) Ich habe nun doch Dyck gebeten, mit uns nach bisherigem Maasstabe
das Honorar zu theilen: also so, dass wir älteren Redacteure für jeden

Druckbogen 15, bez. 30 M. erhalten, wie bisher, während der Rest (nach Abrechnung der 150 M. für Freiexemplare) an Dyck geht. Nehmen wir an, dass Dyck nur druckt, nicht selbständig begutachtet, dafür aber auch Alles druckt, so gibt dies für einen Band von 36 Bogen

$$36 \cdot 15 = 540 \text{ minus } 150 \text{ M},$$

also ca. 400 M, was ungefähr dieselbe Summe ist, an die ich ohnehin gedacht hätte. Werden Sie doch damit einverstanden sein?

3.) Von den Exemplaren fremder Zeitschriften, die ich erhalte, habe ich an Dyck die Nouvelles Annales und die Atti della R. Accademia dei Lincei übertragen; ebenso bin ich bereit, auf die Aushängebogen der Annalen zu verzichten, sofern Teubner dann Dyck leichter ein Freiexemplar mehr bewilligen sollte.

4.) Alle Verhandlungen mit Teubner, sowie auch die Frage, wie Dyck auf dem Titel der Hefte oder durch besondere Anzeige einzuführen, wollen Sie bitte mit Dyck zusammen alleine entscheiden. [1])

Dyck will morgen nach Berlin und schreibt Ihnen dann bald wegen seiner Ankunft in Leipzig. Leider hat er sich gestern einen solchen Rheumatismus geholt, dass sein Reiseplan vielleicht dadurch Störung erleidet.

Und nun meine herzlichen Glückwünsche zum neuen Jahre. Ich gehe in dasselbe mit günstigem Prospecte: Moebius ist zu Ende [2]), die Annalenlast vermindert, in Göttingen habe ich allerlei Verpflichtungen abgestossen, - wenn nun nicht Gesundheit + Wissenschaft auf den Damm kommt, gehts überhaupt nicht mehr.

                        Viele Grüsse   Ihr F. Klein.

---

[1]) Vgl. Abschnitt 6. der Einleitung.

[2]) Vgl. Brief 125, Anm. 1. Das Vorwort zum Nachtrag zu Band 4 der Werke von A. F. MÖBIUS schrieb KLEIN im November 1887.

134. F. Klein an A. Mayer

                                                Göttingen, 14. 3. 1888

Prof. Dr. F. Klein

übersendet mit bestem Gruß das diesmalige Annalencircular. Ich selbst bin z. Z. mit Fertigstellung einer Arbeit über hyperelliptische σ beschäftigt, der sich eine weitere Ausführung von Hrn. Dr. Burkhardt anschliessen soll; doch ist die Sache noch nicht so fertig, dass ich sie in das Circular eintragen mochte. [1])

                                                        D. Ob.

---

[1]) Es handelt sich um den zweiten Aufsatz KLEINs "Über hyperelliptische

Sigmafunktionen", Mathematische Annalen 32(1888) [52, Bd. 3, S. 357
- 387]. Angeregt durch Vorlesungen, Seminare und persönliche Gesprä-
che mit FELIX KLEIN hat HEINRICH BURKHARDT die Arbeiten KLEINs zu
diesem Thema wesentlich vervollständigt. BURKHARDT, H.: Beiträge zur
Theorie der hyperelliptischen Sigmafunctionen. Mathematische Annalen
32(1888), 381 - 442; Grundzüge einer allgemeinen Systematik der hyperelliptischen Funktionen erster Ordnung. Nach Vorlesungen von F.
Klein. Mathematische Annalen 35(1889), 198 - 296; vgl. auch [52,
Bd. 3, S. 321 f.].

135. F. Klein an A. Mayer

Göttingen, 19. 6. 1888

Lieber Freund!

Wenn ich zu dem hier wieder beigelegten Entwurfe von Dyck meine Bemerkungen machen soll, so sind es folgende:

1. Zu 2, 3, 5, 6, 7 (Schönflies, Busche, Lilienthal, Fr. Meyer, Wiltheiss) [1])

bin ich wohl als derjenige zu nennen, der die Arbeiten angenommen hat,
nimmermehr aber als derjenige, der sie revidirt hat; ich denke, daß dabei zweckmäßigerweise Ihr Name eingesetzt wird, wobei Sie Freiheit haben, denjenigen jüngeren Mathematikern, die Ihnen geholfen haben, pri-
vatim so viel von dem Honorar zukommen zu lassen, als Sie zweckmäßig
halten, - ich möchte diese Formulierung, auf die ich sogleich noch zurückkommen möchte, um die Annalenredaction nicht durch Schaffung irgend
eines Präcedenzfalles für die Zukunft an vielleicht unliebe Consequen-
zen zu binden.

2. In demselben Sinne möchte ich vorschlagen bei 15) (Killing), als denjenigen, der revidirt hat, und ebenso bei 21, 31 (Nekrassoff u. Maisano)
als denjenigen, der begutachtet hat, Sie einzusetzen.

Das einzige Bedenken scheint ja zu sein, ob man bei Maisano nicht Gordan nennen muß. Im Allgemeinen wird man ja die Ausdrücke: Annahme und
Revision nie ganz scharf aus einander halten können. Ich verstehe unter
Annahme gern die Gesammtthätigkeit, welche bis zur wirklichen Annahme
der Arbeit hinführt, also auch die Aufrechterhaltung der wissenschaftlichen Correspondenz mit dem Autor etc., unter Revision die Gesammtthätigkeit, welche die wirkliche Drucklegung herbeiführt, ev., also auch
Correspondenz mit dem Autor wegen Aenderungen im Manuscript. Trotz dieser freieren Auffassung (über die ich übrigens Sie und Dyck um Ihre Ansicht bitte) kann ich aber doch die Annahme von Maisano [2]) Gordan in
keiner Weise zuschreiben. Denn wenn sich Jemand so wenig um die Sache
kümmert, wie G./ordan/ in dem Falle gethan hat, kann er wirklich nicht
dafür noch honorirt werden; er hat doch nur uns Anderen dreifache Arbeit gemacht.

Was ich da schreibe ist ja juristisch so unbestimmt und sogar widerspruchsvoll wie möglich; ich meine aber wir sollen in diesen Dingen auch keine eigentlichen juristischen Definitionen aufstellen, die hinterher doch in keinem Falle ordentlich passen, sondern von Fall zu Fall handeln.

Hier geht Alles wohl, nur daß meine Frau sich sehr langsam erholt, was langweilig ist. Ich stecke fortgesetzt in vieler Arbeit, fast ausschließlich für meine Vorlesungen. Nun habe ich doch die Thätigkeit für die Annalen auf ein Minimum reducirt, außerdem habe ich, seit ich im November erkrankte, meinen gesammten geselligen Verkehr aufgesteckt, trotzdem sehe ich mich von Morgens bis Abends beschäftigt und sehne schon jetzt die Ferien herbei. Ob das in meinem Leben je anders wird?

Es grüßt herzlich

Ihr F. Klein.

[1]) Vgl. die Beiträge dieser Autoren in Mathematische Annalen $\underline{31}$ (1888),

[2]) Italienischer Mathematiker, der in den Annalen mehrere Arbeiten zur Invariantentheorie veröffentlichte. Hier ist die folgende Arbeit gemeint. MAISANO, G.: Die Steiner'sche Covariante der binären Form 6. Ordnung. Mathematische Annalen $\underline{31}$ (1888), 493 - 506.

136. F. Klein an A. Mayer

Göttingen, 30. 6. 1888

Lieber Freund!

Als Dyck Weihnachten hier war, habe ich die Frage der Honorarvertheilung ausführlich mit ihm besprochen und ich dachte eigentlich, daß er sich auch mit Ihnen darüber in Einverständniß gesetzt hätte. Das hat er nun offenbar nicht gethan. Mein Vorschlag, den Dyck natürlich acceptirte und der mir in der That nach dem Maße unserer resp. Leistungen auch heute der einzig richtige scheint, ging dahin, daß wir an der alten Verabredung, was die sonstigen Redacteure angeht, festhalten und daß Dyck einfach in die Stelle einrückt, die ich bis dahin inne hatte. Das heißt also: wir Anderen werden mit 15, bez. 30 M. per Bogen honorirt, je nachdem wir nur die Arbeit herbeigeschafft oder auch noch den Druck bis zum Abschluß überwacht haben, - Dyck erhält den Rest nach Abzug der bewußten 10 Exemplare. Das erscheint wirklich an sich nicht unbillig. Ich will nicht weiter ausführen, daß ich z.B. volle 8 Jahre Redacteur gewesen bin, ehe ich überhaupt etwas erhalten habe, und das zu einer Zeit, wo der Bestand des Unternehmens in Frage stand. Ich

will nur die Frage stellen, was die Annalen trotz allen Fleißes und aller Geschicklichkeit, die Dyck z.Z. ja in vollem Maße aufwendet, sein
würden, wenn Dyck allein an der Spitze stände? Es würde kaum eine Arbeit einlaufen. Dies wird natürlich im Laufe der Zeit rasch anders werden, je mehr Dyck mit den einzelnen Mitarbeitern in persönliche Beziehung tritt: aber unsere Verabredung ist ja auch von Hause aus gerade
so getroffen gewesen, daß sie einer solchen Entwicklung Rechnung trägt.
Ich möchte also in der That dringend befürworten, an derselben auch in
Zukunft festzuhalten.

Freilich kann man nun sagen, daß bei Bd. 31 speciell die Dinge eigenar-
tig liegen. Heft 1 war bereits in der Hauptsache gedruckt, ehe Dyck uns
beitrat, und es scheint unbillig, ihn nun mit den vollen 150 M. zu be-
lasten, nachdem er nur Gelegenheit gehabt hat, aus 3 Heften Honorar zu
ziehen. Dazu hatte er um unseretwillen durch die Weihnachtsreise etc.
Auslagen. Wenn ich das recht überlege, kann ich zustimmen, daß wir die-
sesmal, bei Bd. 31, aber nur <u>ausnahmsweise</u>, die 150 M. nach dem Maße
unserer sonstigen Honorareinnahmen unter uns vertheilen. -

Schicken Sie diesen Brief doch bitte auch an Gordan; ich hoffe sehr
daß Sie und er meinen Auseinandersetzungen rückhaltlos zustimmen.

                          Es grüßt Sie bestens
                                      Ihr
                                          F. Klein.

137. A. Mayer an F. Klein

                                      Leipzig, 13. 1. 1889
Lieber Freund!

Es scheint mir recht lange her, daß ich Ihnen nicht geschrieben habe.
Aber als Uebergangspunkt auf der Route Göttingen - München unsres An-
nalencirculars erwächst mir immer nur der Vortheil, regelmäßig etwas
von Ihnen zu hören, während ohne besonderen Grund der Antrieb fehlt,
umgekehrt wieder Ihnen Grüße u. Nachrichten zu kommen zu lassen. Ich
spare mir daher das Schreiben auf bis etwas zu melden ist, was Sie interessiren kann.

Das ist leider nun jetzt der Fall! Wir verwaisen in Leipzig immer mehr:
Zu Ostern geht nun auch Von der Mühll zurück nach der Heimat, um sich
in Basel als Prof. der mathemat./ischen/ Physik bleibend niederzulas-
sen. /.../ Von der Mühll hat die Sache ganz insgeheim betrieben u. uns
erst davon benachrichtigt, als sie in Basel schon fertig war, mich bereits in den Ferien, die anderen erst in den letzten Tagen. Da Lie vor

kurzem in Dresden war, um persönlich für Engel's Ernennung zum Prof. zu
wirken, so hätte vielleicht, wenn wir rechtzeitig von Mühll's Absichten
gewußt hätten, etwas von seinem Gehalte für Engel können gerettet werden. So aber fürchte ich, daß die ganze Summe der Mathematik wird verloren gehen.

Und nun nach dieser Mittheilung auch eine Frage! Wie haben Sie sich
dem Circolo Matematico di Palermo [1]) gegenüber verhalten, der doch jedenfalls auch Ihnen seine Rendiconti zuschickt. Ich bin leider sehr un-
höflich gewesen u. habe mich gar nicht für die Zusendung bedankt. Aber
einmal haben mich die Statuten stutzig gemacht, nach denen es wirklich
scheint, als ob, wie Lie behauptet, die Gesellschaft hauptsächlich auf
die Anwerbung zahlender Mitglieder aus ginge, während man sich doch
gar nicht von selbst hierzu anbieten kann, u. andererseits habe ich
bei den ohne jegliches Begleitschreiben eingetroffenen Sendungen das
Gefühl, daß es schließlich auf den Austausch mit den Annalen wird abgesehen sein. Theilen Sie mir doch gelegentlich mit wie Sie sich verhalten haben, resp. was Sie darüber denken! /.../

Ihr A. Mayer.

[1]) Diese mathematische Gesellschaft wurde 1884 gegründet, vgl. auch
Brief 157, Anm. 2.

138. F.Klein an A.Mayer

Göttingen, 23. 2. 1889

L. Freund!

Beiliegend das diesmalige Annalencircular.

Besten Dank für den ausführlichen Brief neulich. Mir geht der viele
Personenwechsel in L./eipzig/ auch nahe. Es ist nur gut, dass das Un-
gewitter Lie - Killing im Verzuge begriffen ist. [1]) Grüssen Sie bitte
Von der Mühll von mir und sagen ihm, ich lasse ihm zu seiner neuen
Wirksamkeit Alles Gute wünschen. [2])

Hier gibt es fortgesetzt viel zu thun. So ausschliesslich mich meine
Vorlesungen beschäftigen so habe ich doch Einiges Vorläufige über
Abel'sche Functionen zusammenschreiben können, wo ich, zumal bei $p = 3$,
endlich dem Ziel nahe komme, das ich so lange anstrebe (klare Definition der Θ am algebraischen Gebilde). [3])

Den Meinen geht es gleichförmig wohl; wir ziehen nun bald in das neue
Haus.

Viele Grüsse von Ihrem   F. Klein.

[1]) Vgl. Abschnitt 3. der Einleitung.

[2]) Vgl. Brief 137.

[3]) In Verbindung mit seiner Vorlesungsreihe Abelsche Funktionen I, II,
III (SS 1888,WS 1888/89, SS 1889) und einem entsprechenden Seminar
(WS 1888/89) erarbeitete KLEIN eine Darstellung "Zur Theorie der
Abel'schen Functionen", die er im September 1889 fertigstellte: Ma-
thematische Annalen 36(1890), 1 - 83 [52, Bd. 3, S. 388 - 474].
Diese Arbeiten wurden durch viele Schüler und Mitarbeiter KLEINs
fortgeführt: durch die Amerikaner WILLIAM FOGG OSGOOD und HENRY
SEELY WHITE, den Italiener ERNESTO PASCAL, den Österreicher WIL-
HELM WIRTINGER sowie EDUARD WILTHEISS und ERNST RITTER, die beide
früh verstarben, vgl. auch [52, Bd. 3, S. 322].

139. F. Klein an A. Mayer

Göttingen, 26. 2. 1889

Lieber Freund!

Um die Sache doch nicht wieder zu vergessen antworte ich umgehend. Ich
habe mich dem Circolo di Palermo gegenüber insoweit dankbar bewiesen
als ich mich dafür ausgesprochen habe, dass ihm unsere Göttinger Nachrichten zugeschickt werden sollten (was in der That regelmässig geschieht. [1]) Die Herren senden nun aber, so viel ich weiß, ein Exemplar
ihrer Publication nicht nur an mich sondern auch an unsere Societät,
stürzen sich also in doppelte Unkosten! Das war jedenfalls von mir
nicht gemeint aber ich beunruhige mich darum auch nicht. Noch ein Exemplar der Annalen zum Austausch herzugeben möchte ich jedenfalls nicht
befürworten. [2])

Nachträglich auch noch meinen Dank für Ihre theilnehmenden Zeilen beim
Tode meines Vaters!

Beste Grüße von Ihrem

F. Klein.

[1]) Vgl. Brief 137.

[2]) Vgl. zur Änderung dieser Ansicht Brief 157.

140. F. Klein an A. Mayer

Göttingen, 15. 4. 1889

Lieber Freund!

Halb gegen meine Absicht bin ich 14 Tage in der Welt herumgefahren,
bin zuletzt über eine Woche in Berlin gewesen, und darüber ist das
März-Annalen-Circular bei mir liegen geblieben, welches ich nun nach-

träglich übersende. Unterdessen war der Postbote wiederholt an meiner
Wohnung, um den auf mich fallenden Honorarantheil pro Bd. 33 der Annalen zu überbringen, konnte aber das Geld, da es mehr als 300 M. ist,
nicht abgeben; so wie ich dasselbe erhalte, schicke ich Quittung. Mit
Dyck bin ich in Correspondenz wegen neuer Vertheilung des Annalenhono-
rars von Bd. 34 beginnend. Dyck seinerseits beschwert sich, was ich
bislang nicht wusste und in der That nicht vermuthen konnte, über die
Verrechnung der 10 von uns an Mitarbeiter vertheilten Annalenexemplare.
Ich andererseits finde die beiden Kategorien "begutachtet" und "revidirt" nicht gleichwertig, tadele aber namentlich, daß die constructive
Thätigkeit, die bei mir jetzt die Hauptsache ist, und die darauf ausgeht, Arbeiten zu veranlassen bez. anzulocken, z.Z. gar nicht gewerthet
wird. Daher nun der Vorschlag: "Wir theilen fortan das Gesamthonorar,
nach Abrechnung der 10 Exemplare, in gleiche Theile nach den drei im
Annalencircular vorgesehenen Colonnen."

Ich bitte Dyck mit Ihnen und den anderen Herren darüber in nähere Correspondenz zu treten.

Beste Grüsse

Ihr F. Klein.

141. F. Klein an A. Mayer

Göttingen, 30. 10. 1889

Lieber Freund!

Soeben erhalte ich 311 M. für Bd. 34, worüber ich hiermit dankend quit-
tire.

Heft 34, IV hat mir eigentlich wenig Vergnügen gemacht. Wenn Scheibner
findet, p. 530, daß Pick mich zu stark citirt hat, so hätte er wenigstens sagen sollen, wie so ich die betr. Formeln vervollständigte (indem ich neue Formeln für die σ gab) und namentlich nicht die letzten
Worte von Pick fortlassen sollen: daß nämlich meine Ansätze den Fortschritt zu den höheren Fällen vermitteln (was eben die alten Ansätze
ganz und gar nicht können). [1]) - Aber abgesehen davon, warum alle diese Weitschweifigkeiten in Dingen, die doch nachgerade als Gemeingut
aller Mathematiker gelten können? Und bei Gelegenheit des Abelschen
Theorems für mehrfache Integrale (p. 485) [2]) wird das einzige Citat,
welches wirklich wesentlich ist und über das ich mit Scheibner vor
Jahren wiederholt ausführlich verhandelt habe, nämlich dasjenige auf
Nöther in Annalen II, einfach weggelassen! (II, 304). [3]) Es läßt sich
ja da selbstverständlich jetzt nichts ändern, aber ich habe Ihnen doch

meinen Unmuth aussprechen wollen, wie ich dies auch Dyck gegenüber thun
werde.

Was sagen Sie zu dem G. Cantor'schen Circular? Ich stehe diesen Plänen
auf Neuerrichtung eigener Mathematikerversammlungen einstweilen noch
skeptisch gegenüber; die Erlebnisse 1872-74 lasten noch zu schwer auf
mir; ich würde auch ablehnen, jetzt bei dieser Sache einen hervorragenden Antheil zu haben. Dagegen meine ich, daß wir jedenfalls Alle an der
Berathung in Bremen participiren sollten. Wenn Sie und Lie von Leipzig
kommen, Lindemann von Königsberg etc etc., dann würden wir durch unsere
bloße Zahl ein solches Schwergewicht haben, daß alle Beschlüsse, die
eine unheilvolle Concentration unserer Wissenschaft bezwecken könnten,
hintangehalten werden würden. [4]) Das sind meine vorläufigen Ideen; vielleicht entwickeln sich dieselben noch bestimmter; jedenfalls ist Zeit,
darüber zu handeln, wenn ich Ostern wirklich, wie ich noch immer beab-
sichtige, auf einige Zeit nach Leipzig kommen sollte.

Viele Grüße von Ihrem

F. Klein.

---

[1]) Die Aussage bezieht sich auf die Arbeit von W. SCHEIBNER: Ueber den
Zusammenhang der Thetafunctionen mit den elliptischen Integralen.
Mathematische Annalen 34(1889), 494 - 543 (Wiederabdruck aus den Berichten der Kgl. Sächs. Ges. d. Wiss.). SCHEIBNER gibt auf S. 530
seiner Arbeit ein Zitat von GEORG PICK nur teilweise wieder. Bei
PICK heißt es: "Wenn ein elliptisches Integral erster Gattung in ir-
gendwelcher Form gegeben ist: so hat man es immer als eine fundamentale Forderung für jede weitere Rechnung anzusehen, die elementaren
elliptischen Functionen, wenn das Argument derselben durch das ge-
gebene Integral ersetzt wird, als explicite Ausdrücke in den Grenzen
und Constanten des Integrals darzustellen. Formeln, welche dieses
wenigstens zum Theil leisten, sind seit längerer Zeit bekannt für
die Form des elliptischen Differentials $dx/\sqrt{f(x)}$, worin $f(x)$ ein Po-
lynom vierten (oder dritten) Grades in x bedeutet; und zwar aus den
Untersuchungen von Hrn. Weierstrass und von Hrn. Scheibner. Allein
erst von Hrn. Klein /vgl. Brief 134/ ist dieses Formelsystem vervollständigt, und, was wichtiger ist, den Ausdrücken eine Schreibweise
ertheilt worden, welche ihr wahres Bildungsgesetz aufdeckt, und so
den Fortgang zu verwandten höheren Problemen ermöglicht. Es ist dies
diejenige Schreibweise, welche den Charakter der verwendeten Ausdrücke als Covarianten einer binären Grundform 4ten Grades (des ho-
mogen gemachten Polynoms $f(x)$) zum Ausdruck bringt." PICK, G.: Zur
Theorie der elliptischen Functionen. Mathematische Annalen 28(1887),
309.

[2]) SCHEIBNER, W.: Zur Reduktion elliptischer, hyperelliptischer und
Abel'scher Integrale. Das Abel'sche Theorem für einfache und Doppel-
integrale. Mathematische Annalen 34(1889), 473 - 493 (Wiederabdruck
aus den Berichten der Kgl. Sächs. Ges. d. Wiss., 1889).

[3]) Es handelt sich um die erste Arbeit MAX NOETHERs in den Annalen: Zur
Theorie des eindeutigen Entsprechens algebraischer Gebilde von beliebig vielen Dimensionen. Mathematische Annalen 2(1870), 293 - 316.

[4]) GEORG CANTOR regte die Gründung der Deutschen Mathematiker-Vereinigung (DMV) an, vgl. Abschnitt 4. der Einleitung. In Bremen fand 1890

die Jahresversammlung der Gesellschaft deutscher Naturforscher und
Ärzte statt. Die DMV wurde am 18. September 1890 als Vereinigung innerhalb und in Verbindung mit der Naturforschergesellschaft gegründet.

142. A. Mayer an F. Klein

Leipzig, 2. 11. 1889

Lieber Freund!

Daß Sie mit den Scheibner'schen Citaten u. Nicht-Citaten unzufrieden
sind, thut mir Leid. Kannten Sie dieselben denn aber nicht bereits aus
den Leipziger Berichten, oder hatte Ihnen Scheibner keine Separatabzüge zugeschickt? [1])

Was unter der geplanten engeren Vereinigung der deutschen Mathematiker
eigentlich zu verstehen ist, ist auch mir noch gänzlich dunkel u. ebenso sehe ich den Zweck des neu eingeführten Jahresbeitrags für die Naturforscherversammlungen nicht ein. Ich werde aber, wenn nichts dazwischen kommt, ganz gern nach Bremen gehen, wie ich denn auch schon sehr
gern nach Heidelberg [2]) gegangen wäre, wenn nicht mein Schwager Gericke
gerade am 20. Sept./ember7 seine silberne Hochzeit gefeiert hätte.

Von hier wird Ihnen schon Engel berichtet haben. Es geht alles seine
gewohnten Gleise fort, nur Lie macht mir Sorge. Er hält zwar seine Vorlesungen u. läßt auch durch Engel den 2. Band der Transformationsgruppen zu Ende bringen, ist aber nervös ganz herunter, sieht auch schlecht
aus, kommt nicht zum Kränzchen (welches Neumann wieder besucht) u. vertraut doch Keinem, außer vielleicht dem Arzte, dessen Namen ich aber
nicht weiß, den Grund seiner Nervosität an. Obgleich er mir zuerst u.
zwar damals unter dem Siegel tiefster Verschwiegenheit sein Herz ausgeschüttet hat, so habe ich doch nur erfahren, daß seine Verstimmung
nicht mit seinen Arbeiten zusammenhinge, sondern ursprünglich u. zwar
schon im Anfang der Ferien von Norwegischen Vorgängen herrühre. Sollte
vielleicht in Christiania eine Partei bestrebt sein, seine Professur
wieder zu besetzen u. ihm damit den Rückweg zu verlegen? /...7

Ihr A. Mayer

---

[1]) Vgl. Brief 141.

[2]) Im September 1889 fand die Jahresversammlung der Gesellschaft deutscher Naturforscher und Ärzte in Heidelberg statt, vgl. auch Brief
141, Anm. 4.

143. A. Mayer an F. Klein

Leipzig, 24. 11. 1889

Lieber Freund!

Meine Hoffnung, daß Lie's kräftige Natur sich bald wieder selbst halten werde, ist leider nicht in Erfüllung gegangen. Seine Neurasthenie hat sich vielmehr immer verschlimmert u. heute haben ihn Flechsig [1]) u. Dr. Sänger weggebracht nach einer Nervenheilanstalt bei Hannover. Ich habe ihn noch auf dem Bahnhof gesprochen, konnte aber, weil er gar so leise sprach, nur das Wenigste verstehen u. hierunter war, daß ich Sie von ihm grüßen sollte. Gebe Gott, daß er in der Anstalt baldige u. gründliche Heilung finden möge.

Mit herzlichen Grüßen

Ihr A. Mayer

------

[1]) PAUL FLECHSIG, bedeutender Psychiater und Neurologe, seit 1882 Direktor der neu errichteten Psychiatrischen und Nervenklinik in Leipzig.

144. F. Klein an A. Mayer

Göttingen, 25. 11. 1889

Lieber Freund!

Als ich heute früh nur erst das Couvert Ihres Briefes sah, ahnte mir nichts Gutes für Lie: ich war aber doch auf diese Wendung durchaus unvorbereitet. Lie ist mir immer so als "norwegische Urkraft" erschienen, dass ich nie gezweifelt hatte, er werde die grossen Anstrengungen, die er sich ja in der That aufgebürdet hatte, spielend überwinden. Er hat mir ja in den letzten zwei Jahren vielfach aufgeregt geschrieben (sein ständiger Aerger war Neumann) [1]), ich sah das aber mehr als eine zu seinem Wohlbefinden erforderliche Motion denn als Beginn irgend einer tiefer greifenden Störung an. Wenn es Ihnen möglich ist, theilen Sie mir bitte doch Genaueres mit: wie sich alles entwickelt hat, was die Aerzte sagen, ob sie ihn Beide begleitet haben, namentlich auch, wo Lie ist. Vielleicht gehts noch besser, als man zu hoffen wagt: Lipschitz z. B., der vor 2 Jahren ganz in derselben Lage war, hat sich wieder vollständig erholt.

Anbei wieder das Annalencircular, das ich heute früh von Dyck erhielt

und dem ich im Augenblicke nichts weiter hinzuzufügen habe, als dass
ich einen Wiederabdruck meines Erlanger Programms mit ergänzenden Bemerkungen plane.

Herzliche Grüsse von Ihrem

F. Klein

---

[1]) S. LIE hatte ähnliche Differenzen mit C. NEUMANN wie F. KLEIN, vgl.
Brief 110 und auch Brief 154.

145. F. Klein an A. Mayer

Göttingen, 26. 11. 1889

Lieber Freund!

Beiligenden Brief von A. R. Forsyth (Fellow of Trinity College, Cambridge, England) [1]) habe ich eben beantwortet; ich schicke ihn Ihnen
trotzdem, weil vielleicht Sie oder Engel in der Lage sind, ihm auszu-
helfen; ich zweifele nicht, daß F./orsyth/ sehr bereit sein würde, Exemplare der Lie'schen Schriften auch nur <u>geliehen</u> zu bekommen. [2])

Ich muß den ganzen Tag an Lie denken. Wenn er wieder gesund wird, glau-
ben Sie, daß er dann noch lange in Leipzig bleiben wird? - ob er sich
nicht dann nach der ruhigeren und freieren Existenz in seiner Heimath
unwiderstehlich zurücksehnt?

Viele Grüße

Ihr F. Klein.

---

[1]) Vgl. Brief 122, Anm. 1.

[2]) Zusatzbemerkungen auf dem Briefbogen (Handschrift von F. ENGEL):
"Ich glaube, dass nur die Abhandl. über part./ielle/ Diff/erential/-
gl/eichungen/ 2. O./rdnung/, Pfaffsches Problem, Flächen const/an-
ter/ Krümmung in Betracht kommen, die könnten Sie oder ich allen-
falls an Forsyth verleihen." ENGEL
Darunter Randbemerkung von A. MAYER:
"A. R. Forsyth hatte Lie gebeten, ihm von seinen Norwegischen Abhandlungen zu schicken, aber ohne Antwort." -
FORSYTH arbeitete an einem dreibändigen Werk zur Theorie der Differentialgleichungen, dessen erster Teil 1890 in Cambridge und 1893
in deutscher Übersetzung in Leipzig erschien.

146. A. Mayer an F. Klein

Leipzig, 27. 11. 1889

Lieber Freund!

Ihrem Wunsche, Näheres über Lie zu erfahren, komme ich um so lieber
nach, als von jetzt an Sie selbst sich, leichter sichere Nachrichten
werden verschaffen u. vielleicht auch Ihrerseits ihm nützlich sein können. Die Anstalt nämlich, Geh. San. Rath Dr. Wahrendorf, Ilten bei
Lehrte, in der Lie untergebracht ist, hat Flechsig ganz besonders deshalb gewählt, weil dieselbe von Ihrem Göttinger Psychiater, Meyer,
nicht nur warm empfohlen, sondern auch regelmäßig revidirt wird. Meyer
aber werden Sie ja leicht für Lie näher interessiren u. auf diesem Wege auch zuverlässige Berichte erhalten können.

Wann eigentlich die Nervenverstimmung angefangen hat, wird sich wohl
schwerlich genau feststellen lassen. Denn zuerst wird Lie auch seiner
Frau gegenüber nichts haben verlauten lassen. Diese hat seinen verän-
derten Zustand erst vor etwa 7 Wochen bemerkt, mir selbst hat er, wie
ich Ihnen wohl schon schrieb, ein weit früheres Datum angegeben /...7

Flechsig meint, daß Lie's hochgradige Neurasthenie hauptsächlich von
Heimweh u. Ueberarbeitung herrühre, wozu auch noch andere an sich ge-
ringfügigere Umstände z. B. Aerger über Neumann hinzugekommen sind
/...7

Hoffen wir, daß Lie ebenso wie Lipschitz, wieder vollständig hergestellt werden!

/...7

Mit besten Grüßen Ihr A. Mayer.

147. F. Klein an A. Mayer

Göttingen, 8. 2. 1890

Lieber Freund!

Beiliegend das neue Annalencircular. Haben Sie denn von Lie nichts gehört? Ich fragte neulich Ludwig Meyer; der aber wusste von der ganzen
Sache Nichts.

Beste Grüsse von Ihrem

F. Klein.

148. A. Mayer an F. Klein

/ohne Datum/

Lieber Freund! Mit L./ie/ ist es bis Mitte Januar recht hübsch vorwärts
gegangen, nur in der letzten Zeit gerade ist seine Stimmung wieder etwas gedrückter u. trüber geworden. Doch hofft Dr. W./ahrendorf/, von
dem ich am 28/1 einen Brief erhielt, daß die Besserung sich stetig
fortsetzen werde. Ich hatte von Flechsig verstanden, daß L./udwig/
M./eyer/ die Anstalt in regelmäßigen Zeiträumen revidire, u. glaubte
daher, daß Sie direkt von ihm Nachrichten würden erhalten können, sonst
hätte ich Ihnen schon früher darüber geschrieben.

Von Peano habe ich eine wunderbare Note: "Sur une courbe, qui remplit
toute une aire plane" erhalten [1]), wegen derer ich aber noch um einen
Zusatz gebeten habe, der das Verhältniß zu Cantor, Crelle J. 84 klar
stellen soll.

Mit herzlichen Grüßen   Ihr A. Mayer.

[1]) Diese Arbeit erschien in Mathematischen Annalen 36(1890), 157 - 160.
Vgl. auch: TEUBNER-ARCHIV zur Mathematik, Bd. 13 (1990).

149. F. Klein an A. Mayer

Göttingen, 9. 2. 1890

L. Fr. Ich habe mich, nachdem Schwarz abgelehnt hat, uns behilflich zu
sein, und Weierstraß nach einem an Dyck gerichteten Briefe augenblicklich jedenfalls nicht in der Lage ist, uns ausführlicher Auskunft zu
geben, wohl oder übel nun doch entschlossen, der Scheeffer'schen Arbeit lieber keine Bemerkungen zuzufügen und sende Ihnen dementsprechend
den betr. Bogen ohne solche zu. [1])

Beste Grüsse von Ihrem

F. Klein.

[1]) Hieraus geht hervor, daß beim Wiederabdruck der Arbeit von L.
SCHEEFFER (vgl. Brief 111, Anm. 2) vorgesehen war, das Verhältnis
der Scheefferschen Arbeit zu den Ergebnissen von WEIERSTRASS darzulegen. Diese bereits 1886 diskutierte Absicht (vgl. Brief 115)
wurde nicht realisiert.

150. F. Klein an A. Mayer

Göttingen, 28. 2. 1890

Lieber Freund!

Nachdem Scheffers [1]) bei Ihnen promovirt, hielt ich es für zweckmäßig, ihn nach Göttingen einzuladen: er kann hier wirklich eben nun viel lernen, weil ich jetzt mit ausführlichen Vorlesungen über Poincaré und Genossen beginne [2]), - andererseits ist mir jeder ordentliche Zuhörer, der herkommt, bei der geringen Zahl, die wir nur noch haben, doppelt erwünscht. Nun bekomme ich von ihm beiliegende Antwort. Könnte man denn da nicht durch Albrecht-Stiftung [3]) oder Kregel-Sternbach [4]) Abhilfe schaffen?

Beste Grüsse von Ihrem

F. Klein

---

[1]) GEORG SCHEFFERS war Schüler von SOPHUS LIE und gab seit 1891 eine Reihe Vorlesungen von LIE.heraus.

[2]) Es handelt sich um die dreisemestrige Vorlesung über hypergeometrische Funktionen und lineare Differentialgleichungen zweiter Ordnung (SS 1890 bis Herbst 1891). Vgl. dazu [52, Bd. 3, S. 740].

[3]) Siehe Brief 127, Anm. 2.

[4]) KARL FRIEDRICH KREGEL VON STERNBACH, Kurfürstl. Sächs. wirkl. Land-Kammerrat, stiftete gemäß Testament vom 17. Juni 1789 für Bibliothek, Sternwarte und Studenten der Leipziger Universität 5000 Taler.

151. A. Mayer an F. Klein

Leipzig, 1. 3. 1890

Lieber Freund!

Ihrem Wunsche, daß gerade Scheffers nach Göttingen kommen möchte, steht meiner Ansicht nach ein sehr gewichtiges Bedenken entgegen, u. ich bin verwundert, daß Scheffers selbst in dem wieder beigelegten Briefe dies gar nicht berührt u., wie es scheint, auch Engel, der eben heute wieder in Dresden eine 8-wöchentliche Uebung antritt, nichts davon erwähnt hat. Ich meine die Stellung von Scheffers zu Lie u. als Bibliothekar der Seminarbibliothek. Als solcher hat Scheffers, wenn ich nicht irre, 300 M. Remuneration, u. diese wird er auch sicher behalten, solange er nicht durch Anstellung außerhalb Leipzigs zur Aufgabe dieses Postens gezwungen ist. Denn Lie hält große Stücke auf ihn u. wird ihn nur ungern verlieren. Nun würde ja wohl Lie namentlich, wenn er fühlen sollte,

daß er doch noch den nächsten Sommer ganz seiner Gesundheit leben müsse, damit einverstanden sein, die Bibliothekarstelle interimistisch einem anderen zu übertragen, um Scheffers nach der Rückkehr von Göttingen
wieder darin einrücken zu lassen. Aber mit dieser Frage darf entschieden Lie jetzt noch nicht behelligt werden, u. ohne ausdrückliche Zustimmung von Lie's Seite Scheffers zum Weggehen zu animiren, scheint
mir einmal für Scheffers sehr prekär und andererseits nicht gerade
hübsch gegen Lie gehandelt. Ich bedaure daher, Ihren Wunsch augenblicklich wenigstens nicht unterstützen zu können. Will es Engel thun, der
als officieller Stellvertreter des Direktors unserer beiden mathematischen Institute jedenfalls in dieser Angelegenheit besonders befragt
werden muß, so ist das seine Sache.

/.../

Ihr A. Mayer.

152. F. Klein an A. Mayer

Göttingen, 7. 3. 1890

Lieber Freund!

Anbei das neue Annalencircular. Wollen Sie dasselbe, dem Wunsche von
Dyck entsprechend, bitte fortan an Gordan weitergeben lassen, den Sie
ja mit ein paar Worten instruieren können, dass er die Sachen schliesslich wieder an Dyck zurückgelangen lässt.

Warum ich gerade an Scheffers gedacht hatte? - weil ich in der That
glaube, dass eben nun für ihn die Zeit da ist, wo er auf ein, zwei Semester von Leipzig fortgehen sollte. Er hat seine regulären Studien bei
Ihnen beendet und denkt, wenn ich nicht irre, an spätere Habilitation,
natürlich in Leipzig. Da sollte er doch zwischendurch etwas andere Ein-
drücke sammeln. Seine späteren Arbeiten werden Ihnen und auch Lie
selbst dadurch nur eine um so werthvollere Unterstützung werden. Den
Bibliothekarposten hatte ich allerdings nicht in Anschlag gebracht;
aber ist es denn wirklich misslich, denselben zeitweise einem anderen
Candidaten zu überweisen? Die Frage scheint mir immer, ob Geldmittel
für Scheffers flüssig gemacht werden können oder nicht. Nun jetzt die
Sitzung der Albrechtstiftung bereits gewesen ist, wird sich ja wohl
Nichts vor dem Herbst machen lassen. Aber wenn bis dahin nicht andere
Combinationen auftauchen, die wesentlicher scheinen, dann möchte ich
Sie in der That bitten, doch den Fall Scheffers im Auge zu behalten. [1]
Beste Grüsse von Ihrem

F. Klein.

^{1}) KLEIN erreichte nicht, daß SCHEFFERS nach Göttingen kam.

153. F. Klein an A. Mayer

Göttingen, 11. 5. 1890

L. Freund! Beiligend wieder einmal das Annalencircular. Hier nichts
Neues. Was macht denn Lie? Ist irgendwelche bestimmte Aussicht über
Weiterentwicklung seines Befindens zu hegen? - Nach Bremen will ich jedenfalls gehen, ohne mich darum für das Cantor'sche Project unbedingt
zu engagiren. ^{1}) - Das Circular schicken Sie wohl wieder an Gordan?

Ihr F. Klein.

^{1}) Vgl. Brief 141, Anm. 4.

154. A. Mayer an F. Klein

Leipzig, 8. 8. 1890

Lieber Freund!
/.../
Ich bin mit Ihnen ganz einverstanden, daß es für Scheffers sehr werthvoll wäre, wenn er auf ein Paar Semester zu Ihnen nach Göttingen gehen
könnte; nur meine ich, daß diese Sache ruhen muß, bis darüber mit Lie
verhandelt werden kann. Auch Lie selbst hat mir davon gesprochen, daß
es ganz wünschenswerth wäre, wenn Scheffers sich hier habilitirte, doch
dachte er sich, wenn ich nicht irre, die Sache so, daß erst Engel eine
feste Anstellung haben müsse, damit Scheffers in die Engel'sche Assistentenstelle einrücken könnte. Ohne die betreffenden 900 M. scheint es
mir einigermaßen prekär, Scheffer's zur Habilitation besonders animiren
zu wollen. Uebrigens hat Neumann u. a. Lie auch besonders dadurch geär-
gert ^{1}), daß er Scheffers brieflich aufforderte, an seinen Uebungen
Theil zu nehmen, eine Aufforderung, die Scheffers abgelehnt hat. Zunächst ist für uns hier die Hauptsorge immer die, wie lange Lie noch
zur völligen Herstellung brauchen wird. Ist diese aber entschieden u.
stimmt, was ich nicht bezweifle, Lie Ihrem Plane zu, so werden wir gern
dahin zu wirken suchen, daß Scheffers die nöthigen Geldmittel zur Verfügung gestellt werden.

Mit herzlichen Grüßen

Ihr A. Mayer.

^{1}) Vgl. auch Brief 144.

155. A. Mayer an F. Klein

Abtnaundorf, 20. 8. 1890

Lieber Freund!

Besten Dank für Ihren Brief! Auch ich gedenke spätestens den 14. in Bremen einzutreffen u. bin mit Ihren Vorschlägen ganz einverstanden, sonst aber noch sehr im Unklaren darüber, was eigentlich die Unterzeichner des Heidelberger Protokolls [1]) wollen. Den seltsamen Briefwechsel mit Cantor habe ich an Dyck zurückgeschickt und bin endlich mit einer kurzen Berichtigung zu meinem Aufsatze in Bd. XXII fertig geworden, welche auf das meines Wissens noch nirgends bemerkte, eigenthümliche Verhalten der vollständigen Lösungen gewöhnlicher Dffgl. aufmerksam machen soll, wonach es z. B. für eine Dffgl. $y' = \phi(x,y)$ selbst dann, wenn ϕ eine eindeutige Funktion der beiden reellen Variablen x u. y ist, neben den Wurzeln c der Gleichung $\frac{\partial \phi}{\partial c} = 0$ noch unendlich viele andere, <u>von x abhängige</u> reelle Werthe der willkürlichen Constanten c geben kann, welche die vollständige Lösung $y = \phi(x,c)$ wiederum in eine Lösung überführen. [2])

Daß Sie vielleicht noch an die Ostsee gehen, nimmt mich einigermaßen Wunder, da Ihnen doch die Nordsee soviel näher liegt. Haben Sie etwa Briefe von Lie? Ich fand ihn in Leipzig recht gut und würde ihn für ganz geheilt gehalten haben, wenn er nicht immer noch das Gegentheil behauptet hätte, habe aber seit seiner Abreise nach Berga nichts von ihm gehört.

Mit herzlichen Grüßen u. in der Hoffnung auf frohes Wiedersehen in Bremen

Ihr A. Mayer.

---

[1]) Auf der Naturforscherversammlung, die im September 1889 in Heidelberg stattfand, unterzeichneten 20 Mathematiker ein Zirkular ("Heidelberger Aufruf") mit dem Ziel, eine engere Vereinigung der deutschen Mathematiker zu gründen, vgl. [33, S. 26].

[2]) Vgl. MAYER, A.: Zur Theorie der vollständigen Lösungen der Differentialgleichungen erster Ordnung zwischen zwei Variablen. Mathematische Annalen 37 (1890), 399 -403.

156. F. Klein an A. Mayer

Göttingen, 23. 11. 1890

L. Fr. Indem ich Ihnen den Empfang der Réthy'schen Arbeit [1] bestätige
(der ich übrigens mit einigem Misstrauen entgegentrete) muß ich Ihnen
doch meine ganz besondere Freude über die guten Nachrichten aussprechen, die Sie mir über Lie's Befinden geben: ich würde ein schwere,
drückende Sorge los, wenn sich nun Alles wieder günstig weiterentwik-
keln sollte.

Beste Grüsse

Ihr F. Klein.

[1] Es war die erste Annalen-Arbeit (von insgesamt zehn) des ungarischen
Mathematikers MORITZ RÉTHY: Endlich gleiche Flächen. Mathematische
Annalen 38(1891), 405 - 428. RÉTHY hatte 1874 in Heidelberg bei L.
KÖNIGSBERGER promoviert, erhielt im gleichen Jahr eine Professur für
mathematische Physik an der Universität Klausenburg und wirkte seit
1886 am Polytechnikum in Budapest, zunächst als Professor der Mathematik, seit 1891 als o. Professor der Mechanik, vgl. auch Brief 186.

157. F. Klein an A. Mayer

Göttingen, 13. 12. 1890

Lieber Freund!

Beiliegend

    1) das von Dyck übersandte Annalencircular,

    2) eine Arbeit von Guldberg, um deren Begutachtung ich Sie bitten
möchte: Können Sie sie nicht brauchen, schicken Sie dieselbe unmittelbar an den Verfasser zurück, der früher einmal mein Zuhörer war, mit
dem ich aber sonst keine directen Beziehungen unterhalte. [1]

Guccia in Palermo [2] hat sich jetzt mit der Bitte um Austausch an Teubner selbst gewandt, der der Sache geneigt ist. Auch Dyck, an den ich
mich darum zunächst wandte, befürwortet den Austausch; desgleichen Nöther in einem besonderen Briefe. Unter diesen Umständen werden wir
wohl unseren alten Widerspruch [3] zurückziehen (ohne darum den bestehenden Austausch der Rendiconti mit den sächsischen Berichten oder den
Göttinger Nachrichten rückgängig machen zu wollen). Das solchergestalt
uns zukommende neue Exemplar der Rendiconti würde ich vorschlagen, Dyck
zuzustellen. Wenn Sie dem beistimmen, so möchte ich Sie bitten, Teubner entsprechend zu benachrichtigen; den Band der Rendiconti, den mir

Teubner zuschickte, werde ich dann baldigst an Dyck weiter gehen lassen.

Ich möchte mir bei der Gelegenheit gern einmal wieder eine Generalüber-
sicht über unseren Tauschverkehr, bez. über die Freiexemplare, welche
die Redaction versendet, gewinnen. Es liegen ja namentlich wohl in letzterer Hinsicht Misslichkeiten vor, indem einige Autoren, denen wir fortgesetzt die Freiexemplare zusenden, schon seit Jahren passiv geworden
sind, andere aber, die eifrig mitarbeiten (Hurwitz, Pringsheim [4]) u.A.),
die wir sogar zur Begutachtung von Arbeiten immer wieder heranziehen,
leer ausgehen. Nun wird es ja wahrscheinlich schwierig sein, in dieser
Hinsicht eine Aenderung herbeizuführen; immer möchte ich aber gerne genau wissen, wie wir eigentlich stehen. Wenn es Ihnen nicht zu viel Mühe
macht und Sie setzen sich doch wegen der Rendiconti mit Teubner in Verbindung, so interpelliren Sie ihn vielleicht auch gleich hierüber; andernfalls schreibe ich an Teubner direct.

Ein anderer Punct, der mir immer wieder Schwierigkeiten verursacht, ist
der Druck der Dissertationen. Wir Anderen halten ja wohl consequent daran fest (ganz singuläre Ausnahmefälle abgerechnet, in denen das Interesse der Annalen selbst eine Abweichung zu erfordern scheint), dass keine Dissertationen in die Annalen kommen. [5]) Ich habe in dieser Hinsicht
in den letzten Jahren nur Lie gegenüber eine Ausnahme gemacht, dessen
steigende Empfindlichkeit ich fürchtete. Lie selbst hat in dieser Hinsicht ja wohl neuerdings den Ausweg ergriffen, in den Acta Mathematica
drucken zu lassen. Ich möchte Sie bitten, ihn doch ja darin zu bestär-
ken. Es ist in der That zu prekär, wenn mich hinterher z. B. Nöther interpellirt, ob denn die Leipziger Dissertationen so sehr viel besser
als die Erlanger sind. Ich komme heute auf diese Sache, weil ich eben
wieder eine Göttinger Dissertation abgewiesen habe (die unter Schwarz'
Einfluß gearbeitet ist) andererseits Zorawski eben seine Arbeit nach
Leipzig geschickt hat. Ich habe mit Zorawski (der einen recht tüchtigen
Eindruck macht; er muß nur noch mehr auftauen) offen über die Sachlage
gesprochen und war dann allerdings sehr erfreut, als er mit sagte, dass
Lie ihm auch schon Publication in den Acta in Aussicht gestellt habe. [6])

In der Zeitung las ich mit vieler Theilnahme dass Credner [7]) gefährlich
gestürzt sei. Wie geht es ihm? wie Lie? Wie sieht es überhaupt in Leipzig aus?

Mit den besten Grüssen zum Feste

Ihr Felix Klein.

---

[1]) In den Annalen erschien keine Arbeit von GULDBERG. Gemeint ist wahrscheinlich der schwedische Mathematiker ALF GULDBERG.

[2]) GIOVANNI GUCCIA gründete 1884 den "Circolo Matematico di Palermo",

war Mitredakteur des "Repertorio bibliograf. delle Scienze mathema-
tiche" und redigierte die "Rendiconti des Circolo Matematico".

[3]) Vgl. Brief 139.

[4]) ALFRED PRINGSHEIM wirkte nach seiner Promotion 1872 in Heidelberg,
seit 1877 ständig an der Universität München, zunächst als Dozent,
seit 1886 als a.o. Professor, von 1901 bis 1922 als o. Professor der
Mathematik, vgl. auch Abschnitte 6. und 7. der Einleitung.

[5]) In den ersten Jahren der Annalen galt dieses Prinzip offensichtlich
nicht. Allein von KLEINs Schülern erschienen 1873 bis 1875 vier Dissertationen. Später gestattete er Ausnahmen bei J. GIERSTER (1881),
A. HURWITZ (1881), E. RITTER (1892) und F. SCHILLING (1894).

[6]) Der polnische Mathematiker KASIMIR ZORAWSKI studierte von 1884 bis
1892 an den Universitäten Warschau, Leipzig und Göttingen und promovierte 1892 bei S. LIE. In den Annalen publizierte er nicht. Seine erste Veröffentlichung in den "Acta mathematica" (Bd. 16, 1892)
befaßte sich mit Anwendungen der Lie'schen Gruppentheorie.

[7]) Vgl. Brief 89, Anm. 2.

158. F. Klein an A. Mayer

Göttingen, 16. 1. 1891

Lieber Freund!

Heute früh erhielt ich mit bestem Dank 345 M. 40 für Bd. 37 der math.
Annalen.

Schrieb ich Ihnen doch neulich schon, dass ich nach Einrichtung des
Austausches mit Palermo [1]) an Teubner wegen Austausch mit der Moskauer
Gesellschaft berichten wollte (zu der ich neuerdings durch Nekrassoff[2])
mannigfache Beziehungspuncte habe)? Ich habe dies inzwischen ausgeführt
und bin sehr erfreut darüber, dass Teubner auch hierauf eingegangen
ist: ich glaube bis zu einem gewissen Maasse an die Zukunft der russischen Mathematik und meine, dass es jetzt zeitgemäss ist, Fühlung mit
derselben zu suchen.

Sonntag habe ich einen längeren Brief meinerseits an Lie geschrieben,
um zu hören, ob ihm ein Besuch meinerseits in Leipzig während der
Osterferien nicht direct unerwünscht sein würde. Es gibt in der That
allerlei Gründe, wesshalb ich Ostern, d. h. erst nach dem Fest (vorher
bin ich durch Otto's Confirmation aufgehalten) auf einige Tage nach
Leipzig kommen möchte: einmal allerlei Geschäftliches, was sich hier
im kleinen Orte nur schlecht besorgt, dann in der That der Wunsch, wieder dem Lie'schen Ideenkreise näher zu treten (wozu ich besonders auf
die Mithülfe von Engel rechne), dann aber vor allen Dingen auch die Absicht in Leipzig nicht ganz fremd zu werden und von all' dem Neuen, was
da in den letzten Jahren entstanden ist, Kenntniss zu nehmen. Es war ja
in meinem speciellen Falle durchaus vernünftig, als ich vor 5 Jahren

nach Göttingen ging, aber ich fühle doch mehr als je, dass ich Vieles
aufgegeben habe und dass ich mich wieder einmal bei Ihnen sehen lassen
muß, wenn ich nicht viele Beziehungen, die mir werthvoll sind, auf die
Dauer verlieren soll.

Mit herzlichen Grüssen

Ihr F. Klein

---

[1]) Vgl. Brief 157.

[2]) Der russische Mathematiker PAVEL ALEKSEEVIČ NEKRASOV setzte sich
ausführlich mit unzulänglichen Arbeiten von LAZARUS FUCHS auseinander, vgl. NEKRASSOFF, P. A.: Über den Fuchs'schen Grenzkreis.
Mathematische Annalen 38(1891), 82 - 90. Das kam KLEIN sicher
nicht ungelegen, vgl. Brief 82. NEKRASOV befaßte sich außerdem
mit hypergeometrischen Funktionen und der Theorie linearer Differentialgleichungen, korrespondierte darüber mit KLEIN, der zu
dieser Zeit eine entsprechende Vorlesungsreihe hielt, vgl. Brief
150, Anm. 2. - NEKRASSOFF, P. A.: Über lineare Differentialgleichungen, welche mittelst bestimmter Integrale integriert werden. Mathematische Annalen 38(1891), 509 - 560.

159. F. Klein an A. Mayer

Göttingen, 15. 2. 1891

Lieber Freund!

Mit Hilfe von Zorawski [1]) habe ich ein Register der Moskauer Gesellschaft hergestellt, das ich Ihnen hier beiliegend zusammen mit einer
Liste mathematisch-russischer Adressen zur gef. Kenntnißnahme zustelle.
Wünschen Sie irgendwelche der betr. Arbeiten zu sehen, schicke ich Ihnen dieselben natürlich umgehend zu. Inzwischen glaube ich, dass ein
anderes Verfahren bessere Resultate ergibt: dass wir nämlich diejenigen russischen Mathematiker, denen wir wirkliches Interesse entgegen-
bringen, um Referate über ihre Arbeiten für die Annalen bitten. Ich
selbst stehe in dieser Hinsicht jetzt in lebhafter Verbindung mit Nekrassoff, dem ich noch eben betreffs seiner neuesten Zusendung (Integration linerarer Diffglch. durch bestimmte Integrale) einen langen
Brief geschrieben habe. [2]) Könnten Sie nicht beispielsweise Hrn. Maximowitsch um ein solches Referat ersuchen? Das Original seiner Abhandlung (auf die Sie neuerdings Bezug nehmen) dürfte in den Schriften der
Universität Kasan zu suchen sein und ist da in der That so gut wie un-
zugänglich. Nach Zorawski's Liste ist Maximowitsch z. Z. Professor a.
d. Universität Kiew. [3]) -

Unterdessen rückt der Plan meiner Leipziger Reise der Verwirklichung
immer näher. Ich hoffe in der That gleich zu Anfang der Ferien, d.h.

in etwa 3 Wochen hier fort zu können. Meine Frau, die nur ein paar Tage wegbleiben kann, wird bei Hankel wohnen. Ich selbst dachte etwa 8
Tage bei Ihnen zu sein und suche für die Zeit Privatquartier. Könnte
mir in letzterer Hinsicht vielleicht Engel oder Scheffers oder sonst
Jemand unter Ihrer Oberdirection behülflich sein? /.../

His' Denkschrift, die ich gestern erhielt hat mir viele Freude gemacht;
ich rechne darauf, nächstens mit ihm darüber ausführlich zu handeln. [4]

Beste Grüsse von Ihrem

F. Klein.

---

[1]) Vgl. Brief 157, Anm. 5.

[2]) Vgl. Brief 158, Anm. 2.

[3]) VLADIMIR PAVLOVIČ MAKSIMOVIČ promovierte 1879 in Paris und wirkte
seit 1882 als Professor an der Universität Kazan, später an der Universität in Kiev. Er war bereits am 17. Oktober 1889 in Petersburg
verstorben, so daß ein Referat für die Annalen aus seiner Feder
nicht mehr möglich war. - A. MAYER bezog sich in seiner Abhandlung
"Allgemeine integrirbare Formen von Differentialgleichungen erster
Ordnung und ihre Kriterien" (In: Berichte über die Verhandlungen
der Kgl. Sächs. Ges. d. Wiss. zu Leipzig, Math.-physische Classe
42(1890), 491 - 524) auf MAKSIMOVIČ.

[4]) Der Leipziger Anatom WILHELM HIS wirkte führend an der Reorganisa-
tion der Gesellschaft deutscher Naturforscher und Ärzte. Vgl. DEGEN,
H.: Krise und Wandlung der GDNÄ 1886 - 1891. Naturwissenschaftliche
Rundschau 11(1958)9, 327 - 337.

160. A. Mayer an F. Klein

Leipzig, 17. 2. 1891

Lieber Freund!

Besten Dank für das Register der Moskauer mathem./atischen/ Sammlung [1]
u. die Adressen der russischen Mathematiker! Die letzteren habe ich mir
abgeschrieben u. im ersteren Manches gefunden, was wohl recht interessant sein könnte. Mit den Originalabhandlungen selbst würde mir aber
nicht gedient sein, da ich nicht wohl Engel [2] zumuthen kann, sie für
mich zu studiren u. mir dann darüber zu referiren. Und andererseits
kann man um Referate für die Annalen doch nur dann bitten, wenn man
schon sicher ist, daß in den betreffenden Arbeiten wichtige Sachen stehen. Wir sind übrigens schon einmal mit einer solchen Bitte hereinge-
fallen, statt des gewünschten Referats über seine Arbeiten im Gebiete
der partiellen Differentialgleichungen schickte uns Sonine damals jenen
Aufsatz über Bessel'sche Funktionen, der, wie sich nachträglich heraus-
stellte, verwünscht wenig Neues enthielt. [3] An Maximowitsch habe ich
bereits selbst gedacht; ich glaube nur seine Arbeit ist eine solche,

die in extenso gebracht werden müßte. Denn das Wichtige an ihr liegt
nicht im Resultate, das ich, schon bevor ich durch die F./ortschritte7
d./er7 M./athematik7 auf die Arbeit aufmerksam wurde, als selbstverständlich angenommen hatte, sondern ausschließlich in dem strengen Beweise des Satzes. Aus den Angaben in den F./ortschritten7 d./er7 M./a-
thematik7 sowie in den C./ompte7 R./endus7 ist aber über die Länge der
Abhandlung absolut nichts zu ersehen. [4]

Es freut mich, daß der Plan Ihres Besuches in Leipzig immer festere
Gestalt annimmt /...7

                                                        Ihr A. Mayer.

---

[1] Die "Mathematische Sammlung" war die Zeitschrift der Moskauer Mathematischen Gesellschaft. Bis 1890 waren 14 Bände dieser Zeitschrift
erschienen.

[2] FRIEDRICH ENGEL beherrschte die russische Sprache gut. Er übersetzte Arbeiten von N. J. LOBAČEVSKIJ und auch Arbeiten für die Annalen,
vgl. SONINE, N.: Über die Integration der partiellen Differentialgleichungen zweiter Ordnung. Mathematische Annalen $\underline{49}$(1897), 417 -
447.

[3] Es war die erste, von EUGEN LOMMEL durchgesehene (vgl. Brief 57) Arbeit von N. J. SONIN in den Annalen: Recherches sur les fonctions
cylindriques et le devêloppement des fonctions continues en séries.
Mathematische Annalen $\underline{16}$(1880), 1 - 80.

[4] Vgl. Referat zu W. P. MAXIMOWITSCH: Die Auffindung der allgemeinen
Differentialgleichungen erster Ordnung, die sich in endlicher Form
integrieren lassen, und der Beweis der Unmöglichkeit einer solchen
Integration für die allgemeine lineare Gleichung zweiter Ordnung.
Jahrbuch über die Fortschritte der Mathematik $\underline{17}$(1885), 305 - 309.

161. F. Klein an A. Mayer

                                                Göttingen, 18. 3. 1891

Lieber Freund!

Beiliegend übersende ich Ihnen versprochenermaassen das Mechanikheft [1],
nicht ohne eine gewisse Scheu, in Anbetracht der vielen Unvollkommen-
heiten, deren ich mir bewusst bin. Ich hatte Zuhörer der verschiedensten Bildungsstufen vor mir und habe, indem ich Allen etwas bieten
wollte, das unmittelbare Bedürfniss der Anfänger jedenfalls zu wenig
berücksichtigt. Dann wieder hat sich die Schraubentheorie breiter ge-
staltet, als mir selber recht ist etc. etc. - Aber wie Dem auch sei,
schreiben Sie mir bitte ausführlich die Bemerkungen, die Sie zu machen
haben; denn Das ist ja allein, was fördern kann. -

Meine Frau und ich sind sehr befriedigt von Leipzig zurückgekommen und

gedenken mit Dankbarkeit der freundlichen Aufnahme, die uns von allen
Seiten zu Theil wurde.

Samstag hatte ich noch ausführliches Gespräch mit Engel, über welches
Ihnen derselbe vermuthlich schon berichtet haben wird. E./ngel/ hat
vielleicht etwas viel Dauer-Verpflichtungen übernommen. Lie drängt,
dass er Bd. 3 rascher fertig machen soll. [2]) Ich wieder finde, dass er
nicht so ausschliesslich unter Leipziger Perspective arbeiten sollte
(sit venia verba). Er urtheilte z. B. mir gegenüber über Leute wie Forsyth [3]) und Vater Salmon [4]) in so einseitig wegwerfender Weise, dass
ich ganz erschreckt war. In seinem eigensten Interesse scheint mir gelegen, dass er bald etwas Grösseres in den Annalen publicirt (also über
das Pfaff'sche Problem etwa); er bleibt sonst nach aussen hin so gut
wie unbekannt und das ist doch keine richtige Politik. - [5])

Von all den Plänen, die ich mit Lie erwogen, insbesondere von der Absicht, dessen ältere Noten, die nicht weiter ausgeführt sind, jetzt zu-
sammenhängend mit geeigneten Bemerkungen in den Annalen zu publiciren,
wird Ihnen Lie erzählt haben. Von einem solchen Wiederabdruck verspre-
che ich mir Günstiges in doppelter Hinsicht: das math. Publicum wird
sich freuen, diese bisher nur mangelhaft zugänglichen Dinge zu besitzen, und für Lie selbst wird die Zusammenstellung für den Druck, wie
ich hoffe, eine gute Ablenkung von seinen trüben Gedanken bilden. [6])

                    Beste Grüsse von Haus zu Haus

                                                Ihr

                                                    F. Klein.

---

[1]) KLEIN sandte MAYER die Ausarbeitung seiner vierstündigen Vorlesung
Mechanik I, welche er im WS 1890/91 gehalten hatte. Mit dem Ziel,
die Anwendungen der Mathematik zu fördern, wandte sich KLEIN seit
seiner Tätigkeit in Göttingen entsprechenden Fragen stärker zu. Bereits im WS 1886/87 und im SS 1887 hatte er über Mechanik gelesen
und im SS 1887 ein erstes Seminar über Kreiseltheorie abgehalten.

[2]) Unter Mitwirkung von ENGEL erschienen von 1888 bis 1893 drei Bände
von S. LIE "Theorie der Transformations-Gruppen" [69].

[3]) Vgl. Briefe 122 und 145.

[4]) Die Lehrbücher des englischen Mathematikers GEORGE SALMON (in deut-
scher Übersetzung und Bearbeitung durch WILHELM FIEDLER) hatten
KLEIN 1869 geholfen, in die Theorie der projektiven Maßbestimmung
A. CAYLEYS einzudringen.

[5]) ENGEL publizierte nur drei Arbeiten in den Annalen. Die Anregung von
KLEIN wurde nicht erfüllt. Die Mehrzahl der eigenen Ergebnisse ver-
öffentlichte ENGEL in den weniger verbreiteten Berichten über die
Verhandlungen der Kgl. Sächs. Ges. d. Wiss.

[6]) Dieser Plan KLEINs wurde nicht realisiert, vgl. Abschnitt 3. der
Einleitung.

162. F.Klein an A.Mayer

Göttingen, 1. 4. 1891

Lieber Freund!

Ein paar Worte muß ich doch zur Vertheidigung meiner Vorlesung über Mechanik sagen. Ich könnte mich ja bis zu einem gewissen Grade auf die parallellaufenden Vorlesungen meiner Göttinger Collegen, besonders von Voigt [1]), berufen, die den Gegenstand nach anderer Seite ausführen; ich könnte ferner hervorheben, dass die grosse Mehrzahl meiner Zuhörer aus älteren Herren bestand. [2]) Aber die Hauptsache ist doch, dass es sich nicht um eine normale Vorlesung sondern um ein erstmaliges Unternehmen handelte, welches ich von Woche zu Woche weiterführte ohne eine ganz bindende Disposition zu haben. Da habe ich denn Vieles gar nicht berührt, was mir selbst sehr wesentlich ist (z. B. eine ausführliche Theorie der Relativbewegung), Anderes aber auch gar nicht gekannt, z. B. alle die Schriften von Ampère, Fourier, Ostrogradski, die Sie citiren. Insbesondere habe ich, was ich doch hervorheben muß, Helmholtz' Artikel aus den Berliner Sitzungsberichten nie direct zu Gesicht bekommen und darum erst in Leipzig begriffen, dass da zwischen Ihnen und H.⎣elmholtz⎦ ein bestimmter Gegensatz besteht. Aber eben diese Theile der Literatur, die mir seither so sehr fern liegen, muß ich natürlich auch mustern und ich bin Ihnen für jeden Hinweis darauf dankbar. [x]/ So will ich Sie dann gleich bitten, wenn anders meine Sommervorlesung über die Integration der mechanischen Differentialgleichungen nicht ganz missräth, doch später auch deren Ausarbeitung durchsehen und mir darüber ausführlich schreiben zu wollen. Ich hoffe immer sehr, dass ich doch noch eines Tages dazu komme, auf dem Gebiete der Mechanik selbständig zu arbeiten. Aber der Weg ist, wenn man erst in späteren Jahren beginnt, recht lang. Alle die Vorlesungen über math. Physik [3]), die ich in den letzten 3 Jahren hielt, könnten in demselben Sinne nur als Vorbereitung angesehen werden. Hiermit verbindet sich mir denn das Studium der Differentialgleichungen, zunächst der linearen; ich gehe da natürlich auch von ganz anderen Ansätzen aus, wie Sie; aber ich hatte schon neulich in Leipzig die Empfindung, dass auch da directe Bezugnahme zwischen Ihnen und mir nur eine Frage der Zeit ist.

Mit der Bitte mich allseitig bestens empfehlen zu wollen

Ihr

F. Klein

[x]/ ⎣Anmerkung, die KLEIN anfügte:⎦ Beiläufig: Wo steht doch der Artikel

von Rodrigues [4]) über das Princip der kl./einsten/ Wirkung, von dem
Sie erzählten.

---

[1]) WOLDEMAR VOIGT war seit 1883 o. Professor der Physik an der Universität Göttingen. Vgl. sein Buch: Elementare Mechanik, Leipzig 1889.

[2]) KLEIN hatte bei seiner Mechanik-Vorlesung im WS 1890/91 21 Zuhörer,
darunter P. FURTWÄNGLER, E. GROSSMANN, E. VAN VLECK.

[3]) Im WS 1888/89 und SS 1889 las KLEIN über partielle Differentialgleichungen der Physik, und im WS 1889/90 hielt er ein entsprechendes
Seminar.

[4]) JOSÉ MANOEL RODRIGUES war Offizier der portugiesischen Artillerie.
Vgl. J. C. POGGENDORFF's biographisch-literarisches Handwörterbuch,
Bd. III, Leipzig 1898, S. 1131.

163. F. Klein an A. Mayer

4. 4. 1891

Lieber Freund!

Ihre Angaben sind mir in der That aeusserst werthvoll; ich kannte bisher nicht nur nicht die in Betracht kommenden Citate sondern habe über
die Fragestellungen selbst kaum nachgedacht. Was Schraubentheorie angeht, so ist auch meine Meinung, dass man die Sache übertrieben hat
(Gravelius, Budde [1])). Es gibt aber auch Fälle, wo sie nothwendig ist,
weil die Zerlegung in blosse Translationen und blosse Rotationen un-
statthaft ist. Das ist z. B. so bei einem Körper, der durch 1, 2, ..
Bedingungen allgemeiner Art in seiner Beweglichkeit gehemmt ist, oder
auch bei einem freien Körper in einer Flüssigkeit. Für letzteren Fall
ist mir immer der Ansatz bei _Lamb_ (London Mathematical Society 1877)
besonders bemerkenswerth geschienen. [2]) -

Nun nun noch 2 Fragen:

1) Welche Abhandlungen empfehlen Sie zum Studium der neulich berührten
Relativbewegung an der Erdoberfläche? Mir ist _Gilberts_ Darstellung in
den Annales de la Société scientifique de Bruxelles, Jahrgang 1883,
sehr nützlich geschienen. [3])

2) In der Mitgliederliste unserer math. Vereinigung vermisse ich die
Namen von _Bruns_ und _Lie_, die doch jedenfalls Beide gern beitreten; würden Sie nicht bei Gelegenheit den da nöthigen Impuls in geeigneter Form
ertheilen wollen? Je mehr Fortschritte später das zweite Mitgliederver-
zeichniß gegen das erste aufweist, um so besser ist es, denn jetzt
liegt augenscheinlich Alles daran, dass die Vereinigung zu ihrem eigenen Gedeihen Zutrauen bekommt. Ich habe eben Riecke zum Beitritt bestimmt. [4])

Uebrigens versuche ich ein wenig Astronomie zu treiben; ich möchte im
Sommer womöglich dies erreichen, dass meine Zuhörer doch eine Ahnung
von den mathematischen Methoden der Astronomen erhalten. [5])

Allseitig grüssend

Ihr

F. Klein.

---

[1]) Vgl. BUDDE, E.: Mechanik der Punkte und starren Systeme. Berlin
1890.

[2]) HORACE LAMB war von 1885 bis 1920 Professor der Mathematik an der
Universität Manchester. Besuche KLEINs in Großbritannien (erstmals
1873) förderten seine Arbeiten zur Mechanik und mathematischen Physik. Zugleich trug KLEIN dazu bei, die neueren englischen Arbeiten
zur Mechanik in Deutschland zu verbreiten (vgl. auch [52, Bd. 2, S.
507 f.]). Unter anderem veranlaßte er die deutsche Ausgabe eines
"Lehrbuches der Hydromechanik" (Leipzig 1907) von LAMB.

[3]) PHILIPPE GILBERT wirkte seit 1855 als Professor der Mathematik und
Mechanik an der katholischen Universität zu Löwen.

[4]) BRUNS und LIE traten der DMV noch 1891 bei. Der Physiker und Freund
KLEINs E. RIECKE ist im Mitgliederverzeichnis nicht ausgewiesen, obwohl durchaus andere bedeutende Physiker, wie z. B. MAX PLANCK (der
1877 bei KLEIN an der TH München studiert hatte) und ARNOLD SOMMER-
FELD (Assistent KLEINs 1894 - 96), beitraten.

[5]) Im Verzeichnis seiner Vorlesungen und Seminare ist eine entsprechende Veranstaltung nicht ausgewiesen. Im SS 1902 wandte sich KLEIN in
einem Seminar, welches er gemeinsam mit dem Astronomen KARL SCHWARZ-
SCHILD leitete, diesem Gegenstand intensiver zu.

164. F. Klein an A. Mayer

Göttingen, 8. 4. 1891

Lieber Freund!

Beiliegend endlich wieder ein Annalencircular!

Wir haben ja im Augenblicke nur sehr wenig Stoff liegen. Da wäre es
eigentlich opportun, eben um mit dem Wiederabdruck der älteren Lie'-
schen Sachen beginnen zu können, von dem ich Ihnen erzählte. [1]) Oder
geht es ihm wieder schlechter? Als ich von Leipzig zurückkam dachte
ich eigentlich, er würde sich nun gleich an die Zusammenstellung des
Stoffes und die Redaction der ihm erforderlich scheinenden Zusatznoten
setzen.

Ueber Mechanik ein ander Mal wieder.

Voß geht im Herbst nach Würzburg. [2])

Beste Grüße von Ihrem

F. Klein.

[1]) Vgl. Brief 161 und Abschnitt 3. der Einleitung.
[2]) AUREL VOSS, Schüler von A. CLEBSCH, wirkte an den Technischen Hoch-
schulen Darmstadt (1875), Dresden (1879), München (1885) und an den
Universitäten Würzburg (1891) und München (1902).

165. F. Klein an A. Mayer

Göttingen, 23. 5. 1891

Lieber Freund!

Letzthin habe ich wohl mit Ihnen und jedenfalls mit Lie darüber gesprochen, dass in Leipzig z. Z. ein Privatdocent für Functionentheorie und
verwandte Fächer fehlt, aber ich hatte damals Niemanden in dieser Hinsicht vorzuschlagen. Mittlerweile hat sich eine Persönlichkeit gefunden, wie sie nicht besser gewünscht werden könnte. Sie kennen Hrn. Dr.
Fricke aus Braunschweig vielleicht noch persönlich aus seiner früheren
Leipziger Zeit, jedenfalls aber aus seinen zahlreichen Arbeiten in den
Annalen und als Herausgeber meiner Modulfunctionen. Ich habe Hrn. Dr.
Fricke ebensosehr wegen seiner wissenschaftlichen Tüchtigkeit zu rüh-
men als wegen der Energie, mit der er sein einmal gewähltes Ziel verfolgt. Hr. Dr. Fricke war bislang Privatlehrer bei den beiden ältesten
Söhnen des Prinzen Albrecht und hatte wohl gedacht, dass er noch mehre-
re Jahre in dieser Stellung, die ihm neben aeusseren Vortheilen viel.
Muse zu wissenschaftlichen Arbeiten liess, werde verbleiben können. Nun
hat aber der Prinz neuerdings, gelegentlich der Confirmation der beiden
Söhne, einen anderen Erziehungsplan gutgeheissen und Hr. Dr. Fricke
sieht sich also veranlasst, zu kommendem Oktober oder doch zu Ostern
1892 eine andere Stellung zu suchen. Von dieser Absicht aus wird Hr.
Dr. Fricke baldigst auf einen Tag nach Leipzig kommen, um mit Ihnen und
den anderen Mathematikern über die Möglichkeit einer Habilitation da-
selbst zu conferiren. [1]) Ich würde es allerdings mit besonderer Freude
begrüssen, wenn die Habilitation gelänge, zumal ich mit Hrn. Dr. Fricke
für die nächsten Jahre noch reichen gemeinsamen Arbeitsstoff habe (Bd.
II der Modulfunctionen muß jetzt geschrieben werden, dann aber das ab-
schliessende Werk über die automorphen Functionen) [2]); inzwischen will
ich der Regelung der Beziehungen zwischen Ihnen und ihm in keiner Weise
vorgreifen und möchte Sie bitten, diesen Brief nur als eine vorläufige
Benachrichtigung von seinen Plänen anzusehen. Würden Sie doch bitte
auch Lie umgehend davon Kenntniß geben; an Scheibner habe ich eben direct ein paar Zeilen geschrieben und ihn gebeten, seinerseits Neumann
zu benachrichtigen. Ich will doch ausdrücklich hinzufügen, dass Hr. Dr.
Fricke vom humanistischen Gymnasium stammt. Uebrigens aber bin ich zu

jeder weiteren Auskunft selbstverständlich bereit. -

Inzwischen steuere ich selbst immer mehr in die Astronomie hinein, nicht ohne Sorge, wie weit es mir gelingen wird, mich durchzufinden. Durch Papperitz [3]) erhielt ich mittlererweile auch ein Zeuner'sches Vorlesungsheft. [4]) Dasselbe enthielt ja zahlreiche technische Beispiele, die mir als solche interessant waren, aber gar nichts von der "coordinatenfreien" Geomechanik, von der Sie mir Ostern unter Bezugnahme auf Rohn gesprochen hatten.

Herzlichen Gruß von Ihrem

F. Klein

---

[1]) ROBERT FRICKE war ein Neffe FELIX KLEINs. Aus dem Briefwechsel zwischen KLEIN und FRICKE sowie KLEIN und DYCK geht hervor, daß FRICKE seit November 1890 sich ernsthaft bemühte, eine Hochschuleinrichtung zu finden, wo er sich habilitieren konnte. An der Universität Berlin war er bei FUCHS und KRONECKER auf Ablehnung gestoßen. DYCK sandte aus München ebenfalls eine Ablehnung mit dem Verweis auf Leipzig, wo auch keine Möglichkeit bestand (vgl. Brief 166). FRICKE habilitierte sich schließlich an der Universität Kiel und danach an die Universität Göttingen um. 1894 wurde er Nachfolger von R. DEDEKIND an der TH **Braun**schweig.

[2]) Vgl. [61] und [28].

[3]) E. PAPPERITZ hatte 1883 in Leipzig promoviert und sich - angeregt durch KLEIN - mit Sigmafunktionen und der algebraischen Transformation hypergeometrischer Funktionen befaßt. Er wirkte von 1889 bis 1892 als a.o. Professor an der TH Dresden und erhielt 1892 eine o. Professur an der Bergakademie Freiberg.

[4]) Vgl. Brief 40, Anm. 2.

166. A. Mayer an F. Klein

Leipzig, 28. 5. 1891

Lieber Freund!

Ihren Brief vom 23. d. beantworte ich erst. heute, weil es mir nöthig schien, die angeregte Frage erst mit den Uebrigen zu besprechen.

Das Resultat der Besprechung ist nun leider das, daß wir Herrn Dr. Fricke in keiner Hinsicht rathen können, sich hier zu habilitiren. Zunächst nämlich haben wir nun doch die Hoffnung gewonnen, daß es möglich sein wird, Scheffers [1]) durchzubringen, u. dieser steht daher eben im Begriff, sich zu melden, oder hat dies bereits gethan. Aber auch abgesehen von Scheffers, ist zur Zeit hier ganz gewiß durchaus kein günstiger Boden für einen mathematischen Privatdocenten, der nicht, wie Scheffers, um Lie u. Engel zu entlasten, gleich von vornherein bestimm-

te Vorlesungen übernehmen soll. Wir selbst sind jetzt froh, wenn wir
unsre Vorlesungen überhaupt zu Stande bringen; ich im Besonderen bin
erst nach den Pfingstferien einigermaaßen darüber beruhigt, daß meine
4 Zuhörer aushalten werden. Endlich - das ist namentlich Neumann's u.
Scheibner's Ansicht u. Argument - liegt gerade für Functionentheorie
gar kein Bedürfniß vor, da dieselbe hier bereits von Neumann, Scheibner u. Engel gelesen wird. Die Gesamtmeinung geht daher dahin, daß Herr
Dr. Fricke, zumal er sich ja jedenfalls auf besondere Empfehlung von
Seiten des Prinzen Albrecht stützen kann, weit besser daran thun würde,
sich an einer Preußischen Universität zu habilitiren.

Was Scheffers anbetrifft, so füge ich nur noch hinzu, daß uns seine Habilitation ganz besonders auch deshalb so erwünscht ist, weil er jeder
Zeit für Lie eintreten kann, u. leider ist eben Lie's Krankheit doch
entschieden noch nicht behoben. Zur Zeit geht es zwar, Gott sei Dank,
wieder recht gut, aber im Anfang des Semesters sah es doch recht
schlecht aus. -

Das Zeuner'sche Vorlesungsheft hat mich gleichfalls sehr enttäuscht,
d. h. ich habe allerdings mit Vergnügen daraus ersehen, daß, bis auf
die technischen Beispiele, Zeuner fast genau meinen Gang einhält, aber
von der "coordinatenfreien Mechanik" konnte auch ich nicht das geringste entdecken, u. finde es ganz u. gar unbegreiflich, wie Rohn diese
Vorlesung mir als ein Muster vorschlagen konnte, nach dem man ein für
Naturwissenschaftler berechnetes Colleg über Mechanik einrichten sollte. Ueberdies war das mir zugeschickte Heft gar nicht ausgearbeitet u.
öfters nur stenographisch nachgeschrieben, so daß es mir gar nichts
nützen konnte. Da ist mir Ihr Heft doch weitaus werthvoller u. nützlicher gewesen!

Mit aufrichtigem Bedauern, daß wir Ihrem Candidaten keine besseren Aussichten eröffenen können, mit herzlichen Grüßen

Ihr

A. Mayer

---

[1]) Vgl. Brief 150, Anm. 1. SCHEFFERS habilitierte sich noch 1891 in
Leipzig, wirkte später an der TH Darmstadt (1896 a.o. Professor,
1899 o. Honorar-Professor, 1900 o. Professor) und an der TH Berlin-
Charlottenburg (o. Professor der Darstellenden Geometrie 1907 bis
1935).

167. F. Klein an A. Mayer

Göttingen, 28. 9. 1891

Lieber Freund!

Gestern bin ich, sehr ermüdet aber auch sehr befriedigt, von Halle [1]
zurückgekommen und schicke Ihnen nun umgehend das versprochene 2te Mechanikheft. Kann ich es in nicht zu ferner Zeit wiederhaben - vielleicht in 14 Tagen? - so wird mir das insofern sehr erwünscht sein,
als ich mich über dasselbe auch noch mit Riecke und Schur (Astr.) während der Ferien verständigen wollte. Aber die Hauptsache ist, dass Sie
mir ausführlich über dasselbe schreiben und namentlich ausführen, was
Alles Sie noch hinzufügen würden!

Bestens grüssend bin ich

Ihr ergebener

F. Klein.

Am verflossenen Sonnabend habe ich auch noch Gelegenheit genommen,
mich mit Study formell auszusöhnen; - ich hoffe damit auch einem von
Ihnen gehegten Wunsche entsprochen zu haben. [2]

D. Ob.

---

[1] Vom 22. - 26. September 1891 fand die Jahresversammlung der Gesellschaft deutscher Naturforscher und Ärzte und mit ihr der Deutschen
Mathematiker-Vereinigung in Halle statt. KLEIN hielt hier den Vortrag "Über neuere englische Arbeiten zur Mechanik" [52, Bd. 2, S.
601 - 602].

[2] Vgl. Abschnitt 5. der Einleitung.

168. F. Klein an A. Mayer

Göttingen, 20. 11. 1891

Lieber Freund! [1]

Die beiliegenden beiden Briefe brauche ich, damit Sie die ganze Situation übersehen, nur mit der Bemerkung zu begleiten, dass Amelung bei
mir in München in den Jahren 1878-79 gehört hat und ich ihn damals
nicht so wohl wegen besonderer mathematischer Begabung als wegen seiner allgemeinen menschlichen Qualitäten sehr schätzte. Können Sie ir-
gendetwas für ihn in Leipzig ausfindig machen, werde ich Ihnen zu hohem Danke verpflichtet sein. Ist es nicht, so geben Sie mir bitte um-

gehend Nachricht, möglichst unter Zurücksendung der beiden Briefe, damit ich noch das eine oder andere versuche, was freilich auch nicht
vielversprechend ist.

Bestens grüssend Ihr

F. Klein.

/Nachbemerkung von A. MAYER auf dem Brief von KLEIN:/
"Julius Amelung, Dorpat Teichstraße 28.
Mann, Frau u. nur ein, bald sechsjähriges Töchterchen. Unterrichtet an
der Realschule bereits 6 Semester in Russischer Sprache, die ihm noch
jetzt sehr viel Mühe macht, u. muß trotzdem auf baldige Entlassung gefaßt sein. Scheint überhaupt keine ordentliche Disziplin halten zu können, u. möchte daher nicht wieder eine Lehrerstelle, sondern womöglich
eine Anstellung an einer Versicherungsanstalt. Würde auch mit einem be-
scheidenen Gehalt zufrieden sein, wenn er nur seinen Fähigkeiten entsprechend placirt würde. Von Hamburg bereits die abschlägige Antwort,
daß solche Stellen dort nicht vorhanden seien.

A. Mayer"

----

[1]) Dieser Brief wurde in die vorliegende Auswahl aufgenommen, weil er
    zeigt, daß sich KLEIN auch um weniger bedeutende ehemalige Hörer be-
    mühte.

169. F. Klein an A. Mayer

Göttingen, 22. 4. 1892

Lieber Freund!

Beiliegend das mit meinen Bemerkungen versehene Dyck'sche Annalencircular. - Dass nach langen Verhandlungen hin und her nun <u>Weber</u> nach Göttingen kommt, haben Sie jedenfalls schon erfahren; ich bin mit dem Tausch
Schwarz - Weber ganz zufrieden. [1])

Bestens grüssend

Ihr F. Klein.

----

[1]) H. A. SCHWARZ war einem Ruf an die Universität Berlin gefolgt, wo-
    durch KLEIN eine dominierende Stellung in Göttingen gewann. Die Ab-
    sicht, seinen Schüler A. HURWITZ für Göttingen zu gewinnen, konnte
    KLEIN jedoch nicht durchsetzen. Obwohl er WEBER, der zu diesem Zeit-
    punkt bereits 50 Jahre alt war, nicht gewünscht hatte, stellte sich
    bald ein gutes Einvernehmen mit diesem her. KLEIN gewann WEBER als
    Mitredakteur für die Annalen (vgl. Brief 172) und begründete mit ihm
    1892 die Göttinger Mathematische Gesellschaft.

170. A. Mayer an F. Klein

Leipzig, 3. 10. 1892

Lieber Freund!

Neumann u. ich sind ganz einverstanden mit dem neuen Annalentitel, während Lie Ihnen seine abweichende Ansicht selbst mittheilen will. In Betreff der letzteren habe ich nur zu bemerken, daß es mir doch ganz lieb ist, nicht mehr als Herausgeber genannt zu werden. [1])

Mit herzlichen Grüßen

Ihr A. Mayer.

[1]) Vgl. Abschnitt 6. der Einleitung.

171. F. Klein an A. Mayer

Göttingen, 15. 10. 1892

Lieber Freund! Damit Sie doch nicht zu sehr erschrecken, wenn ich Sie dieser Tage plötzlich besuche, will ich Ihnen doch mittheilen, dass ich morgen nach Leipzig zu reisen gedenke um mit Lie etc. die lang geplanten geometrischen Conferenzen zu haben [1]); vielleicht wissen Sie bereits davon. Anderweitige Besuche will ich dieses Mal nicht machen. Zeuthen hat jetzt wieder auf St. /udy/ reagiert, doch glaube ich, dass ich Ihnen die Sache bereits in ziemlich geglätteter Form vorlegen kann. [2])

Ihr F. Klein.

[1]) Vgl. Abschnitt 3. der Einleitung.
[2]) Vgl. Abschnitt 5. der Einleitung und [22].

172. F. Klein an A. Mayer

Göttingen, 21. 10. 1892

Lieber Freund!

Eben bin ich von der Bahn nach Hause gekommen in dem Bewusstsein eine Reihe angenehmer Tage in fördersamster Weise verbracht zu haben. Ich stylisirte eben meinen Brief an Dyck, in welchem ich ihn um seine Zu-

stimmung zu unseren Ideen betr. Umgestaltung der Redaction ersuchte;
zugleich bat ich ihn, wenn er Wünsche betr. die aeussere Ausstattung
der Annalen hat, sich dieserhalb mit Ihnen in directe Verbindung zu
setzen: Sie werden ja wohl ohnehin den geeigneten Mittelsmann mit Teubner da abgeben und Lie's etwas weit gehende Wünsche so in geeigneter
Weise abschwächen. Auch traf ich eben Weber, erzählte ihm das Wesentliche und erhielt bereits seine principielle Zustimmung, der Redaction
beizutreten. Nur auf den einen Punct unserer gestrigen Unterhaltung
möchte ich noch zurückkommen, die Reihenfolge, in der Dyck und ich auf
dem Titel aufgeführt werden sollen. Handelte es sich da nur darum, meine Persönlichkeit zurücktreten zu lassen, so würde ich, wie ich gestern
sagte, sofort und gern zustimmen. Ich darf in dieser Hinsicht wohl hervorheben, dass ich bei Grassmann [1]), bei der Einrichtung der Mathematikerversammlung [2]) und bei all' den Verhandlungen, die ich den Sommer
über bez. allgemeine Universitätsangelegenheiten hier in Göttingen hatte und z. Z. noch habe, immer dementsprechend gehandelt habe. Dazu bin
ich ja einigermassen redactionsmüde. Aber indem ich länger darüber nachdenke komme ich immer entschiedener zur Ueberzeugung, dass hier die Sache anders liegt: es handelt sich nicht um meine Person sondern um die
Annalen selbst. Und da muß es, so lange Dyck nicht in weiteren Kreisen,
/.../ auch im Auslande, wissenschaftlich bekannt ist, durchaus heissen:

gegenwärtig herausgegeben
von

F. Klein   W. Dyck
in Göttingen   in München;

die umgekehrte Anordnungsweise würde nach außen unverständlich sein.
Schreiben Sie doch darüber, wenn Ihnen ein Urtheil von 3ter Seite erwünscht sein sollte, an Gordan (mit dem ich nicht darüber sprach). Andererseits bin ich natürlich bereit meine Auffassung gegen Jedermann
darzulegen, insbesondere gegen Dyck selbst, der mir gewiß das Zeugniß
ausstellen wird, dass ich ihm innerhalb der Redaction jeden Raum zur
selbständigen Bethätigung lasse. Die alphabetische Anordnung in der
Zeile darüber ist etwas anderes; da gibt es nur das alphabetische Princip.

Mit der Bitte, mich Ihrer Frau Gemahlin, - und andererseits den sämmt-
lichen Herren bestens zu empfehlen verbleibe ich herzlich grüssend

Ihr
F. Klein.

/.../

---

[1]) F. KLEIN regte die Herausgabe der "Gesammelten mathematischen und

physikalischen Werke" von HERMANN GRASSMANN an und erlangte das Einverständnis der Graßmannschen Familie zu diesem Projekt. KLEIN gewann F. ENGEL als Herausgeber und erläuterte am 17. Oktober 1892 in
einer Sitzung der math.-physischen Klasse der Kgl. Sächs. Ges. der
Wiss. Leipzig die Bedeutung des Projekts. Die Werke erschienen in
sechs Bänden, herausgegeben von F. ENGEL unter Mitwirkung von E.
STUDY, J. LÜROTH, G. SCHEFFERS u. a. (Leipzig 1894 - 1911), vgl.
auch Brief 174.

[2]) Am 19. Oktober 1890 hatte KLEIN an A. HURWITZ geschrieben: "Ich sehe die Bremer Beschlüsse ... als durchaus günstig und glückverheis-
send an. Cantor weiß ... die Sache so zu wenden, dass ihr Weierstrass, Kronecker und jetzt auch Neumann gleichförmig sympathisch
gegenüberstehen! Es wird jetzt darauf ankommen, die Tage in Halle
möglichst vielseitig auszugestalten. Da bin ich dann auch wieder auf
dem Platze, während ich mich sonst gerade im Interesse des Unternehmens - damit dasselbe ja nicht irgendwelchen Parteicharakter erhält
- zurückhalte" [A 8].

173. A. Mayer an F. Klein

Leipzig, 23. 10. 1892

Lieber Freund!

Ihren Brief habe ich eben erhalten u. bin ganz bereit, etwaige Wünsche
wegen der äußern Ausstattung der Annalen persönlich an Teubner zu über-
mitteln. Was die alphabetische Reihenfolge der Namen betrifft, so war
es wohl auch Neumann's Auffassung, daß es sich hierbei immer nur um die
Nebenredacteure handeln sollte, u. daß es daher Ihnen u. Dyck ganz überlassen bleibt, wie Sie sich gegenseitig stellen wollen. Ich werde daher
deshalb auch nicht erst an Gordan schreiben. Vielleicht wäre es aber
gut, ihm seiner Zeit einen Probeabzug des Titelblatts zu schicken, wenn
auch nur um zu sehen, ob er für das ihm unbequeme Wort "Mitwirkung" einen passenden Ersatz gefunden hat.

Daß Weber der Redaction beitritt, freut mich sehr.
/.../

Mit herzlichen Grüßen von Haus zu Haus

Ihr A. Mayer.

174. F. Klein an A. Mayer

Göttingen, 29. 11. 1892

Lieber Freund!

Sie sind über den Verlauf meiner Bezugnahme mit Lie ja namentlich durch
Letzteren selbst unterrichtet. Ich hätte auf seinen Brief ja antworten
können: wenn die Dinge so liegen, so bitten wir Dich in die Hauptredac-

tion einzutreten. Statt dessen habe ich abgelehnt. Ich sehe ja alles
Gute, was uns aus einer Mitwirkung von Lie zufliessen könnte, so völlig vor Augen wie irgend Jemand. Aber der Brief von Lie stellte mir zugleich vor die Seele, dass er nicht mehr der Alte ist, dass er von Argwohn, auch mir gegenüber, zerfressen ist, - wie er denn die gemeinsamen
Entwürfe, die während meiner doppelten Anwesenheit in Leipzig entstanden waren, ziemlich rückgängig macht. [1]) Dazu Lie's völlige Unexactheit
in geschäftlichen Dingen. - Ich habe nun 14 Tage gewartet, was Lie auf
meine Gegenvorstellungen antworten würde. Natürlich ist gar keine Antwort gekommen. Wir müssen also sehen, wie wir ohne Lie zurechtkommen,
zumal doch die Zeit drängt, und wir mit der erweiterten Redaction spätestens auf 42,1 hervortreten müssen. Für den Fall nun, dass Sie, wie
Sie andeuten, wirklich lieber in die obere Kategorie eingereiht werden,
ergibt sich als einfachster Vorschlag der, über den ich mich bereits
mit Dyck und Weber verständigte und wegen dessen ich eben an Gordan
schrieb: dass wir den neuen Titel, mit dem wir Anderen ja Alle einverstanden waren, bestehen lassen und hier den Namen von Lie aus demselben wegnehmen.

Schreiben Sie mir doch bitte umgehend, ob Sie damit einverstanden sind.
- Grassmann [2]) geht unterdessen vorwärts, wie Sie jedenfalls wissen;
ich hoffe sehr, dass der Ges.∕ellschaft⌝ d.∕er⌝ W.∕issenschaften⌝ in
Leipzig, bez. ihrem Comité noch vor Weihnachten eine bez. Vorlage gemacht werden kann.

                          Viele Grüsse
                                  von Ihrem
                                          F. Klein.

------

[1]) Vgl. Brief 171.
[2]) Vgl. Brief 172, Anm. 1.

175. A. Mayer an F. Klein

                                          Leipzig, 30. 11. 1892
Lieber Freund!

Ihr Brief hat mich sehr consternirt, da ich glaubte in Betreff der Annalen sei auch mit Lie alles schon längst in Ordnung. Er hatte mir seiner Zeit nur gesagt, ich müsse mit Ihnen u. Dyck auf dem Titel unten
stehen bleiben u. daß er deshalb an Sie schreiben wolle. Da mir aber,
wie ich ihm schon damals sagte, die Stellung meines Namens eigentlich
sehr gleichgültig ist, so legte ich dieser Differenz keine weitere Be-

deutung bei, habe auch nicht wieder mit Lie darüber gesprochen, der mir
nur die Gründe mittheilte, weshalb er mit Ihren Entwürfen über Ihre beiderseitigen früheren gemeinsamen Arbeiten nicht einverstanden wäre. Ich
habe nun heute Nachmittag lange mit Lie gesprochen u. es thut mir Leid,
daß er nicht in die Annalenredaction eintreten will. Er ist gern erbö-
tig, Arbeiten über Transformationsgruppen zu beurtheilen, u. legt sogar großes Gewicht darauf, von solchen Aufsätzen vor der Aufnahme Kenntniß zu erhalten, aber auf den Titel will er absolut nicht. Es bleibt
also auch mir nichts anderes übrig, als Ihrem Vorschlag: "Der neue Titel ohne Lie" beizustimmen.

Was übrigens die Nichtbeantwortung Ihres Briefes von Seiten Lie's anbetrifft, so hat dieser ihn so aufgefaßt, als ob eben die Angelegenheit
damit erledigt wäre.

Daß die Graßmann-Ausgabe vorwärts schreitet, höre ich mit Vergnügen.
Hoffentlich wird sie für Engel nützlich sein! Ich allerdings kann mei-
ne alte Ansicht, daß es besser wäre, wenn Engel nicht auch noch diese
Last sich aufgebürdet hätte, noch immer nicht aufgeben.[1]

Mit besten Grüßen

Ihr. A. Mayer.

---

[1]) Vgl. Brief 172, Anm. 1.

176. F. Klein an A. Mayer

Göttingen, 2. 12. 1892

Lieber Freund!

Ihr Brief gibt mir wieder Hoffnung, dass das Band zwischen Leipzig und
Göttingen doch nicht ganz zerreisst, wie ich das nach meinem letzten
Briefwechsel mit Lie gefürchtet hatte[1]) - und zwar genau entgegen der
Absicht, mit der ich neulich nach Leipzig gekommen war, und der Auffassung, mit der ich zunächst von dort zurückkehrte. Jedenfalls bitte
ich Sie jetzt dringend, doch in der Hauptredaction der Annalen zu bleiben. Ueber die geschäftliche Behandlung der Titelfrage noch sogleich.
Vorab wegen Lie. Ich sende Ihnen anbei sowohl den letzten Brief von
Lie als das Concept meiner Antwort (mit der Bitte, mir Beides demnächst
wieder zurückzuschicken). Was mich an dem Brief von Lie besonders
schmerzte, ist dieses, dass er mir persönlich gegenüber auch nicht an-
deutungsweise irgend eine Beschwerde über meinen Entwurf vorbrachte,
dann aber brieflich, nachdem ich den Entwurf mit grossem Fleisse in
eine ausführliche Form gebracht, nachdem ich Alles Geschäftliche mit

Scheffers u. A. geordnet, mit unqualificirbaren und gleichzeitig un-
fassbaren Verdächtigungen antwortet. Was er da eigentlich will, ist mir
vollkommen unklar. Andererseits werden Sie bemerken, dass Lie über Ihren Wiedereintritt in die Hauptredaction auch nicht eine Spur von An-
deutung macht. Der Lie, der schreibt, und der Lie, der uns persönlich
entgegentritt, sind zwei verschiedene Personen.

Nun zur geschäftlichen Behandlung der Titelfrage. Die Schwierigkeit
liegt ja nun darin, dass wir nicht an einem Orte beisammen sind. Ich
kann unmöglich nach der einen Seite etwas definitiv ordnen ohne insb.
mit Dyck mich verständigt zu haben. Insofern ist der Vorschlag, den
ich von Gordan bekomme, wir möchten uns doch Weihnachten erneut in Leipzig treffen, [2]) sehr vernünftig. Eine erneute Reise meinerseits nach
Leipzig wäre ja auch wohl im Sinne unseres Grassmann-Unternehmens; ich
könnte da die Sache definitiv Ihrer Gesellschaft übergeben. Mein Bedenken ist nur, ob ich Zeit haben werde; ich sitze hier in Göttingen
z. Z. in grässlich vielen Geschäften. Mein Bedenken nach anderer Seite
ist, ob mit Lie irgend etwas anzufangen ist. Ich kann Lie als Hauptredacteur nur dann brauchen, wenn er schriftlich verspricht, dass er niemals subjectiv werden will, bez. mir das Recht gibt, seine subjectiven
Beschwerden [3]) (Killing [4]). Schur [5]), etc. - schliesslich bin ich selbst
das Opfer geworden) als nicht vorhanden zu behandeln, wenn er ferner
Sicherheit gibt, dass er geschäftliche Dinge umgehend erledigt. Beides
erscheint mir gleich unmöglich. Ich komme also auf die Idee vom Anfang
dieses Briefes zurück: dass die Hauptredaction die alte bleibt und sich
auf dem Annalentitel eben nur dieses ändern soll, dass Nöther und Weber
hinzutreten. Sie schreiben mir ja bitte umgehend darüber, damit ich eine Basis für die fernere Correspondenz mit Gordan habe.

Können Sie denn nicht von Lie meinen neuen "Entwurf" für mich extrahi-
ren oder meinen Sie wirklich, dass er an der Sache weiter arbeitet und
dass noch eine Hoffnung ist, dass irgend etwas dabei herauskommt? [6])

Viele Grüsse von Ihrem

F. Klein

---

[1]) Vgl. [99].

[2]) An dieser Stelle befindet sich folgende Randbemerkung von A. MAYER:
"Ja nicht!"

[3]) A. MAYER schrieb hierzu an den Rand: "Klein-Study? nicht subjektiv?!"

[4]) Vgl. Abschnitt 3. der Einleitung.

[5]) Vgl. Brief 177.

[6]) Vgl. Brief 177.

177. A. Mayer an F. Klein

Leipzig, 3. 12. 1892

Lieber Freund!

Inliegend mit Dank die beiden Einlagen zurück! Der Lie'sche Brief ist
allerdings etwas schroff, ich glaube aber auch, er klingt schroffer,
als er gemeint ist, u. fast am Meisten hat mich darin gewundert, daß er
auf den Hauptredacteur ein so gewaltiges Gewicht legt.

Ihren Vorschlag wegen des Annalentitels acceptire ich, namentlich, weil
eben auch Lie wünscht, daß ich nicht heraufrücken möchte, obgleich er
davon in seinem Briefe ja in der That nichts erwähnt. Viel lieber allerdings wäre es mir, wenn einfach Lie an meinen Platz treten könnte
u. ich dafür nach oben avancirte. Aber daran ist ja nicht zu denken,
u. offen gestanden würde auch ich, abgesehen von der pünktlichen Erle-
digung geschäftlicher Dinge, nicht auf ein solches schriftliches Versprechen eingehen, wie Sie es eventuell von Lie verlangen, weil es mir
äußerst schwierig erscheint, zwischen subjectiv u. objectiv mit Sicherheit zu entscheiden. Dabei muß ich, was den einzigen mir näher bekannten Fall, d. i. Schur anbetrifft, doch auch bemerken, daß Lie allerdings gegen ihn wohl etwas zu weit gegangen ist, daß aber Schur auch
eine ganz verwünschte Art hat, entweder gar nicht, oder doch nicht ordentlich zu citiren, u. dabei stets von dem Werth der eigenen Arbeiten
eine ungemein hohe Meinung durchblicken zu lassen.

Was nun Ihren Entwurf betrifft, so rückt ihn Lie noch nicht heraus,
sondern will Zeit haben, reiflicher darüber nachzudenken, wenngleich
er wohl glaubt, daß schließlich doch jeder die Sache getrennt werde machen müssen. Was er gegen den Entwurf hat, ist in der Hauptsache dieses:

Mit den Einzelheiten, jede aus dem Ganzen herausgenommen u. für sich
betrachtet, ist er fast ausnahmslos einverstanden. Dagegen ist er mit
der ganzen Anordnung u. Darstellung des Stoffes vielfach nicht einverstanden, weil selten klar u. scharf gesagt würde, was dem einen u. was
dem andern gehört, vielmehr in dieser Hinsicht meistens eine gewisse
Confusion obwalte.

Eine mündliche Besprechnung schon in den Weihnachtsferien wäre ihm entschieden nicht lieb; ich habe auch an Gordan geschrieben, daß ich sie
nicht für räthlich halte.
/...7

                          Mit herzlichen Grüßen
                                              Ihr A. Mayer.

178. F.Klein an A.Mayer

Göttingen, 14. 6. 1894

L. Fr. Ich habe nie gehört, dass sich N./oether/ über den Verteilungs-
modus beklagt, bin aber sehr geneigt, alle derartige Klagen a priori
zurückzuweisen. [1]) Wir haben das Ding so gut geordnet, als unter gegebenen Verhältnissen überhaupt möglich scheint: Ungleichheiten nach der
einen Seite compensiren sich ein ander Mal. Ich möchte auch vor allen
Dingen Ruhe haben.

Für Uebersendung der Anweisungen besten Dank. Wie wird es mit Wien? [2])
Ich habe mich angemeldet aber scheue mich noch immer etwas vor der langen Reise, zu der ich so gar keine Zeit habe.

Bestens grüssend Ihr F. Klein.

[1]) Vgl. Abschnitt 6. der Einleitung.

[2]) KLEIN bezieht sich auf die Jahresversammlung der Gesellschaft deut-
    scher Naturforscher und Ärzte, eingebettet darin die Jahresversamm-
    lung der DMV, welche im September 1894 in Wien stattfand. KLEIN
    hielt dort einen Vortrag in der allgemeinen Sitzung [51].

179. F.Klein an A.Mayer

Göttingen, 5. 12. 1894

Lieber Freund!
/.../
Weber's Weggang ist mir persönlich in der That sehr unlieb. Wir werden
nun wohl auf jüngere Kräfte greifen; doch kann ich noch nichts Bestimmtes mittheilen, da wir erst morgen in die Facultätsberathung eintreten. [1]) Vielleicht hat Ihnen Ostwald erzählt, dass ich neulich zusammen mit ihm in der Angelegenheit Nernst in Berlin gewesen bin. [2])
Hoffentlich dringen wir da mit unseren Wünschen durch, obgleich noch
Nichts endgültiges entschieden ist. Alles Das aber macht viel Arbeit,
und die geringe Musse, die ich sonst noch zu freier Verfügung hatte,
entschwindet mehr und mehr. Ich werde nächstens an Wislicenus [3])
schreiben, ob ich wirklich Weihnachten in Sachen der Naturforscher
nach Leipzig kommen muß.

Herzliche Grüsse von Ihrem

F. Klein.

[1.]) Nachfolger von H. WEBER in Göttingen wurde DAVID HILBERT.

[2]) WILHELM OSTWALD war von 1887 bis 1906 o. Professor der physikalischen Chemie in Leipzig. Er unterstützte KLEIN bei der Erlangung einer o. Professur für WALTHER NERNST an der Universität Göttingen (1894) und bei der Errichtung eines physikalisch-chemischen Instituts.

[3]) JOHANNES WISLICENUS war seit 1885 o. Professor der Chemie in Leipzig als Nachfolger von H. KOLBE. WISLICENUS bekleidete von 1893 bis 1901 das Amt des ersten Sekretärs in der mathematisch-physischen Klasse der Kgl. Sächs. Ges. d. Wiss. Entsprechende Ämter nahm er in der Gesellschaft deutscher Naturforscher und Ärzte, der deutschen chemischen Gesellschaft und des Vereins deutscher Chemiker wahr. 1895 wurde er zum Rektor der Universität Leipzig gewählt.

180. F. Klein an A. Mayer

Göttingen, 12. 1. 1895

L. Fr. Ich bestätige bestens dankend den Empfang der 262 M 60 M. - Wir haben eben den Plan des math. Wörterbuchs [1]) an unsere Societät gebracht und nicht ohne Mühe erreicht, dass derselbe im Princip gutgeheissen ist und der Budgetcommission unterbreitet wird. Viele Grüsse

Ihres F. Klein.

---

[1]) Ein mathematisches Wörterbuch zu erarbeiten, wurde in der Gesellschaft deutscher Naturforscher und Ärzte seit 1822 mehrfach angeregt. Auf der Jahresversammlung 1894 in Wien nahm dieser Plan - diesmal initiiert durch FRANZ MEYER in Abstimmung mit F. KLEIN und H. WEBER - feste Gestalt an. Daraus entwickelte sich das große Projekt des Teubner-Verlages: Encyklopädie der mathematischen Wissenschaften mit Einschluß ihrer Anwendungen. Hrsg. im Auftrage der Akademien der Wissenschaften zu Göttingen, Leipzig, München und Wien. 6 Bände. Leipzig 1898 - 1934.

181. F. Klein an A. Mayer

Göttingen, 27. 4. 1895

Lieber Freund!

Das langwierige Unwohlsein, an dem ich 6 Wochen laborirte, ist am Genfer See sehr rasch geschwunden und ich fühle mich jetzt wieder durchaus leistungsfähig, aber finde dafür auch einen Haufen Geschäfte vor. Leider ist in der Zwischenzeit ja allerlei liegen geblieben. Ich rechne dahin insbesondere die Angelegenheit des math. Lexikons, wegen deren ich heute an Sie schreibe, mit der Bitte Sie wollen sich derselben in der Leipziger Gesellschaft etwas annehmen. [1]) Die officiellen Beleg-

stücke sandte ich schon vor einiger Zeit an Wislicenus. [2]) Sie haben
von W. jedenfalls auch gehört, dass die Gesellschaften in Wien, München und Göttingen bereits principiell zustimmende Stellung zu dem Unternehmen genommen haben. Fasst Leipzig demnächst einen gleichen Be-
schluss, so lässt sich die Sache einfach so behandeln, dass die Pfingsten stattfindende Cartellconferenz einfach eine 4-gliedrige Comission
(bestehend aus Fachvertretern) niedersetzt, welche beauftragt wird, mit
Franz Meyer und dem etwaigen Verleger ein endgültiges Programm auszuarbeiten, das hernach von den einzelnen Gesellschaften gutzuheissen wäre. Wen würden Sie in diese Comission wählen? Ich sehe nicht anders,
als dass Sie oder Bruns uns Anderen (v. Escherich, Dyck, ich selbst)
helfen müssen. [3]) Scheibner und Neumann haben ja bei derartigen Unter-
nehmungen nie mitgethan und ob es zur Mitwirkung von Lie kommt, ist
mir eine zweifelhafte Sache. [4]) Ich will Ihnen doch hier ganz präcis
schreiben, dass ich nach der thörichten Vorrede in Lie-Engel Bd. III
alle Beziehungen zu Lie abgebrochen habe und dieselben nicht eher wieder aufnehmen werde, so lange er nicht einen ausdrücklichen Entschul-
digungsbrief schreibt. [5]) Ich verlange auch, dass er mir das Manuscript
über unsere gemeinsamen Arbeiten von 1870 - 72, welches ich ihm auf
seinen Wunsch im November 1892 als einen Entwurf für eine Annalenpubli-
cation zuschickte, zurücksendet. [6])

Weber ist nun endlich vorigen Sonnabend von hier abgereist. [7]) Wir haben ihn nur mit vieler Sorge ziehen lassen. Er ist wieder gar nicht
wohl, klagte allerdings nicht aber machte einen gedrückten und sorgen-
vollen Eindruck.

Herzliche Grüsse von

Ihrem F. Klein.

---

[1]) Vgl. Brief 180, Anm. 1.

[2]) Vgl. Brief 179, Anm. 3.

[3]) Das eben gegründete "Kartell Deutscher Akademien" unterstützte das
Enzyklopädie-Projekt. In einer entsprechenden Kommission wirkten
als Vertreter ihrer Akademie G. VON ESCHERICH (Wien), W. VON DYCK
(München), F. KLEIN (Göttingen). Neben weiteren Mitgliedern der akademischen Kommission trat ein Mitglied der Leipziger Akademie (Kgl.
Gesell. d. Wiss.) erst relativ spät bei: OTTO HÖLDER, der 1899 eine
o. Professur an der Universität Leipzig als Nachfolger von S. LIE
erhielt.

[4]) Zur Haltung LIEs zu diesem Projekt vgl. Abschnitt 3. der Einleitung.

[5]) Im September 1893 hatte S. LIE in der Vorrede zu seinem Buch "Theorie der Transformationsgruppen, 3. Abschnitt" (unter Mitwirkung von
F. ENGEL, unveränderter Neudruck, Leipzig u. Berlin 1930) KLEINs
wissenschaftliche Leistungen in starkem Maße herabgewürdigt. Über
KLEINs Arbeiten zur nichteuklidischen Geometrie schrieb LIE: "Soweit ich es übersehe, liegt das Verdienst der damit zusammenhängen-

den Untersuchungen des Herrn F. Klein über Nichteuklidische Geometrie wesentlich darin, daß in ihnen die Resultate seiner Vorgänger
popularisirt werden. Klein verwerthet die von mir herrührenden Begriffe infinitesimale Transformation und eingliedrige Gruppe" (S.
XII). Weiter schrieb LIE: "In den Untersuchungen über die Grundlagen der Geometrie, die von den Herren v. Helmholtz, de Tilly, F.
Klein, Lindemann und Killing angestellt worden sind, finden sich eine Reihe von groben Fehlern, die im letzten Grunde darauf beruhen,
daß die Verfasser dieser Untersuchungen entweder gar keine oder nur
sehr mangelhafte gruppentheoretische Kenntnisse besaßen" (S. XII f.).
Außerdem setzte sich LIE mit KLEINs Erlanger Programm auseinander,
"... weil Kleins Schüler und Freunde wiederholt das gegenseitige
Verhältniss zwischen Kleins und meinen Arbeiten falsch dargestellt
haben und weil andrerseits einige Bemerkungen, mit denen Klein die
Neudrucke seines interessanten Programms in bis jetzt vier verschiedenen Zeitschriften begleitet hat, unrichtig aufgefaßt werden könn-
ten.Ich bin kein Schüler von Klein, das Umgekehrte ist auch nicht
der Fall, wenn es auch vielleicht der Wahrheit näher käme.
Indem ich alles das hier zur Sprache bringe, denke ich selbstver-
ständlich nicht daran, an Kleins originaler Production innerhalb
der Theorie der algebraischen Gleichungen und der Functionentheorie
Kritik zu üben. Ich schätze Kleins Talente hoch, und werde nie die
Theilnahme vergessen, mit der er von jeher meine wissenschaftlichen
Bestrebungen begleitet hat, aber ich glaube, daß er z. B. nicht genug zwischen Induction und Beweis, zwischen der Einführung eines
Begriffs und seiner Verwerthung unterscheidet" (S. XVII).
Die von hohem Eigenlob und z. T. sehr unangemessenen Angriffen ge-
tragenen Ausführungen von S. LIE mußten F. KLEIN, der großen Anteil
an der Organisierung einer internationalen Stellung von LIE und dessen Arbeiten hatte, tief beleidigen.

[6]) Vgl. Brief 177.

[7]) HEINRICH WEBER folgte einem Ruf an die Universität Straßburg.

182. F. Klein an A. Mayer

Göttingen, 26. 6. 1897

Lieber Freund!

Gordan, Nöther und Weber sind alle drei sans phrase jetzt für die Aufnahme von Hilbert. [1]) Würden Sie die grosse Güte haben und nun sich
diesbezüglich noch mit Neumann und Vondermühll in Verbindung setzen?
Ich hoffe, dass auch von dort kein Einspruch erfolgt, so dass wir Hilbert's Name jedenfalls von 50,1 beginnend mit einreihen können.

Herzliche Grüsse von Ihrem

F. Klein

[1]) HILBERT wurde in die Redaktion der "Mathematischen Annalen" ab Bd.
50(1898) aufgenommen, vgl. Abschnitt 6. der Einleitung.

183. A. Mayer an F. Klein

Leipzig, 27. 1. 1899

Lieber Freund!

Auch ganz abgesehen von der Geometrie wird Engel wohl entschieden auch diesmal wieder leer ausgehen. [1]) Denn er hat hier 3000 M. Gehalt u. 900 M. Assistenten Renumeration. Wegen Ihres Passus "mit einem für die Anfänger geeignetem Vortrage" füge ich nur noch hinzu, daß Engel gerade mit den elementaren Vorlesungen hier großen Erfolg hat u. bei den Anfängern sehr beliebt ist.

Daß es Lie leider noch immer nicht gut geht, werden Sie wohl gehört haben. Diese hochgradige Blutarmut scheint schrecklich fest zu sitzen und wird den Seinigen, denen der Weggang ungemein schwer wurde, die Eingewöhnung in die alte Heimat nicht erleichtern.

Ich möchte bei dieser Gelegenheit eine Frage in Betreff der Annalen anregen, die sich mir namentlich bei der Durchsicht des Aufsatzes von Anissimoff [2]) aufgedrängt hat, der in einem schauderhaften Französisch geschrieben ist. Sollten wir nicht suchen, einen jungen Franzosen aufzutreiben, der gegen nicht allzuhohe Honorirung die Sprache in solchen französischen, aber von Nichtfranzosen verfaßten Arbeiten in Ordnung bringen könnte?

Hoffentlich geht es Ihnen u. den Ihrigen allen gut.

Ihr A. Mayer.

---

[1]) Vgl. Abschnitt 5. der Einleitung.

[2]) VASILIJ AFANASEVIČ ANISIMOV (seit 1890 Professor der Mathematik an der Universität Warschau) hatte in seinem Beitrag "Über den Fuchs'-schen Grenzkreis" (Mathematische Annalen 40(1892), 145 - 148) sich ähnlich wie NEKRASOV (vgl. Brief 158, Anm. 2) mit Arbeiten von L. FUCHS auseinandergesetzt. In den Annalen erschienen drei weitere Arbeiten von ANISIMOV (ANISSIMOFF) in französischer Sprache, welche sich mit Problemen der Theorie linearer Differentialgleichungen befaßten, Bd. 51(1899), 181 - 195 und 388 - 400; Bd. 56(1903), 273 - 276.

184. A. Mayer an F. Klein

Leipzig, 26. 4. 1899

Lieber Freund!

Meine Beziehungen zu Lie, obgleich er auch mir einmal die Freundschaft

schriftlich gekündigt hatte, waren doch immer so herzlich, daß ich
nichts unversucht lassen möchte, was seinen Hinterbliebenen nützlich
sein könnte. [1]) Nun hegt Frau Lie entschieden im Stillen die Hoffnung,
daß, wie es bei Clebsch u. a. geschah, auch für ihre Kinder eine Sammlung in Gang gesetzt werden würde. Das wäre aber dann entschieden nur
möglich, durch einen an die Fachgenossen gerichteten Aufruf, den man
trotzdem natürlich auch unter der Hand den sonstigen Freunden der Familie zuschicken könnte. Die allermeisten hier sind allerdings der Ansicht, daß die Umstände eine solche Sammlung nicht rechtfertigen, nur
einige wenige meinen, man könne es doch versuchen. [2]) Nun ist klar,
daß ohne Sie an einen solchen Aufruf (Teubner hat sich bereit erklärt,
ihn eventuell nicht nur zu unterzeichnen, sondern auch die Gaben in
Empfang zu nehmen) gar nicht zu denken ist; auf alle Fälle hängt also
schließlich die Entscheidung so wie so von Ihnen ab und um diese Entscheidung auf Grund der folgenden Angaben möchte ich Sie hiermit eben
bitten. Zugleich wäre ich Ihnen ganz besonders dankbar, wenn Sie sich
auch noch über den zweiten im Folgenden hervorgehobenen Punkt [3]) bestimmt aussprechen u. die Antwort so einrichten wollten, daß ich sie
direkt Marie Lie, die auf Rundreisekarte bereits wieder hier ist, geben kann. Ihr Urtheil wird, glaube ich, bei der Familie weit mehr ins
Gewicht fallen, als das meinige.
/.../
Verzeihen Sie, daß ich Sie mit all diesen Fragen belästige, es legen
aber nicht bloß ich, sondern auch Hölder [4]) u. Engel das größte Gewicht auf Ihre Ansicht /.../

                              Mit herzlichen Grüßen

                                        Ihr A. Mayer.

/.../

---

[1]) SOPHUS LIE starb am 18. Februar 1899 in Kristiania, Norwegen.

[2]) Es gab keine solche Sammlung.

[3]) Es handelte sich darum, daß die Familie LIE die Rückkehr·nach
Deutschland ernstlich in Betracht zog, einen Plan, den MAYER als
thöricht bezeichnete.

[4]) OTTO HÖLDER wirkte von 1899 bis zu seiner Emeritierung 1928 an der
Universität Leipzig.

185. F. Klein an A. Mayer

                                        Göttingen, 9. 12. 1900
Lieber Freund! [1])
Sie haben wahrscheinlich schon gehört, dass mit dem 1. Januar Schlö-

milch's Zeitschrift in die Redaction von Runge + Mehmke übergeht und
sich dann als allgemeines Organ für angewandte Mathematik entwickeln
soll. [2]) H. Weber und ich werden in den allgemeinen Redactionsrath treten und es kommt damit, was mich angeht, nach aussen erkennbar zur
Geltung, dass meine eigenen mathematischen Interessen nicht mehr er-
schöpfend durch die Annalen vertreten sind.

Dies ist nun der Moment, wo ich ausführen möchte, was ich lange beab-
sichtige, dass ich nämlich von der Hauptredaction der Annalen zurück-
trete, um für Hilbert Platz zu machen, - ich würde dann ferner auch
bei den Annalen dem allgemeinen Redactionsrath angehören. Mein Grund
ist sehr einfach: ich will nicht auf die Dauer der Jahre eine Stellung
festhalten, die zwar früher ein thatsächliches Verhältniß ausdrückte,
die aber mit dem Aufkommen einer neuen productiven Generation ihre Bedeutung verloren hat. Ich würde darum nicht aufhören, den Annalen mein
Interesse doch noch von Fall zu Fall zuzuwenden.

Ehe ich über diese Sache den anderen Redacteuren officielle Mitteilung
mache (mit Dyck und auch mit Ackermann [3]) hatte ich schon früher gelegentlich von meiner allgemeinen Auffassung der Sache gesprochen), möchte ich mit Ihnen darüber verständigen; ich könnte mir denken, dass Sie
vielleicht ganz ähnliche Absichten hegen, wie ich selbst. [4])

Hier geht Alles wohl. Wir haben einen sehr energischen mathematischen
Betrieb, 146 Mitglieder im Lesezimmer.

Es grüsst bestens

Ihr ergebener

F. Klein.

---

[1]) Dieser Brief ist der letzte Brief von F. KLEIN, der sich im Nachlaß
von A. MAYER befindet.

[2]) Die von O. SCHLÖMILCH begründete "Zeitschrift für Mathematik und
Physik" wandelte unter der Herausgeberschaft von CARL RUNGE und RU-
DOLF MEHMKE ihr Profil, vgl. [109].

[3]) Das Unternehmen B. G. TEUBNER wurde durch BENEDICTUS GOTTHELF TEUB-
NER 1811 begründet. Nach Teubners Tod 1856 übernahmen seine Schwie-
gersöhne ADOLF ROSSBACH und ALBIN ACKERMANN das Geschäft. Die Briefstelle bezieht sich auf einen Sohn des letzteren, nämlich ALFRED
ACKERMANN, der sich "ACKERMANN-TEUBNER" nannte und 1882 in den Verlag eingetreten war, vgl. [103].

[4]) KLEIN blieb Herausgeber der Annalen, während MAYER in den Kreis der
"Mitwirkenden" zurücktrat. Zu den Gründen vgl. Abschnitt 6. der Einleitung.

186. A. Mayer an F. Klein

Abtnaundorf, 3. 6. 1907

Lieber Freund! [1]

Réthy [2] hat mich von Neuem mit einer Arbeit "Ueber Stabilität u. La-
bilität eines materiellen Punktes im widerstehenden Mittel", 12. S. F.
heimgesucht, die sich an den gleichnamigen Aufsatz von Fejér in Crelle
J./ournal/ 131 anschließt, u. bittet mich "auch diese Arbeit mit derselben himmlischen Geduld zu lesen, wie die früheren, u. falls alles in
Ordnung ist, sie in die Mathem./atischen/ Annalen einzureichen."

Durchgesehen habe ich nun allerdings die Arbeit, kann aber nicht finden, daß alles in Ordnung wäre. Ueberdies bin ich diese langen Hin- u.
Her-Verhandlungen mit Réthy herzlich überdrüssig u. möchte gern, daß
auch einmal ein anderer diese Mühe übernähme. Da Sie nun nicht mit Unrecht bereits die Aufnahme der letzten Réthy'schen Arbeit nachträglich
beanstandet haben, so würde ich am Liebsten die neue Ihnen zur Begutachtung zuschicken. Bei Ihrer raschen Auffassungsgabe werden Sie ja sofort übersehen, ob die Arbeit der Aufnahme u. der Mühe wert ist, sie
womöglich Druck fertig zu gestalten, u. haben eventuell wohl auch jüngere Freunde an der Hand, welche die Arbeit gründlich durchsehen könnten. Sind Sie mit diesem Vorschlage einverstanden, so benachrichtige
ich Réthy davon. Andernfalls bleibt mir nichts übrig, als ihm die Arbeit mit Randbemerkungen versehen zurückzuschicken, dann aber würde
ich ihn doch jedenfalls ersuchen, sie nicht wieder mir, sondern Ihnen
zugehen zu lassen.

In der Hoffnung, daß bei Ihnen alles wohl ist, mit herzlichen Grüßen

Ihr A. Mayer.

---

[1] Dieser Brief ist der letzte Brief von A. MAYER, welcher sich im
Nachlaß F. KLEINs befindet.

[2] Vgl. Brief 156.

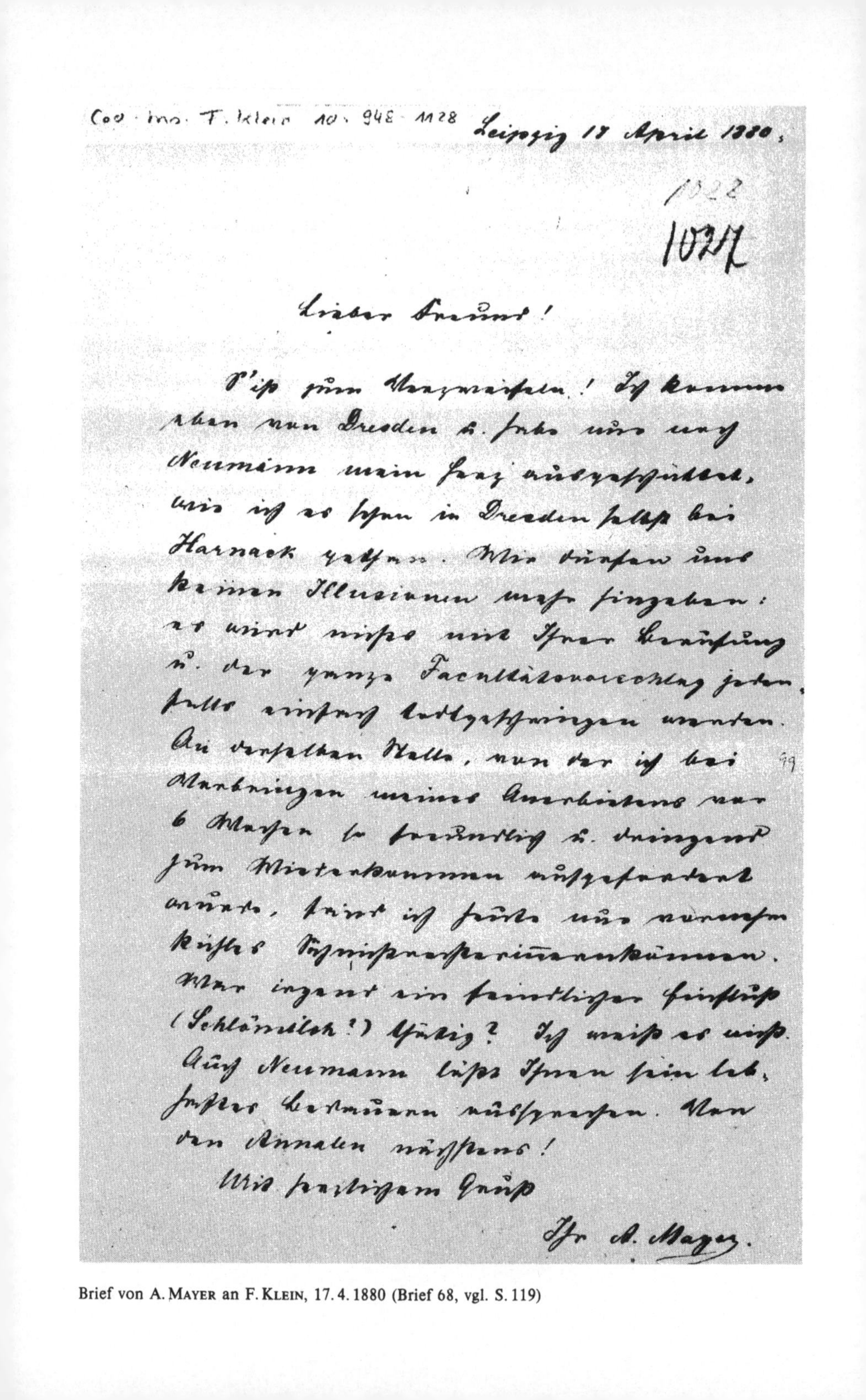

Cod. ms. F. Klein 10: 948–1128

Leipzig 17 April 1880.

Lieber Freund!

[handschriftlicher Brieftext]

Mit herzlichem Gruß

Ihr A. Mayer.

Brief von A. MAYER an F. KLEIN, 17. 4. 1880 (Brief 68, vgl. S. 119)

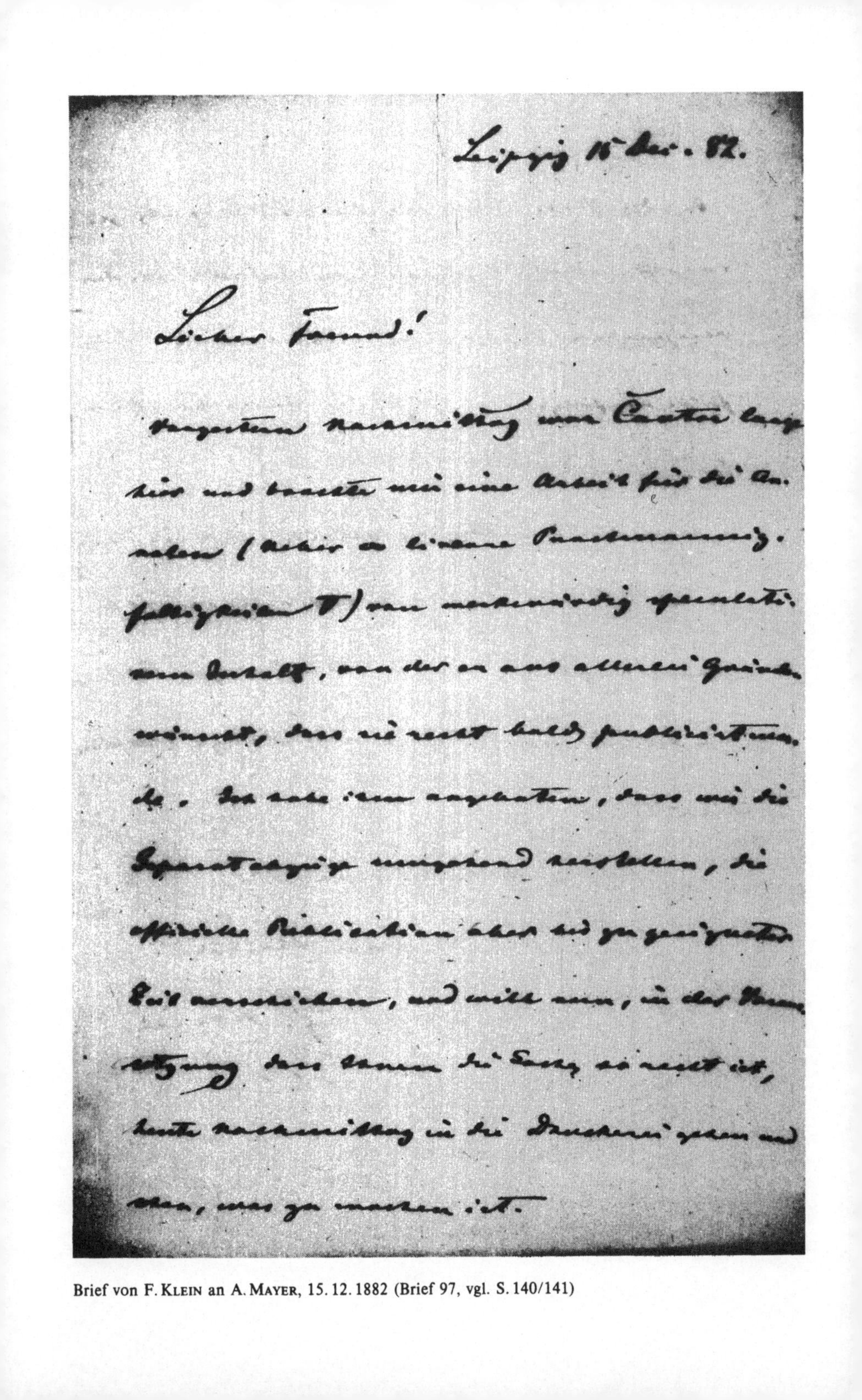

Leipzig 15 Dec. 82.

Lieber Freund!

In der Basis habe ich keinen Zusatz gemacht. Mit Lamper bin ich betreffs der
reciproken Radien ziemlich einig; jedenfalls verfolge ich jetzt die Sache nicht weiter.

Ähnlich wie Cantor möchte ich auch Herrn
Josa _Stäckel_'s Habilitationsschrift behandeln; deren neuer vorläufiger Abdruck
im Interesse von St. ja allerdings veröffentlicht ist.

Viele Grüsse

von Ihrem

F. Klein.

Zum Andenken an Adolph Mayer
(1839—1908).

Von

K. VonderMühll in Basel.

Am 11. April d. J. entschlief in Gries-Bozen nach längerem Leiden Adolph Mayer. Er mußte die Vorlesung, die er im Herbst 1907 begonnen hatte, im Dezember aufgeben, und der Aufenthalt in milderem Klima konnte den Fortschritt der Krankheit nicht aufhalten. Von 1873 an, nach dem Tode von Alfred-Clebsch, hat er an der Herausgabe der Mathematischen Annalen mitgewirkt, insbesondere von 1876 bis 1902 den Verkehr mit der Verlagshandlung B. G. Teubner gepflegt.

Christian Gustav Adolph Mayer war geboren den 15. Februar 1839 in Leipzig. Er durchlief die Schulen seiner Vaterstadt; an der Thomasschule erwarb er Michaelis 1859 die Maturität. Er wandte sich zunächst nach Heidelberg, dann für zwei Semester nach Göttingen, wo er namentlich bei M. A. Stern hörte; im Herbst 1859 kehrte er nach Heidelberg zurück und promovierte dort am 14. Dezember unter Otto Hesse. Diesem trat er während seines zweiten Heidelberger Aufenthaltes auch persönlich nahe und konnte bei der Korrektur der „Analytischen Geometrie des Raumes", die 1861 in Leipzig erschien, sehr erwünschte Hilfe leisten. Die Hessische analytische Methode entsprach seiner Begabung, und er ist ihr treu geblieben.

Vom Herbst 1861 bis zum Sommer 1862 hat Mayer in Heidelberg weiter studiert, den Sommer in Leipzig. Im Herbst 1862 bezog er die Universität Königsberg i./Pr. Dort traf er einen kleinen Kreis gleichstrebender Studiengenossen, mit denen ihn bald enge Freundschaft verband. Neben den Vorlesungen von F. E. Neumann besuchte er während dreier Jahre die Vorlesungen und Übungen von Richelot. Im Anschluß daran hat er die Dissertation ausgearbeitet, womit er sich Ende 1866 in Leipzig habilitierte. Ostern 1867 begann er zu lesen; 1872 wurde er zum außerordentlichen Professor ernannt, 1881 zum ordentlichen Honorarprofessor, 1890 zum Ordinarius der Mathematik. Seit 1881 prüfte er die Kandidaten des höheren Schulamts, und 1882 trat er als Mitdirektor in das von Felix Klein begründete mathematische Seminar. So hat er einige dreißig Jahre an der Leipziger Universität in voller Kraft gewirkt. Er wurde Mitglied der Gesellschaft der Wissenschaften in Leipzig und in

Göttingen, der Turiner Akademie, und der Leopoldinisch-Carolinischen Akademie der Naturforscher.

Am 1. April 1900 wurde Mayer auf sein Ansuchen vom Kultusministerium aus der Prüfungsbehörde und aus der Direktion des mathematischen Seminars entlassen, in seiner Stellung als ordentlicher Professor der Mathematik mit dem Vorbehalt beurlaubt, nach seinem Belieben Vorlesungen zu halten. Von dem Urlaub hat er nur kurze Zeit Gebrauch gemacht, um eine wissenschaftliche Untersuchung durchzuführen; dann hat er die gewohnten Vorlesungen wieder aufgenommen und regelmäßig gelesen, bis ihn im letzten Dezember seine leidende Gesundheit zwang, abzubrechen und im Süden Linderung der Beschwerden zu suchen.

Die Arbeiten von Adolph Mayer gehören der Variationsrechnung an, der Theorie der Differentialgleichungen und der Mechanik. Angeregt durch eine Vorlesung, die er bei Richelot im Winter 1864/5 gehört hatte, suchte er zunächst die Kriterien des Maximums oder Minimums eines einfachen Integrals strenger zu fassen. Diese Untersuchung führte ihn zum Prinzip der kleinsten Aktion, dessen geschichtlicher Entwicklung seine Antrittsvorlesung in Leipzig gewidmet ist, und zur Dynamik mit der Theorie der partiellen Differentialgleichungen I. O. Er blieb bei Hamilton und Jacobi nicht stehen; bald suchte er die Methode, womit Sophus Lie eine neue Bahn gebrochen, auf rein analytischem Wege zu entwickeln. Und auf diesem Gebiete hat er immer weiter gearbeitet; in erster Linie strebte er, alle Unklarheit zu heben und auf geradem Wege das Ziel zu erreichen. Seine Abhandlungeen sind ausgezeichnet durch die stetige Entwicklung und die abgerundete Form.

Dem entsprach auch der meisterhafte Vortrag; jede einzelne Vorlesung wurde mit der peinlichsten Sorgfalt vorbereitet. Seine Zuhörer hat er gefördert, wie er konnte, sie zu weiterem Forschen angeregt und ihnen auch für auswärtige Studien den Weg eröffnet. Seinen Kollegen war er der treuste Freund; für die Vertretung der Mathematik an der Leipziger Universität hat er in der uneigennützigsten Weise gewirkt, und wenn es galt, eine auswärtige Kraft zu gewinnen, so war ihm keine Mühe und kein persönliches Opfer zu groß. Mit der vollendeten Liebenswürdigkeit, die ihm eigen war, hat er die Herberufenen in seinem Hause aufgenommen, sie in die Leipziger Kreise eingeführt und alles aufgeboten, ihnen die neue Heimat lieb zu machen. Er fühlte sich reich belohnt, wenn es gelang, den neuen Kollegen ganz für Leipzig zu gewinnen; er hat auch in schweren Tagen treulich beigestanden und sich ein Andenken gesichert, das nicht vergeht.

Literatur

Archivalien

[A 1] Zentrales Staatsarchiv der DDR, Abt. Merseburg, Rep. 76 Va Sekt. 6 TH IV, Nr. 1, Vol. XI.

[A 2] Zentrales Staatsarchiv der DDR, Abt. Merseburg, Rep. 92, Althoff B Nr. 92.

[A 3] Staatsarchiv Dresden, MfV 10210/17.

[A 4] Staatsarchiv Dresden, MfV 10281/184.

[A 5] Staatsarchiv Dresden, MfV 10281/256.

[A 6] Universitätsarchiv Leipzig, Personalakten 425, 436, 537, 635, 693, 725, 759, 774, 861, 967, 993.

[A 7] Staatsbibliothek Preußischer Kulturbesitz, Berlin (West), Handschriftenabteilung, Sammlung Darmstaedter.

[A 8] Niedersächsische Staats- und Universitätsbibliothek Göttingen, Handschriftenabteilung, Mathematiker-Archiv.

[A 9] Niedersächsische Staats- und Universitätsbibliothek Göttingen, Handschriftenabteilung, Cod. Ms. Klein.

[A 10] Universitätsbibliothek Leipzig, Handschriftenabteilung, Nachlaß Adolph Mayer.

[A 11] Bayerische Staatsbibliothek München, Handschriftenabteilung, Nachlaß Walther von Dyck.

[A 12] Universitätsbibliothek Würzburg, Handschriftenabteilung, Briefe von F. Lindemann an F. Klein.

Literatur

[1] ALEXANDROV, P. S., u. a. (Hrsg.): Die Hilbertschen Probleme. Ostwalds Klassiker der exakten Wissenschaften, Bd. 252. Leipzig: Akademische Verlagsgesellschaft Geest & Portig 1979.

[2] BECKERT, H.; PURKERT, W. (Hrsg.): Leipziger mathematische Antrittsvorlesungen. Auswahl aus den Jahren 1869–1922. TEUBNER-ARCHIV zur Mathematik, Bd. 8. Leipzig: Teubner-Verlag 1987.

[3] BECKERT, H.; SCHUMANN, H. (Hrsg.): 100 Jahre Mathematisches Seminar der Karl-Marx-Universität Leipzig. Berlin: Deutscher Verlag der Wissenschaften 1981.

[4] BIERMANN, K.-R.: „Herr Eugen Dühring" und die Berliner Mathematiker. Mitteilungen der Mathematischen Gesellschaft der DDR (1979) 4, 59–64.

[5] BIERMANN, K.-R.: Kontroversen um den Steinerpreis und ihre Folgen. – Ein Kapitel aus den Beziehungen zwischen Weierstraß und Kronecker. Historia Scientiarum (1985) 29, 117–124.

[6] BIERMANN, K.-R.: Die Mathematik und ihre Dozenten an der Berliner Universität, 1810–1933. Berlin: Akademie-Verlag 1988.

[7] BINDER, Ch.: Briefwechsel Otto Stolz – Felix Klein (in Vorbereitung).

[8] BRILL, A.; NOETHER, M.: Über die algebraischen Funktionen und ihre Anwendung in der Geometrie. Mathematische Annalen 7 (1874), 269–310.

[9] BRILL, A.; NOETHER, M.: Die Entwicklung der Theorie der algebraischen Funktionen in älterer und neuer Zeit. Jahresbericht der Deutschen Mathematiker-Vereinigung 3 (1894), 107–566.

[10] BRIOSCHI, F.: Ueber die Auflösung der Gleichungen vom fünften Grade. Mathematische Annalen 13 (1878), 109–160.

[11] BURMESTER, L.: Ueber die Festlegung projectiv-veränderlicher ebener Systeme. Mathematische Annalen 14 (1878), 472–497.

[12] BURMESTER, L.: Ueber das bifocal-veränderliche System. Mathematische Annalen 16 (1880), 89–111.

[13] CANTOR, G.: Gesammelte Abhandlungen mathematischen und philosophischen Inhalts. Hrsg. von E. ZERMELO. Berlin: Springer-Verlag 1932.

[14] CANTOR, G.: Ueber unendliche lineare Punktmannichfaltigkeiten, Teile 1–6. Mathematische Annalen 15 (1879), 1–7; 17 (1880), 355–358; 20 (1882), 113–121; 21 (1883), 51–58 u. 545–591; 23 (1884), 453–488. CANTOR, G.: Über unendliche, lineare Punktmannigfaltigkeiten. Arbeiten zur Mengenlehre aus den Jahren 1872–1884. Hrsg. von G. ASSER. TEUBNER-ARCHIV zur Mathematik, Bd. 2. Leipzig: Teubner-Verlag 1984.

[15] CLEBSCH, A.: Zum Gedächtnis an Julius Plücker. Abhandlungen der Königlichen Gesellschaft der Wissenschaften zu Göttingen 15 (1872), 1–40.

[16] CLEBSCH, A.: Ueber die Anwendung der Abelschen Functionen in der Geometrie. Journal für die reine und angewandte Mathematik 63 (1864), 189–243.

[17] CLEBSCH, A.; GORDAN, P.: Theorie der Abelschen Functionen. Leipzig: Teubner-Verlag 1866.

[18] CLEBSCH, A.: Vorlesungen über Geometrie. Hrsg. von F. LINDEMANN. 2 Bde. Leipzig: Teubner-Verlag 1876, 1891.

[19] DIEUDONNÉ, J.: Jules Henri Poincaré. Dictionary of Scientific Biography, Bd. 11 (1975), 51–61.

[20] DÜHRING, E. K.: Neue Grundmittel und Erfindungen zur Analysis, Algebra, Functionsrechnung und Geometrie, sowie Principien zur mathematischen Reform, nebst Anleitung zum Studiren und Lehren der Mathematik. Leipzig: Verlag Fues 1884.

[21] DYCK, W.: Gruppentheoretische Studien I und II. Mathematische Annalen 20 (1882), 1–44; 22 (1883), 80–108.

[22] ENGEL, F.: Eduard Study. Jahresbericht der Deutschen Mathematiker-Vereinigung 40 (1931), 133–156.

[23] ENGEL, F.: Sophus Lie. Bericht über die Verhandlungen der Königlich Sächsischen Gesellschaft der Wissenschaften zu Leipzig 51 (1899), 11–51.

[24] ENGEL, F.: Zur Theorie der Berührungstransformationen. Mathematische Annalen 23 (1884), 1–44.

[25] FRAENKEL, A.: Georg Cantor. Jahresbericht der Deutschen Mathematiker-Vereinigung 39 (1930), 189–266.

[26] FREI, G.: Felix Klein (1849–1925): A Biographical Sketch. Jahrbuch Überblicke Mathematik 1984, 229–254.

[27] FREI, G. (Hrsg.): Der Briefwechsel David Hilbert – Felix Klein (1886–1918). Arbeiten aus der Niedersächsischen Staats- und Universitätsbibliothek Göttingen. Göttingen: Vandenhoeck & Ruprecht 1985.

[28] FRICKE, R.; KLEIN, F.: Vorlesungen über die Theorie der automorphen Funktionen. 2 Bde. Leipzig: Teubner-Verlag 1897, 1912.

[29] GORDAN, P.: Beweis, daß jede Covariante und Invariante einer binären Form eine ganze Function mit numerischen Coefficienten einer endlichen Anzahl solcher Formen ist. Journal für die reine und angewandte Mathematik 69 (1868), 323–354.

[30] GORDAN, P.: Die simultanen Systeme binärer Formen. Mathematische Annalen 2 (1870), 227–280.

[31] GORDAN, P.: Transcendenz von e und π. Mathematische Annalen 43 (1893), 222–224.

[32] GRAY, J.: Linear Differential Equations and Group Theory from Riemann to Poincaré. Boston, Basel, Stuttgart: Birkhäuser 1986.

[33] GUTZMER, A.: Geschichte der Deutschen Mathematiker-Vereinigung von ihrer Begründung bis zur Gegenwart dargestellt. Leipzig: Teubner-Verlag 1904.

[34] HARNACK, A.: Ueber die Vieltheiligkeit der ebenen algebraischen Kurven. Mathematische Annalen 10 (1876), 189–198.

[35] HAWKINS, T.: Non-Euclidean Geometry and Weierstrassian Mathematics: The Background to Killing's Work on Lie Algebras. Historia Mathematica 7 (1980), 289–342.

[36] HAWKINS, T.: Wilhelm Killing and the Structure of Lie Algebras. Archive for History of Exact Sciences 26 (1982), 127–192.

[37] HAWKINS, T.: The Erlanger Programm of Felix Klein: Reflections on its Place in the History of Mathematics. Historia Mathematica 11 (1984), 442–470.

[38] HILBERT, D.: Gesammelte Abhandlungen, 3 Bde. Berlin: Springer-Verlag 1932, 1933, 1935.

[39] HILBERT, D.: Ueber die Theorie der algebraischen Formen. Mathematische Annalen 36 (1890), 473–534.

[40] HILBERT, D.: Ueber die vollen Invariantensysteme. Mathematische Annalen 42 (1893), 313–373.

[41] HILBERT, D.: Ueber die Transcendenz der Zahlen e und π. Mathematische Annalen 43 (1893), 216–219.

[42] HÖLDER, O.: Adolph Mayer. Berichte über die Verhandlungen der Königlich Sächsischen Gesellschaft der Wissenschaften zu Leipzig, Math.-phys. Klasse 60 (1908), 355–373.

[43] HURWITZ, A.: Ueber Riemannsche Flächen mit gegebenen Verzweigungspunkten. Mathematische Annalen 39 (1891), 1–61.

[44] HURWITZ, A.: Beweis der Transcendenz der Zahl e. Mathematische Annalen 43 (1893), 220–221.

[45] JACOBS, K. (Hrsg.): Felix Klein. Handschriftlicher Nachlaß. Erlangen: Mathematisches Institut 1977.

[46] KILLING, W.: Die Zusammensetzung der stetigen endlichen Transformationsgruppen. Mathematische Annalen 31 (1888), 252–290; 33 (1889); 1–48; 34 (1889), 57–122; 36 (1890), 161–189.

[47] KLEIN, F. (Hrsg.): Amtlicher Bericht der 50. Versammlung deutscher Naturforscher und Ärzte in München 1877. Leipzig und München: Akademische Buchdruckerei F. Straub 1877.

[48] KLEIN, F.: Über Riemanns Theorie der algebraischen Funktionen und ihrer Integrale. Leipzig: Teubner-Verlag 1882.

[49] KLEIN, F.: Vorlesungen über das Ikosaeder und die Auflösung der Gleichungen vom fünften Grade. Leipzig: Teubner-Verlag 1884.

[50] KLEIN, F.: The Evanston Colloquium: Lectures on Mathematics. Delivered from Aug. 28 to Sept. 9, 1893, before Members of the Congress of Mathematics held in Connection with the World's Fair in Chicago at Northwestern University, reported by A. ZIWET. New York: Macmillan 1894.

[51] KLEIN, F.: Riemann und seine Bedeutung für die Entwicklung der modernen Mathematik. In: [52, Bd. 3, 482–497].

[52] KLEIN, F.: Gesammelte Mathematische Abhandlungen, 3 Bde. Berlin: Springer-Verlag 1921, 1922, 1923.

[53] KLEIN, F.: Neue Beiträge zur Riemannschen Funktionentheorie. Gesammelte Mathematische Abhandlungen, Bd. 3. Berlin: Springer-Verlag 1923, 630–710.

[54] KLEIN, F.: Göttinger Professoren. Lebensbilder von eigener Hand. Mitteilungen des Universitätsbundes Göttingen 5 (1923), 11–36.

[55] KLEIN, F.: Elementarmathematik vom höheren Standpunkte aus, Bd. 2. 3. Aufl. Berlin: Springer-Verlag 1925.

[56] KLEIN, F.: Vorlesungen über die Entwicklung der Mathematik im 19. Jahrhundert, 2 Bde. Berlin: Springer-Verlag 1926, 1927.

[57] KLEIN, F.: Nicht-Euklidische Geometrie (Autographiertes Vorlesungsheft, bearb. von W. ROSEMANN). Berlin: Springer-Verlag 1928.

[58] KLEIN, F.: Riemannsche Flächen. Hrsg. von G. EISENREICH und W. PURKERT. TEUBNER-ARCHIV zur Mathematik, Bd. 5. Leipzig: Teubner-Verlag 1986.

[59] KLEIN, F.: Funktionentheorie in geometrischer Behandlungsweise. Hrsg. von F. KÖNIG. TEUBNER-ARCHIV zur Mathematik, Bd. 7. Leipzig: Teubner-Verlag 1987.

[60] KLEIN, F., u. a.: Rudolf Friedrich Alfred Clebsch, Versuch einer Darlegung und Würdigung seiner wissenschaftlichen Leistungen. Mathematische Annalen 7 (1874), 1–55.

[61] KLEIN, F.; FRICKE, R.: Vorlesungen über die Theorie der elliptischen Modulfunktionen, 2 Bde. Leipzig: Teubner-Verlag 1890, 1892.

[62] KLÖTZLER, R.: Adolph Mayer und die Variationsrechnung. 100 Jahre Mathematisches Seminar der Karl-Marx-Universität Leipzig. Berlin: Deutscher Verlag der Wissenschaften 1981, 102–110.

[63] KÖNIG, F.: Die Entstehung des mathematischen Seminars an der Universität Leipzig im Rahmen des Institutionalisierungsprozesses der Mathematik an den deutschen Universitäten des 19. Jahrhunderts. Diss. A. Leipzig 1982.

[64] KOWALEWSKI, G.: Bestand und Wandel. München: Oldenbourg 1950.

[65] LAMPE, H.: Die Entwicklung und Differenzierung von Fachabteilungen auf den Versammlungen von 1828 bis 1913. Schriftenreihe zur Geschichte der Versammlungen deutscher Naturforscher und Ärzte, Bd. 2. Hildesheim: Gerstenberg 1975.

[66] LIE, S.: Gesammelte Abhandlungen, 7 Bde. Leipzig und Oslo: Teubner-Verlag und H. Aschehoug & Co. 1934, 1935 u. 1937, 1922, 1929, 1924, 1927, 1960.

[67] LIE, S.: Zur Theorie partieller Differentialgleichungen erster Ordnung, insbesondere über eine Klassifikation derselben. Göttinger Nachrichten Nr. 25, 30. Okt. 1872, 473–489. Gesammelte Abhandlungen, Bd. 3. Leipzig und Kristiania: Teubner-Verlag und H. Aschehoug & Co. 1922, 16–26.

[68] LIE, S.: Theorie der Transformationsgruppen. Mathematische Annalen 16 (1880), 441–528.

[69] LIE, S.; ENGEL, F.: Theorie der Transformationsgruppen, 3 Bde. Leipzig: Teubner-Verlag 1888, 1890, 1893.

[70] LIE, S.: Vorlesungen über Differentialgleichungen mit bekannten infinitesimalen Transformationen. Leipzig: Teubner-Verlag 1891.

[71] LIE, S.: Vorlesungen über continuierliche Gruppen mit geometrischen und anderen Anwendungen. Leipzig: Teubner-Verlag 1893.

[72] LIE, S.: Geometrie der Berührungstransformationen. Hrsg. von G. SCHEFFERS. Leipzig: Teubner-Verlag 1896.

[73] LIEBMANN, H.: Adolph Mayer†. Jahresbericht der Deutschen Mathematiker-Vereinigung 17 (1908), 355–362.

[74] LINDEMANN, F.: Ueber die Zahl π. Mathematische Annalen 20 (1882), 213–225.

[75] LOREY, W.: Das Studium der Mathematik an den deutschen Universitäten seit Anfang des 19. Jahrhunderts. Abhandlungen über den mathematischen Unterricht in Deutschland XIII (9), (1916), 1–428.

[76] MAGNUS, W.; CHANDLER, B.: The History of Combinatorial Group Theory. New York, Heidelberg, Berlin: Springer-Verlag 1982.

[77] MANEGOLD, K.-H.: Universität, Hochschule und Industrie, ein Beitrag zur Emanzipation der Technik im 19. Jahrhundert unter besonderer Berücksichtigung der Bestrebungen Felix Kleins. Berlin: Duncker & Humblot 1970.

[78] MAYER, A.: Beiträge zur Theorie der Maxima und Minima der einfachen Integrale. Habilitationsschrift. Leipzig: Teubner-Verlag 1866.

[79] MAYER, A.: Ueber unbeschränkt integrale Systeme von linearen totalen Differentialgleichungen und die simultane Integration linearer partieller Differentialgleichungen. Mathematische Annalen 5 (1872), 448–470.

[80] MAYER, A.: Die Lie'sche Integrationsmethode der partiellen Differentialgleichungen erster Ordnung. Mathematische Annalen 6 (1873), 162–196.

[81] MAYER, A.: Die Kriterien des Maximums und des Minimums der einfachen Integrale in den isoperimetrischen Problemen. Berichte über die Verhandlungen der Königlich Sächsischen Gesellschaft der Wissenschaften zu Leipzig 29 (1877), 114–132.

[82] MAYER, A.: Zur Aufstellung der Kriterien des Maximums und Minimums der einfachen Integrale bei variablen Grenzwerthen. Berichte über die Verhandlungen der Königlich Sächsischen Gesellschaft der Wissenschaften zu Leipzig 36 (1884), 99–127.

[83] MAYER, A.: Die Lagrange'sche Multiplicatorenmethode und das allgemeinste Problem der Variationsrechnung bei einer unabhängigen Variabeln. Berichte über die Verhandlungen der Königlich Sächsischen Gesellschaft der Wissenschaften zu Leipzig 47 (1895), 129–144.

[84] NEUENSCHWANDER, E.: Die Edition mathematischer Zeitschriften im 19. Jahrhundert und ihr Beitrag zum wissenschaftlichen Austausch zwischen Frankreich und Deutschland. Mathematisches Institut der Universität Göttingen, Preprint 4–1984.

[85] NOETHER, M.: Über einen Satz aus der Theorie der algebraischen Funktionen. Mathematische Annalen 6 (1873), 351–359.

[86] NOETHER, M.: Sophus Lie. Mathematische Annalen 53 (1900), 1–41.

[87] PLÜCKER, J.: Neue Geometrie des Raumes, gegründet auf die gerade Linie als Raumelement. Bd. 1. Mit einem Vorwort von A. CLEBSCH; Bd. 2. Hrsg. von F. KLEIN. Leipzig: Teubner-Verlag 1868; 1869.

[88] POINCARÉ, H.: Œuvres, Bd. 2. Paris: Gauthier-Villars 1916.

[89] POINCARÉ, H.: Sur les fonctions uniformes qui se reproduisent par des substitutions linéaires. Mathematische Annalen 19 (1882), 553–564.

[90] POLISHCHUK, E. M.: Sophus Lie, 1844–1899. Leningrad: Nauka 1983.

[91] PURKERT, W.: Zum Verhältnis von Sophus Lie und Friedrich Engel. Wissenschaftliche Zeitschrift der Universität Greifswald, Math.-naturw. Reihe 33 (1984), 29–34.

[92] PURKERT, W.; ILGAUDS, H.-J.: Georg Cantor 1845–1918. Vita Mathematica, Bd. 1. Hrsg. von EMIL A. FELLMANN. Basel, Boston, Stuttgart: Birkhäuser 1986.

[93] RICHENHAGEN, R.: Carl Runge (1856–1927): Von der reinen Mathematik zur Numerik. Studien zur Wissenschafts-, Sozial- und Bildungsgeschichte der Mathematik, Bd. 1. Göttingen: Vandenhoeck & Ruprecht 1985.

[94] RIEMANN, B.: Gesammelte mathematische Werke. 2. Aufl. Leipzig: Teubner-Verlag 1892. Gesammelte mathematische Werke, wissenschaftlicher Nachlaß und Nachträge. Hrsg.: R. NARASIMHAN. Heidelberg/Leipzig: Springer-Verlag/Teubner-Verlag 1990.

[95] RIEMANN, B.: Theorie der Abel'schen Functionen (aus dem Crelle-Journal 54 (1857), 101–155). In: [94, S. 88–144].

[96] ROWE, D. E.: A Forgotten Chapter in the History of Felix Klein's „Erlanger Programm". Historia Mathematica 10 (1983), 448–454.

[97] ROWE, D. E.: Felix Klein's „Erlanger Antrittsrede": A Transcription with English Translation and Commentary. Historia Mathematica 12 (1985), 123–141.

[98] ROWE, D. E.: „Jewish Mathematics" at Göttingen in the Era of Felix Klein. Isis 77 (1986), 422–449.

[99] ROWE, D. E.: Der Briefwechsel Sophus Lie – Felix Klein: Eine Einsicht in ihre persönlichen und wissenschaftlichen Beziehungen. NTM-Schriftenreihe für Geschichte der Naturwissenschaften, Technik und Medizin 25 (1988) 1, 37–47.

[100] RÜDENBERG, L.; ZASSENHAUS, H. (Hrsg.): Hermann Minkowski, Briefe an David Hilbert. New York: Springer-Verlag 1973.

[101] SCHARLAU, W.: Rudolf Lipschitz, Briefwechsel mit Cantor, Dedekind, Helmholtz, Kronecker, Weierstraß und anderen. Dokumente zur Geschichte der Mathematik, Band 2. Braunschweig, Wiesbaden: Vieweg 1986.

[102] SCHOLZ, E.: Geschichte des Mannigfaltigkeitsbegriffs von Riemann bis Poincaré. Boston: Birkhäuser 1980.

[103] SCHULZE, F. (Hrsg.): B. G. Teubner 1811–1911. Geschichte der Firma. Leipzig: Teubner-Verlag 1911.

[104] SHAFAREVICH, I. F.: Zum 150. Geburtstag von Alfred Clebsch. Mathematische Annalen 266 (1983), 135–140.

[105] SOMMERFELD, A.: Mathematische Annalen. Gesamtregister zu den Bänden 1–50. Leipzig: Teubner-Verlag 1898.

[106] TOBIES, R. unter Mitwirkung von F. KÖNIG: Felix Klein. Biographien hervorragender Naturwissenschaftler, Techniker und Mediziner, Bd. 50. Leipzig: Teubner-Verlag 1981.

[107] TOBIES, R.: Die gesellschaftliche Stellung deutscher mathematischer Organisationen und ihre Funktion bei der Veränderung der gesellschaftlichen Wirksamkeit der Mathematik (1871–1933). Dissertation B. Leipzig 1985.

[108] TOBIES, R.: Zur Geschichte deutscher mathematischer Gesellschaften. Mitteilungen der Mathematischen Gesellschaft der DDR (1986) 2/3, 112–134.

[109] TOBIES, R.: Zu Veränderungen im deutschen mathematischen Zeitschriftenwesen um die Wende vom 19. zum 20. Jahrhundert, Teil I (Briefe, Briefentwürfe, Notizen). NTM-Schriftenreihe für Geschichte der Naturwissenschaften, Technik und Medizin 23 (1986) 2, 19–33; Teil II. NTM 24 (1987) 1, 31–49.

[110] TOBIES, R.: Zur Berufungspolitik Felix Kleins. NTM-Schriftenreihe für Geschichte der Naturwissenschaften, Technik und Medizin 24 (1987) 2, 43–52.

[111] VON DER MÜHLL, K.: Zum Andenken an Adolph Mayer. Mathematische Annalen 65 (1908), 433–434.

[112] WEBER, H.: Leopold Kronecker. Mathematische Annalen 43 (1893), 1–25; abgedruckt aus dem Jahresbericht der Deutschen Mathematiker-Vereinigung 2 (1891/92), 5–31.

[113] WEYL, H.: Felix Kleins Stellung in der mathematischen Gegenwart. Die Naturwissenschaften 18 (1930), 4–11.

[114] WEYL, H.: Die Idee der Riemannschen Fläche. 2. Aufl. Leipzig: Teubner-Verlag 1923; 3. Aufl. Stuttgart: Teubner-Verlag 1955.

[115] WITTING, A.: Der mathematische Unterricht an den Gymnasien und Realanstalten nach Organisation, Lehrstoff und Lehrverfahren und die Ausbildung der Lehramtskandidaten im Königreich Sachsen. Abhandlungen über den mathematischen Unterricht in Deutschland, Bd. 2, H. 2, 1910.

[116] WUSSING, H.: Die Genesis des abstrakten Gruppenbegriffes. Berlin: Deutscher Verlag der Wissenschaften 1969.

[117] YAGLOM, I. M.: Felix Klein and Sophus Lie. Evolution of the Idea of Symmetry in the Nineteenth Century. Boston, Basel: Birkhäuser 1988.

[118] ZIEGLER, R.: Die Geschichte der geometrischen Mechanik im 19. Jahrhundert. Eine historisch-systematische Untersuchung von Möbius und Plücker bis zu Klein und Lindemann. Stuttgart: Franz Steiner 1985.

Personenverzeichnis

(Die kursiv gedruckten Seitenzahlen verweisen auf die Einleitung.)

Sachverzeichnis

(Die kursiv gedruckten Seitenzahlen verweisen auf die Einleitung.)

Teubner-Archiv zur Mathematik

„Editionen sind die Grundpfeiler der Mathematikgeschichte. Mit Hilfe des Teubner-Archivs werden wichtige Texte einzeln oder in sinnvoller Zusammenstellung leicht zugänglich gemacht. Die Kommentare erleichtern das Verständnis der oft schwierigen Originaltexte. Es wäre wünschenswert, daß die Reihe Teubner-Archiv auch in Zukunft wächst und gedeiht und in möglichst vielen Bibliotheken und privaten Regalen Aufnahme findet."

K. REICH, 1989
Historia Mathematica

Band 11: *D. Hilbert, E. Schmidt*
Integralgleichungen und Gleichungen mit unendlich vielen Unbekannten
Herausgegeben und mit einem Nachwort versehen von A. PIETSCH
1989. 316 Seiten. Bestell-Nr. 666 516 3
Springer-Verlag Wien New York: ISBN 3-211-95844-4
Inhalt: D. HILBERT: Grundzüge einer allgemeinen Theorie der linearen Integralgleichungen (Erste, vierte und fünfte Mitteilung. Sachlich geordnete Inhaltsübersicht). Wesen und Ziele einer Analysis der unendlichvielen unabhängigen Variablen. – E. SCHMIDT: Zur Theorie der linearen und nichtlinearen Integralgleichungen (Erster und zweiter Teil). Über die Auflösung linearer Gleichungen mit unendlich vielen Unbekannten. – Nachwort.

Band 12: *H. Minkowski*
Ausgewählte Arbeiten zur Zahlentheorie und zur Geometrie
Mit D. HILBERTS Gedächtnisrede auf H. MINKOWSKI, Göttingen 1909. Herausgegeben und mit einem Anhang versehen von E. KRÄTZEL und B. WEISSBACH
1989. 261 Seiten. Bestell-Nr. 666 545 4
Springer-Verlag Wien New York: ISBN 3-211-95845-2
Inhalt: H. MINKOWSKI: Über Eigenschaften von ganzen Zahlen, die durch räumliche Anschauung erschlossen sind. Ein Kriterium für die algebraischen Zahlen. Über die Annäherung an eine reelle Größe durch rationale Zahlen. Diskontinuitätsbereich für arithmetische Äquivalenz. Allgemeine Lehrsätze über die konvexen Polyeder. Über die Begriffe Länge, Oberfläche und Volumen. Volumen und Oberfläche. Über die Körper konstanter Breite. – D. HILBERT: Hermann Minkowski (Gedächtnisrede, Göttingen 1909). – Kommentierender Anhang.

Band 13: *G. Peano*
Arbeiten zur Analysis und zur mathematischen Logik
Herausgegeben und mit einem Nachwort versehen von G. ASSER
1990. 144 Seiten. Bestell-Nr. 666 458 2
Springer-Verlag Wien New York: ISBN 3-211-95846-0
Inhalt: G. PEANO: Über mathematische Logik. Definitionen der Arithmetik. Über die Taylor'sche Formel. Über die Definition des Integrals. Die komplexen Zahlen. Sur une courbe qui remplit toute une aire plaine. Démonstration de l'intégrabilité des équations différentielles ordinaires. – Nachwort.

Im „TEUBNER-ARCHIV zur Mathematik"
erschienen bisher:

Band 1 (1984): *C. F. Gauß, B. Riemann, H. Minkowski.* **Gaußsche Flächentheorie, Riemannsche Räume und Minkowski-Welt.** Hrsg.: J. BÖHM, H. REICHARDT
Bestell-Nr. 666 185 9/Springer-Verlag Wien New York: ISBN 3-211-95825-8

Band 2 (1984): *G. Cantor.* **Über unendliche, lineare Punktmannigfaltigkeiten.**
Arbeiten zur Mengenlehre 1872–1884. Hrsg.: G. ASSER
Bestell-Nr. 666 187 5/Springer-Verlag Wien New York: ISBN 3-211-95826-6

Band 3 (1985): *G. Herglotz.* **Vorlesungen über die Mechanik der Kontinua.**
Hrsg: R. B. GUENTHER, H. SCHWERDTFEGER. Mit e. Geleitwort v. H. BECKERT
Bestell-Nr. 666 255 2/Springer-Verlag Wien New York: ISBN 3-211-95821-5

Band 4 (1985) *H. Reichardt.* **Gauß und die Anfänge der nicht-euklidischen Geometrie.**
Mit Originalarbeiten von J. BOLYAI, N. I. LOBATSCHEWSKI und F. KLEIN
Bestell-Nr. 666 249 9/Springer-Verlag Wien New York: ISBN 3-211-95822-3

Band 5 (1986): *F. Klein.* **Riemannsche Flächen.**
Vorlesungen, gehalten in Göttingen 1891/92. Hrsg.: G. EISENREICH, W. PURKERT
Bestell-Nr. 666 254 4/Springer-Verlag Wien New York: ISBN 3-211-95829-0

Band 6 (1986): *D. König.* **Theorie der endlichen und unendlichen Graphen.** Mit einer Abhandlung von L. EULER. Hrsg.: H. SACHS. Mit e. biograph. Anhang v. T. GALLAI u. e. Geleitwort v. P. ERDÖS
Bestell-Nr. 666 319 2/Springer-Verlag Wien New York: ISBN 3-211-95830-4

Band 7 (1987): *F. Klein.* **Funktionentheorie in geometrischer Behandlungsweise.**
Vorlesung, gehalten in Leipzig 1880/81. Hrsg.: F. KÖNIG. Mit e. Geleitwort v. F. HIRZEBRUCH
Bestell-Nr. 666 376 6/Springer-Verlag Wien New York: ISBN 3-211-95839-8

Band 8 (1987): *C. Neumann, F. Klein, S. Lie, F. Engel, F. Hausdorff, H. Liebmann, W. Blaschke, L. Lichtenstein.* **Leipziger mathematische Antrittsvorlesungen.**
Auswahl aus den Jahren 1869–1922. Hrsg.: H. BECKERT, W. PURKERT
Bestell-Nr. 666 373 1/Springer-Verlag Wien New York: ISBN 3-211-95840-1

Band 9 (1988) *K. Weierstraß.* **Ausgewählte Kapitel aus der Funktionenlehre.** Vorlesung, gehalten in Berlin 1886. Hrsg.: R. SIEGMUND-SCHULTZE. Mit e. Geleitwort v. K.-R. BIERMANN
Bestell-Nr. 666 459 0/Springer-Verlag Wien New York: ISBN 3-211-95841-X

Band 10 (1988): Nachrufe auf Berliner Mathematiker des 19. Jahrhunderts. C. G. J. JACOBI · P. G. L. DIRICHLET · E. E. KUMMER · L. KRONECKER · K. WEIERSTRASS. Hrsg.: H. REICHARDT
Bestell-Nr. 666 498 8/Springer-Verlag Wien New York: ISBN 3-211-95842-8

Band 11 (1989): *D. Hilbert, E. Schmidt.* **Integralgleichungen und Gleichungen mit unendlich vielen Unbekannten.** Hrsg.: A. PIETSCH
Bestell-Nr. 666 516 3/Springer-Verlag Wien New York: ISBN 3-211-95844-4

Band 12 (1989): *H. Minkowski.* **Ausgewählte Arbeiten zur Zahlentheorie und zur Geometrie.**
Mit D. HILBERTS Gedächtnisrede 1909. Hrsg.: E. KRÄTZEL, B. WEISSBACH
Bestell-Nr. 666 545 4/Springer-Verlag Wien New York: ISBN 3-211-95845-2

Band 13 (1990): *G. Peano.* **Arbeiten zur Analysis und zur mathematischen Logik.** Hrsg.: G. ASSER
Bestell-Nr. 666 458 2/Springer-Verlag Wien New York: ISBN 3-211-95846-0